The Complete Guide to

# Blended Whisky

# ブレンデッド ウィスキー大全

土屋 守

小学館

# まえがき

ウィスキーは20～30年周期で好景気と不況を繰り返すといわれている。前回スコッチウィスキー産業が好景気に沸いたのは1970年代前半から後半にかけてであった。日本はそれよりやや遅れて、80年代前半から半ばにかけピークを迎えた。しかし、スコッチは70年代後半をピークに長い低迷の時代が続き、その間に多くの蒸留所が閉鎖や休止を余儀なくされた。ブレンド会社の多くが、多角化を進める大手ビールメーカーに次々と買収されていったのも、そのころのことだ。100年以上にわたって業界に君臨したDCL社が、アイルランドのギネスグループによって買収されたのが1986年のことである。

その後90年代半ばに起きたシングルモルトブームと、2000年代に入ってからの新興国でのウィスキーブームによって、スコッチは長い低迷期を抜け出し、2000年代半ばから再び上昇気運に転じている。2012年までの輸出量、輸出額の統計を見ても、6年連続で前年度の数字を塗り変える勢いで、再び一大ブームを起こしている。「スコッチ520年の歴史で、今が一番のピーク」という業界関係者もいるくらいだ。もちろんスコッチばかりではない。ジャパニーズもハイボールブームを受けて、ここ数年、再びウィスキーがブームとなっている。30年近く続いた低迷期から、劇的なV字回復を遂げつつあるのだ。さらに世界5大ウィスキーの中で、伸び率がもっとも著しいのがアイリッシュといわれるほど、近年のアイリッシュウィスキーの伸長ぶりには目を瞠るものがある。

そうした世界的な変化を受け、今再びブレンデッドウィスキーにスポットを当ててみることは必要ではないかと、ここ4～5年考えていた。先進国のウィスキーブームは、今から20年前に登場したシングルモルトによって牽引されてきたが、新たにウィスキーファンの仲間入りをした新興国や、日本でも若い世代を中心に、ブレンデッドが好んで飲まれている。ブレンデッドからシングルモルトへといった、かつての図式とは反対に、シングルモルトからブレンデッドへという図式があってもよいのではないか。さらに、風土がつくるシングルモルトと違って、人がつくる、いわばアートとしてのブレンデッドの美味しさ、楽しさ、そして人間がつくるが故の物語（ストーリー）の面白さを、もう一度、きっちり伝えたい。

そんな思いで書き上げたのが、1999年に刊行された『ブレンデッドスコッチ大全』の全面改訂版となる、本書である。前回はスコッチの銘柄100を採り上げていたが、今回はスコッチの銘柄をしぼり、その代わりにアイリッシュやジャパニーズのブレンデッドも入れ、全90銘柄とした。さらに前回の大全にはなかったテイスティングコメントも付けることにした。その数117本分。やはり、どんな香味を持っているのか、それぞれの開発のコンセプトは。そしてどんな場面で、どう楽しんだらよいのかといったTPO、飲み方の提案も必要だと思ったからだ。

このささやかな本で、一人でも多くの方がブレンデッドの楽しさ、面白さを知っていただけたら、筆者としてこれ以上嬉しいことはないと思っている。

土屋 守

The Complete Guide to
# Blended Whisky
Contents

# 中国人学生の綴った 戦時中日本語日記

遠藤織枝・黄慶法 編著

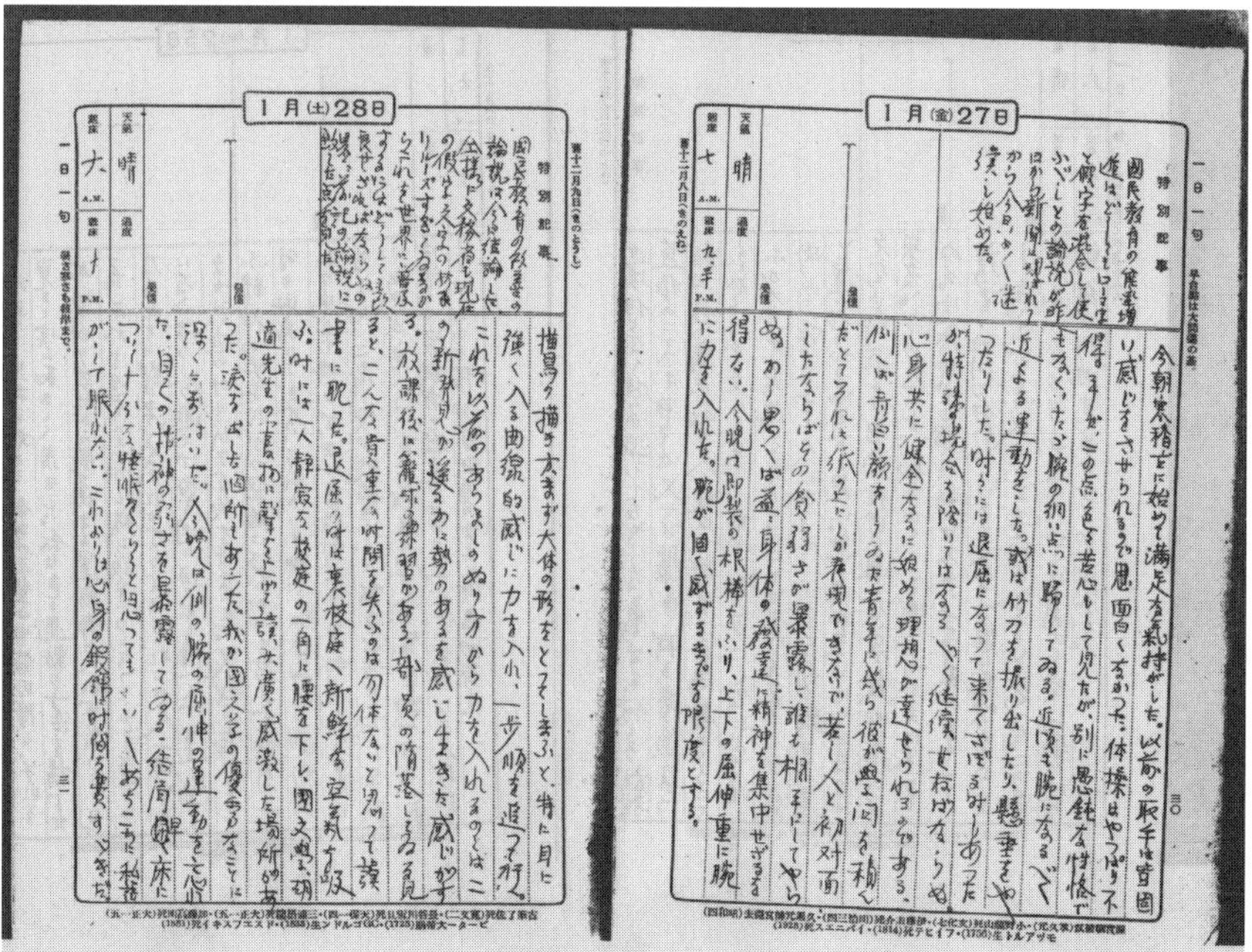


日記のコピー

ひつじ書房

目次

# まえがき

この日本語日記は、戦後六十有余年、戦時中の記憶のある人がどんどん少なくなっていき、戦争の愚かしさ、悲惨さ、理不尽さ、狂気、に対する想像力を喚起する力も乏しくなってきた時期に発見された。日本人にとって、植民地支配下の日本の教育を受けながら、多くの矛盾と葛藤していた中国人青年の想いを日本語で読める機会はそう多くはない。

二〇〇二年十月、黄慶法は中国福建省厦門市立図書館で一冊の日記帳を発見した。その中の日記は全部日本語で書かれていた。その表紙の「昭和十四年 ライオン日記 ライオン歯磨本舗」との印刷から、この日記帳が日本の企業であるライオン歯磨本舗が昭和十四年（一九三九年）に発行したものであることもわかった。昭和十四年といえば、ちょうど日本軍が中国を侵略している最中である。福建省厦門もその一年前の一九三八年五月には、日本軍の攻略により占領されている。

では、この日記帳の日記は、いつごろ、だれによって書かれたものか。日本人か、中国人か。中国人だとすれば、どういう身分・立場の人なのか。なぜ母国語ではない日本語で日記をつけたのか。そして、その日本語はどこで学んだのか。こうした疑問を抱きながら、日記を読んでいくと、次のようなことがわかった。

まず、日記の書かれた時期である。一月六日の日記を見ると、その「特別記事」欄に、「内閣総理大臣近衛文麿は無名所大臣に転ず。平沼内閣登台、今夜七時半より新首相の十分間の講演あり」とある。平沼内閣とは、平沼騏一郎内閣のことで、平沼は第一次近衛文麿内閣総辞職のあと、一九三九年一月四日に組閣の命を受けて新内閣を成立させている。

また、この日の日記の書き出しは、「今朝は何となく寒く感ずる。今日から昭和十四年の第一日の授業につくと、黒川教務課長は言ふ」となっている。

これらの事実から、この日記は昭和十四年、一九三九年に書かれたものであることがわかる。

次は、日記の筆者である。三月二十九日の日記には、「都合十一人集つて庄司校長を始め、浅田先生等を待つ。神社参拝に行くのだ。約十分過ぎて浅田先生は自転車に乗つて来る。言ふには小学校の受験生は二人共にすべつたから旭瀛書院だけが神社参拝に行くのは面白くないから、その変に新高旅館にいらつしやい、レコードを聞いたがよからうと新高旅館に行つた。……その中に庄司先生がおはいりになつた。私を見てさも懐かしさうに『李徳明君か。長く見なかつたな。どうだ。』と問はれて顔を赤くして無言の解答をした。」とあるところから、日記の筆者が李徳明（仮名）という人物であったこと、また、旭瀛書院という学校や庄司先生という校長と何か関係がありそうに思われる。

ちなみに、旭瀛書院というのは廈門にあった台湾籍民子弟を主な教育対象とする学校であった。

廈門旭瀛書院は一九三六年に、創立二十五周年を記念して、『廈門旭瀛書院報 昭和十年号』を刊行している。それによると、廈門旭瀛書院は一九三六年三月十四日に、本科（第二十一回）・高等科（第四回）卒業式を行ったという。この年に、廈門旭瀛書院本科を卒業したのは、六十一名（男三十四名、女二十七名）で、高等科の卒業生は五名（男一名、女四名）である。

同書に、卒業生の名簿が掲載されており、その中に李徳明という名前が見いだされる。日記の記載からは台北工業学校土木科の在校生であるとわかる。つまり、廈門旭瀛書院を卒業して台湾の台北工業学校に進学し、その生徒であった時期の日記ということである。

黄慶法は、中国南部の日本語教育史を研究しており、旭瀛書院が発行した報告書を入手していたので、日記の筆者がこの学校の卒業生であることが確認できた。

この日記の発見について、黄は二〇〇六年三月北京大学で開かれた、文教大学日本語教育実習十五周年記念シンポジウムで発表した。その発表の際配布された日記のコピーをみて、その流れるように自然に書かれた文字にまず驚いた。よく慣れた文字の書き方である。最初の一月一日の日記は「凍てた朝露は一面に薄く漂うてゐる」と書き始めている。このでだしは、全く日本人の文章そのものである。しかし、一月八日まで読み進めると「今日は戦線の勇士に慰問文を書きました。此の中に於いて私は一支那青年として衷心より出る言葉を披歴し」と書かれ、「私」が「一支那人」であるとわかる。まだ信じられない気持ちだが、一月十三日は「吉岡といふ落第生がどういふはずみかチヤンコロと吹き出したから、私は再び暗い気持に帰つた」と記され、いかに日本語が達者でも、日本人ではないと判断せざるをえなくなる。

日本語の問題もさることながら、筆者が日本の教育を受けながら、日々の学校生活の中で常に体力も知力も向上させようと真摯に立ち向かう姿、心ない教師の中国蔑視発言への憤り、中国を理解していると思われる教師や総督府役人への敬意など、さまざまな感情が率直に記されていることに、引きずり込まれていくのに、時間はかからなかった。と同時に、これこそは、日本語教育に携わるもの、興味をもつもの、いや、日本と中国の過去を知り、よりよい未来を考える人にとって、必読の日記だと思わざるを得なくなった。

日本語教育自身の問題としては、七十年前の中国の子どもに対する日本語教育の成果が、この日記に結実していることから、その教育と指導の実際が透かして見えるはずである。

近代史の見地からは、植民地支配下にあった青年の心情があからさまに描かれていて、そこから、支配の実態がやはり透けて見える。近い過去に日本が中国でしてきたことを、清算し切れていない間に、自虐的だからと、逆に美化したり、アジアの解放のための戦争だったと居直る人たちも増えてきている。七十年前の一人の青年の飾らない真実の思いを今こそ知るべきである。なんとか、日本で出版したいと考えた。

幸い、出版費用の一部を文教大学の出版助成であてることができ、ひつじ書房の松本功社長が引き受けてくださることになり、出版の目処はついた。ところが、著作権の問題が残っていた。

黄は、旭瀛書院の名簿の住所を頼って住所を探した。住所はあったが、住民は変わっていた。苦労と曲折の末、なんとか、二〇〇六年年末に李徳明氏の新しい住所を突き止めて、日記の筆者であることを確認した。すぐ、遠藤と訪問することを決めた。しかし、八十六歳の高齢になっておられる。折悪しく腸の大手術をされて訪問はできない。回復されるのを待って半年後の五月末に念願のインタビューを果たすことができた。このインタビューを通じて、当時の事情がよくわかり、日記を読みながら浮かんだ数々の疑問が解消されて安堵した。しかし、何よりも、筆者の七十年以上も前に習得した日本語が日本人との会話に不自由しないほどに機能している事実がわかったことは意外でもあり、驚きでもあった。

十八歳の台北工業学校生の日記を、八十六歳になられた筆者ご本人の声とあわせて、一冊の本にすることができたのは、たいへん幸運である。インタビュー記事を読めばすぐわかっていただけると思うが、この日本語日記を持っていたために文化大革命中はたいへんひどい目にあっておられる。よもや、また同じようなことが起こるとは思わないが、でも絶対にないとはいいきれない、そのためには本名は出さないでほしいという、特に息子さんの強い要望で、筆者のお名前は仮名にしてある。他にも、日記本文中に出てくる人物の名前は、当時の要職にあって公的に知られていた人物以外はすべて仮名にして、ご迷惑がおよばないような処置を取っている。

以下に本書の構成と概要を述べる。

本書は、日記を中心に、あとはその日記に付随するいくつかの問題を取り上げている。日記とインタビューが主人公である。その日記をよりよく読めるように、日本語の分析を行い、日記の青年の声を取り上げた。さらに、解説をふたつつけた。筆者の日本語習得の行われた環境や制度に関する解説と、植民地支配の観点からの読み取りに関する解説である。

第Ⅰ章　日記本文

この日記は一九三九年一月一日から十二月三十一日までの一年間に書かれたものである。中には、空白のまま何も書かれていないページもある。八月三日・六日・十日から三十一日までの二十四日間と、十月三十日、十一月九日・十七日・十八日、十二月十三日・二十八日・二十九日、の都合三十一日分は何も書かれていない。筆者李徳明は一九三九年の一年間で三百三十四日分の日記を書いていたのである。また、その中には、七月二十日、十月二十八日、十一月二日、十二月十二日のように、書きかけたままで中断している日のもある。つまり、完全な日記は三百三十日分となる。

この三百三十日分の日記の内容は、まさに李徳明一九三九年一年間の歩みを記録している。台北工業学校で二年生の三学期から三年生の二学期終了までの試験準備の苦しみ、心無い教師の侮蔑の言葉に対する憤り、映画鑑賞、体力向上への真剣な取り組み、などなど十八歳の青年の日常が克明に記録されている。

Ⅱ章では、日記の日本語が当時の日本語教育を浮き彫りにするものであるという観点から、できるだけ詳しく細かくみようとしている。そのために、1．表記、2．文法・語の用法、3．文体と表現、4．オノマトペ、5．外来語の五項目に分けて、細部にわたり、検討を加えている。

文字表記では単純なミスも多いが、それは推敲も添削も加えずに書く日記の特徴の表われと言えよう。語彙や文体の多彩さは筆者が日本語日記を自家薬籠中の物としていることをよく表している。誤用ばかり取り上げて、あえてあら捜しをしていると誤解されると困るが、そうした細部の誤用や不適格な用語・用法は、日記本文の迫力を殺ぐものではない。

Ⅲ章では、日記が表現し、訴えかける内容に着目している。1．では、日支親善について、教師や総督府から言われていることと、実際自分たちが強いられていることとの乖離から、そのまやかしに気づいているが、声高にそれを言うことはしないでいる青年の心を探り出そうとしている。2．では「支那」と「チャンコロ」の語の日記筆者の捉え方を取り上げている。3．では、日記筆者が日ごと夜ごと書き込んでいる、教師像をまとめて、当時の教育のありようを浮かび上がらせている。4．では、当時交際の場もなかった女子学生や女性に対する関心が、間接的であったり、他人のことばを通じてであったりしながら各所に描かれているので、それらから、日記筆者の女性観をまとめている。

Ⅳ章では、日記筆者が学んだ日本語の背景を解説している。中国南部の日本語教育史を研究する黄慶法が廈門旭瀛書院の歴史、教育方針、教育カリキュラム、教師スタッフなど、綿密に調査したものを、史実として報告している。

Ⅴ章はインタビューである。

ようやく探し当てた日記の筆者を訪ねて、小学校のころから、市役所を定年退職して、日本の企業に働いたころまでの生涯の概略をお聞きした。工業学校時代のことは日記に詳しく書かれているので避けて、主に日本語を習得した小学校のころ、日本語の日記を書いた理由、日本語を知っていたために迫害を受けた文化大革命の時期のことを中心にお話を聞いた。七十七年前に習得された日本語が、約三時間のインタビューに十分に機能していた。

Ⅵ章は、日本の植民地統治の経験者の「日常生活」の声をどう聞くか、その声が植民地近代の研究にどう貢献できるかという視点から、近代日本言語史、近代国家と日本語のありようを研究する安田敏朗氏による解説である。

最後になるが、出版の許可を与えてくださった、李徳明氏とご子息に心から感謝している。

# 日記の活字化にあたって

日記の本来の姿を示すためには、写真による印影版がふさわしいことは言うまでもない。しかし、当日記を印影版にするには、不鮮明な箇所や走り書きによる読み取り不能の箇所が多いこと、また、ページ数が多くなりすぎるという理由で、活字化して紹介することにした。

日記帳に予め印刷されていたのは、本書本扉の写真に示すとおり、枠内に日付け、天気、特別記事、発信、受信、天気、起床、就寝の項目で、枠外には一日一句として、ことわざ、格言などが毎日載せられている。もう一方の枠外には、旧暦の日付とえとが記される。これらの項目のすべてを活字化してはいない。今回は、日付、一日一句、特別記事の三つの項目だけ写すことにしている。しかも、特別記事は書き込みがない日が多いので、書き込みがない日はその項目も削っている。

活字化に際しては、原文に忠実にしたがうことを原則とするが、現代日本語の表記とは異なる部分も多いため、読者が読み進める際に読み取りにくい、また誤解のおそれがある場合に限り、脚注をつけたり、「ママ」と付記したりした。

また、漢字は新字体を採用している。

表記に関する注記に際しては以下のような処置をとった。

1. 明らかに漢字の誤記で、そのままにしておくと、文意を取るのに支障が起こりそうなものには、脚注をつける。

例　本文中に「顔っぺた」と表記されている場合。「1「頬っぺた」の誤記」と記す。

2．その際、同じ誤記が繰り返される場合には、「以下にも同様の表記が見られる」と記して二度目からは注記しないことにする。

例　本文中で、「基楚」と、繰り返して表記されている場合。「1「基礎」の誤記。以下にも同様の表記が見られる」と記す。

3．誤記と判断する根拠は、当時の辞典類『大辞典』『明解国語辞典』『大日本国語辞典』『大字典』などによる。

4．仮名遣いで誤用と思われるものは「ママ」と付記する。

例：クラスバンド《ママ》

5．ただし、活用・助詞の誤用など文法的なもの、語彙の不適切な語形については、本文中では指摘しない。誤用などについては、章を改めて第Ⅱ章「日本語の特徴」で論じる。

例　死物狂にかじりつけようか。（1／17）

例　バスケット部の練習日はやゝ趣味を覚えた。（2／23）

6．時に「トラツクニ」「十分ニ終る」など、片仮名表記が混じることがあるが、それについては、本文のまま活字化している。

7．本来仮名書きの箇所を漢字書きしているのも多いが、それらは注記はしない。

例　……まるで訓話見たいであるが。（12／22）

8．また、同じ語でありながら「這入る」「這いる」「這る」のように、複数の表記のものもあるが、文意がとれる限りで注記はしていない。

9．同訓異義語で、「十五分に台北をお立ちになって」「時間が十五分立って」「腹が立ち」など、同じ漢字が使われていても、そのままにして注記はしない。

10．「温順しい」など、当て字は当時のものとして、そのままにしている。

11．仮名遣いについては、「費やす」「費す」「冷い」「集る」など、不統一であったり、現代表記と異なったりしていても、原文のままにしている。

12．当時の仮名遣いは歴史的仮名遣いで、当日記の仮名遣いも歴史的仮名遣いが基調だが、「泣きそう」と「えらさう」、「じゃまにならぬように」と「発奮するやうな」など、現代仮名遣いが混用されている場合もあるが、すべて本文のままに示して注記はしていない。

13．句読点の使い方がはっきりしない箇所が多い。はっきり「。」と見えるところはいいが、「、」か「。」か、はっきりしない打ち方のものが多い。それらはできるだけ、形が似ているものを基に「、」か「。」かを区別した。そのため、文意からは句点となるところが、読点になっている箇所も多い。

14．句読点なしで複数の文が続く文章も多いが、それらは、文意がとれなくなる場合以外は、そのままにしている。修飾節か文末か分からない箇所のみ、「。」脱落のように注記した。

15．三年四年など並記する際に「三四年」と「三、四年」のように、読点をつけるものとつけないものがあるが、どちらも原文のままにしている。

16．日記に書かれている当時の史実・行事、映画名・書名、略語などに関しては調べられるかぎりで注記した。

17．読み取り不明な箇所には＃の符号をつけた。

なお、日記中に登場する地名・施設などについては、Ⅰ章末（２０２ページ）に載せた当時の台北の地図に番号で書き入れているので、興味のある方はそちらにも目を向けていただきたい。

以上

# Ⅰ章　李徳明の日記（一九三九年一月～十二月）

一月一日（日）

**一日一句　晴れの海原波立たず。**

**特別記事**　御真影並びに近衛文麿首相の揮毫ををさむ。

凍てた朝露は一面に薄く漂うてゐる。急いで時計を見ると何と八時十五分前ではないか。然も起きてゐるのは私一人、さうだ今朝の当宿は渡辺先生、舎監室をのぞくと尚静かである。顔を洗ひ、一番乗りの風呂にはいらうと思つたらさて風呂は焚いてゐない。洗面室を出ると炊事場の婆さんに出合ふ「もし／＼皆起きてる」ときかれて私は否と答へる。それぢやすまないと思つて「婆さん先生は寝てるけど私が起床の鐘を鳴らさう」と言ひかけると「いや私が起しに行くからいゝよ、あの先生はねむいですからね」と返事されて私もはつとうなづく。学校の式が終つて早速ゲートル[1]をはづし年賀状と手紙を携へて第三高女[2]前の封筒[3]へ入れる。そこにはバスの乗場があるんだ、女学生等が沢山、工業[4]の上級生が数人かたまつてぺしや／＼と漫談をつゞけてバスを待つてゐる。いつも満員なるバスに辛うじて乗り込み林君の家、更に荒川先生へ挨拶に行つたけど外出。

一月二日（月）

**一日一句　旨い事は二度考へよ。**

1　巻き脚絆のこと。軍人の装備のひとつ。軍事訓練が必須科目とされていた当時の中等教育においても、訓練のとき、儀式の時に着用した。

2　「台北第三高等女学校」の略。

3　「ポスト」の書き間違いか。

4　「工業」は日記筆者在籍中の「台北工業学校」のこと。

**特別記事**　午前十一時より旧師へ新年挨拶。

目が覚めた未だあたりは暗い。夕べは王さんから頼まれて起してやる約束だつた。彼は急に勉強家になつて来た。今年の三月から正式の卒業式を行ふのだ、然し授業はすでに打切つてしまひ、来る六日には実習に出るさうだ、やはり苦しい学生生活から脱して社会に雄飛する憧れと言はうか、然しそこには油断が出来てゐる、この頃はどうも女性のことばかりを口にして前途遼遠たる希望を動もすれば棄てんばかりである。これが現在青年の危険性の共通点である。私は静かに考へた。過去の数個月のあの学校の生活、やつぱり男女共学[1]の方がいゝらしい。そこには珍らしくもやさしくなり一大の危険性は去るのである。あゝ言ひすぎた王さんを起してやりたいと思つたが、どうせまだ暗いから勉強の出来る筈はなし、遂うつとりと眼がとぢやつた。ふと眼をさますと七時五〇分王さんは五時に起きちやつたといふ。

**一月三日（火）**

**一日一句**　**信あれば徳あり。**

**特別記事**　尊き光陰も今日は古雑誌にひかれた。

起床の鐘はカン〳〵と鳴つた。いつものの《ママ》通りだつたらすぐ飛び起きる僕だつたが今朝は青野先生が窓からさあ起きれよと注意されても無意識に寝てしまふ。僕一人だけでない同じ床の寮友が皆素知らぬふりでぐつすりと寝てゐるのだ。二回目の青野先生から又注意されて漸く吃驚した僕は飛び起きた。あゝ何と今朝の意志の弱きことよ今更ながら後悔をしてゐた。七時までに博物館前に集合するとのことだ。元来無口の僕は友人と一緒に歩くのもきらひなのだ。何時も独りで勉強し研究を好む僕は今朝は珍らしくなく一人でてく〳〵と皆が出た後であわて

1　当時日本では中学校以上は男女別学であった。しかし、筆者李徳明が、台湾へ留学する前にアモイで受けた教育では、男女共学であった。そのため、台湾では日本と同じ別学の制度で学んでいても、共学の経験があったから、このような発想になったと思われる。

てついて行つた。休み中だけあつて集る各学校の生徒も平時の十分の一も出ない。たゞ形式よく一列横隊に道の両側に並んでゐた。やがて万歳の声が起つたと同時に凱旋の軍夫がぞろ〳〵と威風堂々やつて来た。平時はやさしかつた女学生等もこの時は可笑しい程熱叫ぶり。

**一月四日（水）**

**一日一句**　**遠い親類より近い他人。**

**特別記事**　荒川先生の訪問も林華彬君の拒否で水泡と帰した。

近頃の目の覚め方はいつも相場が定つてゐる。之は元日のおかげでもあらう。然し感謝した事でない。あゝ思も新たなるあの晩新高堂[1]で読んだ、我等の生活の刷新のあの彼女の論文、起床三時半と書いたではないか、然もその通り実行して来てゐるから驚くの外はない。希望を大きくせよ。あゝ何と雑誌の魅力のあることよ。今朝も予定通りの代数の勉強を裏切られた。然し今日一日の半生[2]は先生から頼まれた一年生の連隊区の整備をやり通したことだけは有意義であると思ふ。風呂後敷蒲[3]の速製を試みた。漸く出来上らうといふ時に空は暗やみに変じたので明日の朝に延長した。多分今まで頭をなやましたこの敷蒲の事も改決[4]が出来よう。今晩は又いらぬ雑誌に耽つた。然し少しは知識になつただけは認める。今晩の当直は渡辺先生だがまだ来ない。

1　台北市にあった書店名。

2　「反省」の誤記か。

3　「敷布」のことか。

4　「解決」の誤記。

**一月五日（木）**

**一日一句**　**最後の一念にて生をひく。**

**特別記事**　寮生がぞく〳〵と帰つて来る。さびしい気分も一掃されて却つて騒々しく感じる。

休暇も今日一日だと考へると何となく心細くなく《ママ》一体始めからあんな多数の本を持つて行つて何の役に立たう。今になつてあつと試験の恐怖が身に沁みる。今日一日中で寮生が皆帰つて来るので整頓に大いそぎである。やつと風呂後にすきを見て代数の復習をやる。到底間に合ふはずもない。然し出来るだけ努力する。夕食後の休憩にハーモニカの練習をする。すぐ勉強が気にかゝつたので止める。例の復習をくゝると、黄一雄君より、「あなたは今度毎月二十円出身の小学校長から送られるからいゝな」といふ。私ははつと顔を赤めて「うそだよ」と否定すると、「あの李明文が言つてたよ、新聞[1]で何とか優秀で卒業したさうで」もはやこゝまで言はれては私も少々恥かしくなつて来た。何故自分がそれを貰ふ資格があるであらうか、と感じるといよ〳〵自己の双肩にかゝる責任が重大であることに気がつく。こゝまではもはや必死の努力の覚悟。

1　当時、台北では『台湾日日新報』『台湾民報』などの新聞が発行されているが、『台湾日日新報』の支持母体が台湾総督府であったことからこの新聞に載った可能性が大きい。

**一月六日(金)**

**一日一句**　**沙弥から長老に飛ぶ。**

**特別記事**　内閣総理大臣近衛文麿は無名所大臣に転ず。平沼内閣登台、今夜七時半より新首相の十分間の講演あり。

今朝は何となく寒く感ずる。今日から昭和十四年の第一日の授業につくと、黒川教務課長は言ふ。意義深き今日一日を私は有意義に過さうと心に誓ふ。放課後新聞を観めて[1]ゐると籠球部員より「練習をせんか」と問ふ。成程練習するのが当前だが、今朝の雨でコートも使用に堪へないと考へたらしい、部員としては彼が最も熱心だつた。私も恥かしくなつて急いでボールをとり出し二人で夢中に練習し出す、少々うまくなつたやうな気がする。雨が再び小降りに帰

1　「眺めて」の誤記。以下にも同様の表記が見られる。

つた時に手をやすめる。風呂に這入る最中応科[2]二年の蔡君より「あなたの名は新聞に出たな、」あゝ又昨日の黄君の問方と同じだ、私ははつと血が顔に上つて来たような気がした。ふりかへつて見ると何と自己の衰弱たる身体よ、これでも名が出せるかなと自己を責めざるを得ない。その次に決心したことは着々と身体をたえず練ることだ、少なくとも人の二倍やる積りだ。

2　「応化科」、すなわち「応用化学科」の略。

**一月七日（土）**

**一日一句　子供持つなら三人持て。**

**特別記事**　最初の写真新聞に現はる。

冷気切々と身に沁みる。「李君北京語を勉強しよう」と問はれたのは今年の晴れの卒業生王さん、彼はいつも冗談をとばし人に愛嬌ぶる。己れは軍艦に乗り込んで通訳官になる試験を受けるんだ、とは、この頃口ぐせに言つてゐる。実は彼は花連港の高等商船学校に志望しとつたが、通知はまだ来ないし、それに社会は人的資源に汗かき、学校としては又生徒をして上級学校に進め[1]たくない。そこで王君の考へは最[2]勉強したい気分は十分にあるし現在としては彼にとつて正に心身不安定たらざるを得ない。今日は又しも私におそひかゝる恥かしさが私をして生涯忘れざるを得ないであらう。「救はれたる李君」とは今日の夕刊に私の写真が乗せられ、過去の優秀たる成績をたどつて来て学資缺亡の為曾て一ヶ年間退学の止むなきにつきたる某が今回名誉ある治安維持会後援のもとに第一回の奨学金を受けたり云々。

1　「勧め」の誤記か。六月十一日、十月八日などにも同様の表記が見られる。
2　この「最」は「もっと」の意味で使われている。以下、三月七日、九月三日などにも同様の表記が見られる。

**一月八日（日）**

**一日一句　長居は恐れ。**

今朝より自己の写真が新聞紙上に披露するだと思ふとき坐つても立つてもゐられない苦しみであつた。顔を現はすのもいやだつた。然してその新聞紙上に現はれたる記事は表面こそきれいだが実質に這入ると却つて不安さを覚えざるを得ない。噫真の平和は何処にありや、根本的から矯正せねば到底実現出来るなまやさしいもんでない。私の頭にくみ上げた雑多の感が遂に今日一日を無意義にすてんばかりである。今後こそ平和の務めは我等の責任であり、過去の複雑な涙の師情を受けた私はどうして忘れることがありませう。一意専心報恩の念に燃えてゐます。今日は戦線の勇士に慰問文を書きました。此の中に於いて私は一支那青年として衷心より出る言葉を披歴し、若しこれにそむくことあらば真の平和は期せられない。然してその反対は即ち私の言の通りならば遠からずして光明がきらめくであらう。

## 一月九日（月）

**一日一句**　**身から出た錆。**

**特別記事**　級友一人うそをついて退学の運命をたどつた。

何と心のよはきことよ、今朝は実に顔をあらはすのもいやだつた。幸ひに級は一人もいやなことを言はなかつた。流石は土木科二年だけあつて他からも賞賛をたゝへてゐる。然し今日は実に胆をさむからしめた事件が起つた。それは級友田辺君が英語の時間に先生から質問されて英訳を答へた時、普通にも似合はず立派な答であつた為、先生も彼の長足の進歩に少々吃驚したやうである。さては眼力のするどい山下先生試さうと思つてその句の中から単語をえらび出せ《ママ》その意味を問うたから彼はつまつてしまつた。あわててでたらめに答へた。先生におひつめられてとう／＼言訳の余地もなかつたのに尚もその訳は自分で習べて[1]来たとがんばつた。

1　「調べて」の誤記と思われる。以下にも同様の表記が見られる。

そこは先生の純真潔白な意気地には遂に逃れなくなりその憤慨はどつと爆発してひつぱたゝいた。彼は尚頑皮[2]であつた。之で彼は数回目先生にうそをついたことになつた、終に人のものを写したとあやまつた時は既に遅く噫退学へ、

2　中国語、「いたずらわんぱく」の意味。

## 一月十日（火）

**一日一句　鳥を食ふともどり食ふな。**

**特別記事**　先日とつた全寮昭和十三年の記念写真及び一室一卒業生の記念写真今日分配す、前者五十銭後者三十銭。

数日来気温が低下したやうである。誰も彼も肩をすくめて歩いてゐる。時に震へ上ることも度々あつた。殊に最後の時間の体操は小雨は風にゆれて冷い空気が肌に触れる度にひやつとする。十分程時間が経過しても先生が来なかつた。私は盛に腕を摩擦して熱を出す。洪君は「おー皆電気が通じてゐる」とふるへ上る様を冗談で言つた。ラグビイに似た競技をやつた。走り廻り飛びかゝり如何にも青年の活発たる気質に似合ふ運動である、寒さもどつかへ飛び散つた。先生曰ク、これから寒くなる、皆此をやらせるのだと、放課後は籠球の練習に没頭する。競技規則を辨へてゐないので今まで少なからず不利な点をとつた。やつぱり競技規則の本を一冊必要だ。さて今日の授業を振り返つて見ると一番不愉快な時間は地理、田中先生よ、あまり人をばかにするなよ、汝の眼目に映ずるものはすべて汝の低脳の表現だよ。

## 一月十一日（水）

**一日一句　己の頭の蠅を追へ。**

今日英語の時間に山下先生はばかな支那大衆を相手にするには支那語を修得するよりも英語の方が少しでも分れば所謂大人格となつて尊敬されるのである。それは現地支那へ行く人の常に経験する所であると。如何にも知つたかぶりで嘲笑したからさう容易く勘忍して行くわけはない。恐らく支那認識の不足だと言はなければならぬ。彼が又言ふには英語が間違つてもいゝ何故なれば支那人だつて使ひ方が出たらめである。一体先生は何を根拠にしてこの言葉を披露したであらうか、これが支那の学生達に若し知れば実に先生のおさとが知れるとでも内心考へてるに違ひない。尚頭の記憶の新たなるものに現在の日本に於ける漢文は支那よりむしろ発達してゐる位であると如何にも謙遜加味な[1]言ひ方である。此処で私は遂に暴発せざるを得ない、ばかやらう、お前のやうな人類に似合ぬ下等人が居るから今次の事変が起るのだ。

1　「謙遜気味な」の誤記か。

**一月十二日（木）**

**一日一句　一粒万倍。**

今日は気分が何となくぼうつとしてゐる。冬シヤツの厚いのがない為、寒さにはかなはない。がた／＼震へ出す、どうも近頃の精神状態が不安定なやうだ。これは自分の過激の思想影響の結果にすぎない。然し今までそれを満足するまでに来なかつた為依然として頭を複雑せしめた。夕食前シヤム[1]に呼ばれて一層私を不愉快ならしめた。然し庄司校長[2]の封書を持らつた[3]時は生れ変つたやうな気持になつた。先生は私の尊敬する人格として又私の恩人でもあつた。「一層奮励努力して模範生たれ、そして皇国に報ひ奉つらんことを切望する。」この温い言葉によつて私の懶惰心を反省せしめ、実に私の坐右銘であつた。先生と思ふと私は人情の温さにつゝまれたやうな感じがし、世の中はかくあるべきであると深く心を打たれた。

1　教師のあだ名か。
2　廈門旭瀛書院の校長。
3　「もら（貰）つた」の誤記。十二月五日にも同様の表記が見られる。

## 一月十三日（金）

**一日一句　あん汁より団子汁。**

文法の時間に小泉先生に頭を打かれて[1]実に不愉快だつた。一時は文章を以てこの鬱憤を拂さうと思つたがよく〳〵考へる時期まだ早い。一体この先生は自己主義で自分の範囲のものなら、何でもかまはないが、我の如き門外漢になるとそのずぶといと言はうか、とにかく今までは虐待されて来た。放課後、新聞を見てゐると、ふと級友から自治会といふ伝達を受けた。早速教室にはせ参ずると級長は黄長生君を叱つてゐた。一時は実に我が級は平和ならと考へたが、浅岡といふ落第生がどういふはずみかチヤンコロと吹き出したから、私は再び暗い気持に帰つた。あゝこゝで気をゆるめば、我も再度の授業が続けんかと思ふと一面人生はやつぱりこういふ所が修養だ。臨時試験は近づいてゐるに延燈もなか〳〵さしてくれぬ。然し一人でぼつぼつやるのは私の気質だから別に不便なことは考へられない。

1　「打かれて」は「叩かれて」の誤記。以下、「叩く」の意味で「打つ」を使っている。

## 一月十四日（土）

**一日一句　無い時の辛抱、有る時のしまつ。**

午後三時公会堂に於て聖戦[1]といふ映画あり、学校はこの際各家庭も金銭に乏しいやうであるから、生徒の自由志望にまかせた。我が級は私の外にたつた二名しかない。三時間の英語の級主任の時間だまつて行かゝ《ママ》わけには行かない。三人だけぢやあまり少なすぎる少くとも半分以上の志望者があると、先生は思つてゐた。むしろこの状態ではいゝ気持はせぬ、ぷん〳〵と叱り飛ばされた、憤慨した一同よーし見に行かうと誰の胸でも同感だ。成程三人以上だつた。映画としての技術は先づいゝと言つていゝだらう。所々いやな気は起つたがまあ順調に見て行

1　映画『聖戦』。横浜シネマ＝東京日々新聞＝大阪毎日新聞一九三九年制作。監督・青地忠三による記録映画。

くことが出来た。実際各個人の胸の奥に一体この現実に合つてゐるかは疑問である。そこが私のなぞだつた。これから私もこういふことは一際無頓着にしよう。勉強してうんと努力するのが私の務めだ。

一月十五日（日）

**一日一句　つんぼの立聞。**

**特別記事**　午後二時半鉄道ホテルに集合。内地よりの新入営兵の迎へをする。せいの低い体格の平凡なのが沢山眼にちらつく。

午前八時半、毛さんと鄭君と一緒に代用品展を見に行く。級主任の先生と各学課[1]受持の先生も多数見られた。うつかり批評を言ふと後から聴かれてしまふ。代用品の重なものは鉄銅等の金属の変りに合成樹脂で之を代用するとか、中では特異の光彩を放れてゐるのは代用歯車である、外観は木材のやうな感じがし、持ち上げても軽い而も硬度高く、無声などの特長があるさうである。一体これが工業化されて行けるであらうかは疑問である。その他再生ゴムとか鮫、鯨などの皮革が牛皮の代用品となり、ファーバー[2]類等の代用品は頗るやう。僅か一年有余の歳月にすぎないが、かくも代用品がおびたゞしく出ることは驚くの外はない。いよ〳〵この度の考へも真の極地の趣味を持つやうになつた。然し決して表情するなよ。克己自制の精神を味へよ。

1　「各学科」の誤記。六月八日、九月十五日などにも同様の表記が見られる。

2　「ファイバー」の誤記。

一月十六日（月）

**一日一句　綺麗な花は山に咲く。**

民族的観念の強すぎる山下先生はいやだ。時にふれすぐチヤンコロととばす。一体このチヤンコロといふのはどういふ意味であらうか、おそらく彼自身も分らないのであらう。もと〳〵チヤンコロは清国奴のことで清国のヤツといふ相手を軽蔑するところの言葉にすぎない、然して清国はすでに滅亡してゐたのも拘はらず尚もこの言葉を使つて支那人を馬鹿にするといふことは何と卑却[1]なことであらう。然も現在清国の面影をたゝへてゐるのは満洲国[2]であり、これが日本の生命線と云はれる程の土地の人民であるから若しこのチヤンコロを使へは《ママ》明らかに満州国民を軽蔑してゐるのも甚だしいではないか。故にこの度の出来事は只表面的の親切にすぎず実におさとが知れて不愉快も度を越す。こういふ意味の下に今晩は自己の眼に映ぜる時局の題で私の本来の観念を明らかにした。

1　「卑怯」の誤記。
2　日本が一九三二年に中国東北部につくりあげた傀儡国家。

## 一月十七日（火）

**一日一句　勘定合つて銭足らず。**

試験は刻々と目前にせまる。体は極度に疲労する。今日の体操の時間は実に醜体[1]を現した。噫この恥辱を何時にてとり返すことが出来るであらうか。今後益々心身の鍛練を務めざるを得ない。もう足はきつくなつて来た。試験科目は一つもすんでない。何と心細いことよ。頭も疲れ切つてくる、もはや我慢が出来ないなのか、日頃にうんと苦心をして於けばよかつたなとつぐ〳〵[2]考へさせらる。やつぱり静養を守る方がいゝだらうか。死物狂にかじりつけようか。何と悲壮的ではないか。そして一番とつてやらうといふ意気込であるが、このまゝ続いて行けば到底能率の上れるはずはない、どうしよう。まご〳〵すればする程一秒千金の損だと云はざるを得ない。然し寮友誰も彼も熱心にやつてゐるではないか。

1　「醜態」の誤記。
2　「つくづく」の誤記。以下にも同様の誤記が見られる。

## 一月十八日（水）

**一日一句**　**勧学院の雀は蒙求を囀る。**

**特別記事**　私が始めて千七百字の論文を提出す。心持如何にも嬉しくもあり、悲しくもある。学級日試[1]返還の際、師曰ク「しつかりやれよ、お前は学資金を出してもらつてゐるから」もうこう云はれては少々腹はこたへる。よし一番とつてやるから見ておけ。

英語の時間四人先生にあてられて共になまけて来てゐる。短気な級主任は非常に憤慨して頭をコツ〳〵〳〵と自己各々に打かせる。その痛さと云へばさぞかし想像に足るであらう。然して気はまだ止まぬ。一同に向つてなまけて習べて来なかつたを調る。なんと半数以上、いよいよ怒髪衝冠一時間も説戒したり。やれ腹の腐つた生徒になつてくれるなよ。やれ今まで土木科だけはえらいと思つてゐたのにもはやあきれたとでも云はうか、どうやらかうやら、時間をつぶてしまふ。試験の範囲は答案も既に書き上げたが予定通りまでやつて行けないからどうしよう。俺は知らぬから自分で＃＃[2]

1　「学級日誌」の誤記。

2　以下三行読み取り不能。

## 一月十九日（木）

**一日一句**　**千石取れば万石を羨む。**

肌をつんざくやうな寒さ、又続いて来る。試験は間近、あゝ先生の奮励の言葉忘れるなよ、死物狂ひになつて勉強せよ、油断が少しでも起れば頭をなぐれ。あの長篇の論文も我に効なきかな、先生の様子を伺ふとどうも危ない気がしてならない。放課後は憂悶にとざされた。頭が混雑になつた。血が上つて来た。勉強の気になれぬ。昼寝をとる、思ひ浮かべる雑念が一層頭を温くならしめた。寒は肌を穿つ、もはや夕食の鐘鳴る、起きたくはない。無意識に跳び上つた。飯を食ふ。まづさに沁々と感ずる。やつぱりあゝ懐しい……散歩に出る、念を消さうと種々工夫する。ボールを見た。一しほ我を不安ならしめた。二個のボールは何時の間にかなくなつた。折角運動しようと思つてゐるのに、仕方ない、金棒[1]をやる、何と体力が減つたことよ、悲しさがこみ上げて来た。

1 器械体操の一種の「鉄棒」のこと。以下同様。

## 一月二十日（金）

**一日一句**　**一引き二運三きりやう。**

**特別記事**　身的、[1]

今日は何となくさつぱりした気持がする。先づ今朝の寝室掃除の時先生にほめられたわけであらう。然し悲しいかな、級の中体力の少ないのは僕一人だけだ。実に恥しかつた。この恥を何時になつたら去ることが出来るであらう。それよりももつと私を不愉快ならしめたのは小泉先生。ちらつと私を見てはすぐ横向きになる。如何にも私を賤しい人間だと考へてゐるらしい。よーしていまに見てゐよ、お前が何物だ。放課後寮内に於ても友に軽蔑さる、何と運の悪いことよ。而して悔ない所に修養があるんだ。今に見てゐろ。畜生、明日は試験だと思ふとひきしまる。二時間位やるとすぐあつきになる[2]。こんな精神ぢやいかん。師の恩を顧みよ、たとへ死ぬることがあつても終始一貫の根本に基くことないはず、

1 意味不明。

2 「あきがくる」の意か。

## 一月二十一日（土）

**一日一句**　**大船を動かす櫓臍は一寸に足らず。**

**特別記事**　午後八時半博物館前に集合。出征兵約一小隊出##。身的[1]、歴史、英作[2]、化学。

1 意味不明。

2 「英作文」のこと。

第三学期の臨時試験今日より始まる。歴史はいつもの通りいやだ、元来そんな無味乾燥な教方はきらひなのだ。英作には一寸参つた。一段難しくなつた、ひよつとしたら全部違ふかも知れぬ。でなければ九十点位はとれるはずだ。化学は勉強したかひがあつた。先づ知らぬ所はないと言つても過言でない。昼食前にバスケツトの練習をやつた。今日は珍しく日がカン／＼照つてゐるので、一層暑く感じた。食後は国語の勉強をやつたが、なか／＼頭に這らぬ。裏校庭の金棒の側に日向居眠りをやつた。全身温めたやうな感じで、遂寝てしまつた。やつと目覚めると、頭がぼうつとなつて来る、之はいかぬと寝室にはいつて昼寝をとつた。四時半頃まで一気に寝てしまつた。起床後はどういふわけか何さら[3]体の都合が悪く力がぬけてしまつたやうな気がする。今晩も頭が少々痛く感じた。

3　「何やら」の誤記か。

## 一月二十二日（日）

**一日一句　無くて七癖。**

午前七時半日の丸館前に集合、台北部隊一部の凱旋を出迎ふ。夕べのだらしなさにすつかり力がぬけてしまひ、歩行にも苦しさを感じた。昼中は教室で専ら物理をしらべた。夕食後半時間位、散歩をする。すきな運動をやる。自分の腕の小さきに一しほ落胆する。級中に於て恐らく僕一人だ。何と心細いことよ、之によつて幾何僕を恥かしめ、沈黙に陥らしめた。それが不思議にも性となつてしまつた。今日一日中全身疲労し切る。明日の試験は四科目だよ。噫僕の精神はどうも朗らかにならぬ。人間が陰険に見えるかしら、之からこぞつてにこにこ顔をしよう。今晩は少なくとも二時までは我慢して勉強するんだ。今日静かに勉強できたのは誰の恩々、よく顔見よ。精神一到何事不成。

一月二十三日（月）

一日一句　石鮒の地だんだ。

特別記事　幾何、物理、英訳、国語。

四時に毛さんに起されてやつと起き上り、実は彼に三回目起されたさうだ。外気が冷いのが何より苦しいなのだ。早速しらべ始めたが、やつぱり起きたのが助かつた。まだ〳〵時間が不充分な気がする。試験は午後二時までに跨がつた。心的精力も大分消耗した。午後三時五十分まで日の丸館前に集合、凱旋の通訳軍夫の遺骨の出迎へをした。帰り道に偶然二中[1]三年在学中の級友に出会つた。そして肩を並べて昔の友情に帰つた。語りながら歩の進めるのも忘れていつのまにか校門に着いた。彼も学寮生だ、寮は第三高女の近くにありといふ、これで毎日我が校門を過ぎて通学してゐるのだと聞くと一層懐しみが湧いて来る。自習室にもどつた時は暫しぼうーとなつた。夕べの四時間睡眠に今日はすつかり疲労した。夕食後自習につくとき、居睡を始めた。

1　「台北第二中学校」の略。

一月二十四日（火）

一日一句　憎い鷹にも餌を飼へ。

特別記事　漢文文法、代数、国語。

試験は最後の一日だ。何となくさびしいやうな悲しいやうな気がする。無我夢中にかぢりついた。朝食をとるひまもなかつた。これで大分助かつたやうである。代数は殆どこの賜であつた。試験は午前中で終つてしまつた。昼食後寮友と共に象旗[1]を四回位やつた。疲労は一層ひどかつた。頭はぼうーとあつくなつて来た。午後三時頃より公会堂で皇道日本[2]といふ映画が

1　「象棋」の誤記。中国将棋のこと。
2　映画『皇道日本』。東宝国策映画協会一九三九年作。構成・青木泰介、撮影・円谷英二。

あるから、見に行く積りだつた。然しよく〳〵考へて見ると頭を急激に一段疲労させるのはよくないから昼寝をとることにした。非常に眠りがよかつた、一息に六時半まで寝た。やつと気づいて見ると電燈がついてゐる。大吃驚で夕食をとつた。風呂に這入つた。明日より寒稽古の始りだ。起床は一様にして六時と決めた。僕等は七時四十分から稽古を始めるので七時朝食、その間一時間の自習をおくことになつた。就床は九時頃自習は八時半できりあげる。

**一月二十五日（水）**

**一日一句　木槵子は磨つても黒し。**

今朝より寒稽古始まる。余等の年輩は皆筋肉隆々、それを見ると実に恥かしく羨ましい。私は色々運動の方法を構じたが、やつぱり始めから腕の関する運動部に入ればよかつたと思つた。それも過去のことだし幾ら頭をこらしたつてもとの通りにならぬから別に考へなければならない。それには人一倍やる外にない。まづ人の遊んでゐる間に自己から進んで運動する。また武道の時はひまを失なはないこと。又我を忘れるといふ精神が必要だ。から空論は以前からもあつたが、結局一時の血気にすぎない。それよりも黙々とやつて行くことが切だ。私は完来[1]無口だ、まづこの性質をうまく利用しなければならぬ、この性質が現在までかく私を築き上げたので別に私は否定しない。古来幾多の偉人も皆口訥[2]である。これは決して口の機官[3]が発達してないのでなく、むだ口を節約していくらでも精神を旺溢にする働きがある。

1　「元来」の誤記か。
2　中国語、「口べた」の意味。
3　「器官」の誤記。

**一月二十六日（木）**

**一日一句　かたや貸しておもや取らる。**

近頃何となく体力が減少したやうな気がする。何しろ試験直後のことでもあらうが、又一方腹がよく減る、普通なら飯三杯で満足の私も今晩は七杯食つても尚飽きることを知らなかつた。今までに始めて自己がこんなによく食ふかなと不思議を抱かないことはない。事実自分の筋肉、骨格を見ると、人におとれて《ママ》ゐることに切に感ずる。もつと運動をやるべきだと思ふ。然し現在までにはいつてゐるバスケツト部はどうも自分の性質に適しないので熱心が湧いて来ない。その為にたゞ恥をかくことと暇をつぶすに終つてゐる。実際現在の暇には私には不充分な気がする。もつと読書の時間があればうんと文学方面に趣味をよせようと思ふだつた。又うんと学科をやらうと思つた。この上はなるべくひまをうしなはないやうに気をしめ、円満に心身鍛練に利用すべきことを切に感ずる。

## 一月二十七日（金）

**一日一句**　**早合点は大間違の基。**

**特別記事**　国民教育の能率増進はどうしてもローマ字と仮字を混合して使ふべしとの論説が昨日から新聞に現はれてから今日いよいよ継続し始めた。

今朝寒稽古に始めて満足な気持がした。以前の取手は皆固い感じをさせられるので面白くなかつた。体操はやつぱり不得手だ、この点色々苦心もして見たが、別に愚鈍な性格でもなく、たゞ腕の細い点に帰してゐる。近頃も腕になるべく近よる運動をした。或は竹刀を振り出したり、懸垂をやつたりした。時々には退屈になつて来てさぼる時もあつたが、特殊の場合を除いてはなるべく継続せねばならぬ。心身共に健全なるに始めて理想が達せられるのである。例へば青白い顔をしてゐた青年に幾ら彼が学問を積んだとてそれは紙の上にしか表現できないで、若し人と初対面したならばその貧弱さが暴露し、誰も相手にしてやらぬ。かう思へば益々身体の発達に精神を集中せざるを得ない。今晩は即製の根棒をふり、上下の屈伸重に腕に力を入れた。腕が固く感ずるまでを限度とする。

## 一月二十八日（土）

**一日一句**　**暑さ寒さも彼岸まで。**

**特別記事**　国民教育の改善の論説は今日結論した。同様に文務省[1]も現在の仮字文字のあまりルーズすぎてゐるからこれを世界に普及するにはどうしても改良せざればならぬの略〻前記の論説に一致した点を見た。

描写の描き方、まず大体の形をとつてしまふと、特に目に強く入る曲線的感じに力を入れ、一歩順を追つて行く。これを以前のあらましのぬり方から力を入れるのとはこの新発見が遥かに勢のあるを感じ生きた感じがする。放課後に籠球の練習がある。部員の堕落してゐる見ると、こんな貴重な時間を失ふのは勿体ないと思つて読書に耽つた。退屈の時は裏校庭へ新鮮な空気を吸ふ。時には一人静寂な校庭の一角に腰を下し、国文学、胡適先生[2]の書物に声を上げて読み、広く感激した場所があつた。涙を出した個所もあつた。我が国文学の優秀なことに深く気付いた。今晩は例の腕の屈伸の運動を忘れた。自己の精神の弱さを暴露してゐる、結局早く床について十分な睡眠をとらうと思つても、わい〳〵あちこちに私語がして眠れない。これよりは心身の鍛練に時間を費すべきだ。

1　「文部省」の誤記

2　中国の学者、教育行政家。

一月二十九日（日）

**一日一句　毛を吹いて疵を求む。**

今日の寒稽古は大分手当[1]があつた。先づこの調子で行けばいやな気持はしない。相手は元の同級王義民君。彼やつぱりおとなしい。休憩時に懐しい昔の級を語る。もと気持よかつた級も現在は悪雲に積まれてゐたさうだ。あゝかくては如何に和心出来ようか、むしろそれは表面だけのことで実質的は正反対だと言はざるを得ない。稽古すんだ後ついでに図書室に入つて体重を測ると、何と五十二瓩、九月より僅か五ヶ月間に四瓩増進、身長は一米六三．二これも高くなつた。すごい生長ぶりだ。然しこれは自分自身だけの問題で他に比べると話にならぬだ、もつと〳〵運動に専念せねばならぬことを痛切に感ずる。昼食後日光浴をした。大部気持がさつぱり、神脛質[2]もぬけて気持がよい。これから毎日曜は身体の鍛練に費さうと思ふ。

1　「手応え」のことか。

2　「神経質」の誤記。以下に「神経」「神経的」にも同様の表記が見られる。

一月三十日（月）

**一日一句　貧すりや鈍する。**

**特別記事**　林国秀懐しい友の帰省を知る。

柔道の乱取少しかゝりあひがあつた。心身鍛練に絶対のチャウス（ママ）だ。うんとやるべきである。近頃身体がすく〳〵と発達してゐるのに気付いた。かういふ時に骨格を柔軟にしないと円満な発達をとげることは出来ず、筍のやうにのつぽぢや困る。一層、大切な時間を費してもやるべきである。夕べは体がぐつたりする程に腕を練習鍛練したので今朝は体が非常に疲労したが、朝食がすむと一段元気づいた柔道の寒稽古に充分な力を発揮し得た、更に、放課後の部の練習も非常な元気があつてよろしい。体の都合も大へんよい。これをつゞけて行けば人並に落ちないと信ずる。殊に学校に於て最も心力を費してゐるのでその滋養の一助ともなるのである。腕を見るとやつぱり小さい、何だかものたりない感じがする。然しこれは一朝一時にふとくなれるはずはないので絶えずの努力が必要だ。

**一月三十一日（火）**

**一日一句　死しての長者より生きての貧人。**

柔道非常に真剣にやつたので少し位はなげることも出来た。然し全身疲労を来した。殊に五時限の体操に更に疲労させたので脚気のやうに脚がかたくなつてしまつた。部の練習には実に恥かしい思ひをした。腕が細いのでいつも気にかゝつて練習がうまく行かん時もあつた。明日は芝山巖祭[1]、さまざまな思ひが頭を走らせた。かへりみれば月日も早いもの、三年前に始めて参拝をした時長い長い感想を紙に現はしたことがあつた。いよ〳〵三年後の今日に再び訪れて来た。実に感慨無量である。心身鍛練殊に足力の運動にふさはしい謂へば遠足見たい遠距離の徒歩である。三年前のあの日には小雨が降つてゐた、公学生[2]が汽車の窓からのぞき出してわい〳〵と歓呼を上げてゐる様子、多分南部から来たのであらう。今も眼のあたりに浮んでゐる。

**二月一日（水）**

**一日一句　石橋を叩いて渡る。**

**特別記事**　芝山巖祭。

六時四十分陳肇民君と共に出発、未明の大気をおして新築の堤防を通つて行く。種々の旅愁

1　一八九六年に台湾総督府学務部員六人（日本人）が台北市内芝山巖で殺された。その殉職を記念する祭り。

2　公学校の生徒。当時、台湾人の子供を対象とする初等教育機関は公学校と呼ばれた。

が頭をかきまはる。台北駅は実に懐しいな、いつもあそこを上り下りしてゐるから、と彼が吐息を洩らすと、いや私はこのあたりの景色が最も懐しい、汽車の窓からいつも観められてゐる。知らぬまに円山の神山の裏につく、約一時間かゝつた。八時までには又二十分位ある、ゆつくりと昨日から疲労しきつた脚を休めると、秋山大尉、鼻声で集合！と太い声で叫ぶ。六氏先生を祭られた芝山巌に参拝に行く、三年前の今日、これが再び実現してゐることを思ふ、一種の人生の異境を感ずる。まづ友人の話は女学生に限られてゐる。最も露骨にあらはれてゐるのは黄長生君、柴田君、青年の憂鬱、苦脳さが沁々と思ひあたる。

## 二月二日（木）

**一日一句　鷹は飢うとも穂をつまず。**

少し寒く感じた。放課後国文学[1]に趣味をよせた。五時頃に飽きて風呂にはいらうと出て行つたら、陳朝陽君に出合ひ、練習あるかと問へば、お前やらぬのか、叱られるぞと見さげた言葉をかけられたので、腹が少し立つてそのまゝ風呂に行つた。後からすぐ近藤先生がついて来たので、こりや見られたら大変だ、早くかたついて出て来た。早速体操服に着かへて部の練習へ行く用意をした。黒運動パンツが昨日風呂屋に置き忘れのをはつて《ママ》思つたが、まさかいまとりに行くわけにはいかぬから、友人から借りようと暫し、シヤツ一枚とパンツ一枚でぶる〳〵震へてゐた。その友人はなか《ママ》歩いて来ないので断念してパンツもう一枚を重なつて運動に出た。脚が疲労中なるも我慢したが別に不自由も感じなかつた。

1　中国の文学のこと。

二月三日（金）

**一日一句　壁のつくろひは土。**

　柔道の寒稽古は今日が最後の日、明日が各科対抗の試合が挙行される。級の中で最初から恐れてゐた安西君、彼はせいが倭くてがつちりとして力がある。今日再びやらされた。実はひや〳〵してゐた。なげられるのがこわいのではなくて、彼があまり乱暴すぎるので、ひよつとしたら手足、背骨を打たれては大変だ。まあ乱取でなくてわざの練習であるから安心した、なげて見ると案外易く彼は受身を知らぬらしい、いつも背骨を打つ、さぞ痛からう。もう一つわざの名前が辨へてゐないとはあまりにも貧弱さが暴露してゐる。これで私も自己の実力をつぐ〳〵思つた。王剛君が言ふことには、私は最初よりもこしわざが大分うまくなつたともらしてゐる、努力は勝ちだ今更ながら真理を見とめた[1]。

1　「認めた」の誤記。以下にも同様の表記が見られる。

二月四日（土）

**一日一句　網なくて淵な臨みそ。**

**特別記事**　柔道納会、土木[1]二年、同四年、機械[2]三年、採鉱[3]一年優勝。

　柔道稽古始めてから十日目、今日は国民精神発祥週間[4]の第一日目にあたり、且最後の稽古の納会でもあつた。八時四十分朝礼、校長先生より簡単な訓話の後、一同柔剣道に分けて稽古着を着かへ、道場に集まる。私は全力を尽くす覚悟だ。機対土[5]、最初は十人ばかりなげられたので失望したが、生長[6]の佐藤君がよく頑張つてくれて六人を倒し、危機一髪の所で勝ちました。その対は決勝線[7]にはいる。先づ優勝の採・建[8]に挑戦する。採鉱はこれまた強者揃で必死の覚悟をきめて、まづ防御の形に出た。これもやつとの所で幸ひ引き分けとなつた、この一

1　「土木科」の略。
2　「機械科」の略。
3　「採鉱科」の略。
4　国民精神発揚週間の誤り。一九三八年二月の建国祭に第一回が実施された。日本精神発揚と新東亜秩序への国民の覚悟を強固にするための催し。
5　「機械科対土木科」の略。
6　「生長」は学級長のこと。
7　「決勝戦」の誤記。
8　「採鉱科・建築科」の略。

戦で私の次に陳建偉君、断然勇気を出して数人倒し、大将対大将でこれも実にひや／＼して勝つた。建築科で私は一人を倒し、次に倒す気持がなかつたので引き分けし、結局我が科優勝。

二月五日（日）

**一日一句　子を捨つる藪はあれど身を捨つる藪はなし。**

**特別記事**　大世界館で北京の町[1]、火星の探検[2]、チョコレートと兵隊[3]の映画を見る。（十二―三、五）[4]医専で科学の実験の映画を見る。（五、三十＝七、三十）[5]

午前九時迄に神社参拜、寮生一同に分れて辨当を携へて陳国忠君の家を訪ふ。彼は今朝友人に誘はれて遊びに出たさうだ、十時二十分まで、約半時間待つたけど、どうしても帰つて来る気配がないので分れて円山運動場で昼飯をとらうときめて行つたが、陸軍病院が設立してあつたので仕方なう神社の後方木立の蔭で飯をとつた。昨日の柔道試合で右の眼を痛めて昨晩一晩幸抱[6]したが今朝尚癒らず頭も為に痛く感じた。これで映画を見る勇気もなかつたので一時は帰寮しようと思つたが好機逸すべからず幸じて[7]大世界館までたどりついた時は〇時半、映画は〇時から始まり、丁度北京の町といふ映画の半ばあつた。私の見たいのはこゝであつたが残念と思つた。然しその流暢な言葉、小学生の勉強ぶり、私に多大の懐しみを覚えた。

二月六日（月）

**一日一句　心配は身の毒。**

近頃はあまり、部の練習に行つて大切な時間を費し、学科には予習、復習が不可能となつて授業がだん／＼と分らなくなる。然し体弱な私は元来運動はと言へば何よりも大切だと痛感し、

1　同名の映画は日本映画史研究会編（一九九六）『日本映画作品辞典戦前篇』（科学書院）、『キネマ旬報』には見当たらない。一九三八年制作の文化映画で、東宝第二製作部『戦線後方の報告記録映画』の三部作『北京』『上海』『南京』というのがある。その『北京』（亀井文夫）のことかもしれない。

2　同名の映画は、右記資料には見当たらない。

3　映画『チョコレートの兵隊』。東宝東京で一九三八年十一月に制作された。監督・佐藤武。

4　十二時～三時半の意。

5　五時半～七時半の意。

6　「辛抱」の誤記。五月十一日にも同様の表記が見られる。

7　「辛じて」の誤記。以下にも同様の表記が見られる。

別に学問をする時間が短かくたつてかまはなかつた。今日の放課後も気を忍んで練習に出た。風は強く、寒く肌を穿つ、キヤプテンとすこし上手な連中が練習してゐる、やゝ下手な連中は寒さを我慢してボールの空気入れをやつてゐる。私はかくて待つてゐられないので先に練習に加はつたら、最初のボールがとりはづれ且、キヤプテンに送つたボールが、息に合はなかつたのでキヤプテン（内地人）からお前は向ふへ行けと叱るやうに言はれたので実はあまり人を軽蔑してゐるなと腹が立ちたかつたが、自己の未熟を思つてぢつと気をこらへボールの手入れをやつてゐる所へ来た。そしたら、キヤプテンはこう何もしないのを見て、気に障つたらしく、はて走方の練習をせ《ママ》、またたらぬと思つて運動場を走らせた。

二月七日（火）

**一日一句　自慢高慢馬鹿の中。**

かくて先日の部の練習我々を他のラグビー、陸上部員の練習せる運動場を走らせ、恥をかゝせたが、我々は不平も言はず、自己の不達を悔ひながら虐待をこらし走つた。まづ形式上から見てグラウンド一回だけで充分であるがかの下等人は我々を何回も走らせた。我は奮然と立つて着物を整ひ寮に帰つた。もはやかく不愉快な部の生活も無味乾燥ばかりで徒に得難い時間を費し、一体どれだけの身体の鍛へが出来るであらうか。それよりも余暇を利用し、毎日絶えず自己で磨き、時には日曜を利用して登山し、寛大な空気を吸ひ、気分を養ひ、且つすきな勉強の時間も得られる方がいゝではないか。もう部は縁を切る決心だ。彼のやうな気持ぢや到底望のまゝに通過出来ぬと私は断言す。少年易老学難成、一寸光陰一寸金といふ我国の古言を沁々考へさせられる。

## 二月八日（水）

**一日一句　死ぬる子みめよし。**

授業は四時限で打ち切り、午後一時半講堂に集合。砂原中佐の講演を聞く、ひげは房々とはやつて軍人たる性格をそなへてゐる、バスの中でも時々出会つてゐる一眼ではやさしいやうなふりをしてゐる。彼は昨年南京上海を巡り、この頃は広[1]までも視察して帰つたさうである。内容は想像にすぎず只我々を笑はせ、ちつとも奮発の心立たずむしろ一服の清涼剤にすぎない。私は物思ひに沈んだ[2]数々に志士に対してすまぬ気がした。我が身は益々責任が重きを感ずる。今後しばらくまづ互ににらみ合ふ状態といふよりも一方は軽蔑の目つきで虐だつし一方は民族奮発によつて自決を求む。そこには面白からぬ現象が起る。これを解決するのは前者を改めなければならず、口先だけでだましちや後がひどいだよ。

1　「広州」あるいは「広東省」のことか。

2　「。」脱落。

## 二月九日（木）

**一日一句　鷹匠の子は能く鷹を馴らす。**

**特別記事**　練兵場の草刈り。

授業は午前中まで午後一時半まで一年は山砲隊の草刈奉仕、二年以上は練兵場。昼食後休むひまもなく、かまを携さへてお日さんの天下をたどつて行く。羊毛のシヤツメリヤスの長パンツ全身汗をかいた。先生はすべて軍隊服の軽装をしてゐる、命令一下学級ごとに指定の場所の草刈りを始める。三時半の予定で刈らすだつたが、半時間も立たずはや、一通りすんだが、級主任は「土木科二年はあまり丁寧すぎるよ」とうぬぼれてゐる。暫く立つてから「もう休んでよろしい、その場で」と休憩を与へてくれたので、体を楽にしてあぐらがきをして数人たかつては冗談にはいる。私は一人しよんぼりと草の上に腰を下して草一本をぬいては戯れてゐる。「又始めろ。あまり休んだら寝たくなるよ」と心脛質[1]の級主任は言ふ。四時半解散の予定であつたが、三時半で終つてしまつた。

1 「神経質」の誤記。

## 二月十日（金）

**一日一句　山高きが故に貴からず。**

**特別記事**　夕食後外出は十時半まで、私は七時に学寮を出て一人さびしい道を通つて公会堂に行く。行事は丁度やつてゐる最中、民衆一ぱい席をとつてしまつて立つ余地もない。

我に与へる感じはさう強くない。

朝礼時に校長先生曰く「先日の日の丸弁当の節約した金を現金にした所それを献金箱からとり出して見ると、非常によいクラスもあるが、然し、金は多量とせず一銭でもよいから誠さへあればよいのである。ところが中には一七銭とか、二十二銭とかしかはいつてないクラスもある、一人一銭と勘定しても一クラス三十五乃至四十人三十五銭以上あるはずであるが中には一銭も出さぬ横着者があるかと思ふと、本校は献金について他の学校に敗けてゐることは甚だ憤慨に堪へない」等非常に怒つた様子である。我が級はなるべくこの仲間にはいらぬやうにと祈つてゐる。罪が何だか自己に集つて来たやうな感じがする。昼食後は早速十銭献金箱に入れた。朝礼後はオカムラ大佐の忠孝一本の講和[1]を聞いたが、声はわれ鐘の如く調子は高低ごつちやになつてなにを言つてゐるのかさつぱり聞きとれない。

1 「講話」の誤記。三月十六日にも同様の表記が見られる。

## 二月十一日（土）

**一日一句　雉子も鳴かずば打たれまい。**

**特別記事**　紀元節

　午前八時四十分学校に於て式あり。終了後教育会館に於て水彩画の展覧会があるので見学に行かうかと思つたが、同伴がないのでなく、場所が知らなかつた。急に読書熱が高まつて来た。ゲートルを外すや否や、漱石の文学読本[1]を吟味した。そして一種の詩的情趣を感じた。胡適の文選[2]を吟味した。そして一種の高雅な気分を感じた。私は更に静思した。部をやめて全心をこめて書物を読まうか、文人たらうか。然し体格の衰微を覚悟せねばならない。私は辛かつた。殊に人並みに劣れてゐる自分の体格が辛かつた。うんと体を鍛へよう。健全な精神は健全なる身体より、私はほゝゑんだ。反面神聖な青年の頭脳を体育に費つくさうとは思はなかった。私は智育をおもんずる。遂に私はさまよふた、さまよふた。今晩の海南島占領の提灯行列も私はさまよふたママ。床についてもさまよふた。

1　『文学読本春夏の巻』夏目漱石、一九三六年のことか。
2　胡適の文選には、一九三〇年、一九三一年、一九三六年にそれぞれ編集発行されたものがあるが、そのどれであるかは不明。

## 二月十二日（日）

**一日一句　さうは問屋で卸さぬ。**

　第一高女[1]に於て籠球の試合があつた。私は行くべきであつたが躊躇した。部を止めて読書に耽けらうか、智育を求める青年期を、人生の哲学を踏む青年期を、指導の高雅気分を持つ文学青年を私は体育に時間を奪はれようとは思はなかつた。然し世はすでに変つた。健全な体格が必要だ。私は煩悩した。憂鬱した。さまよふた。止める気分が私を支配した。続ける気分が私を躊躇した。私は苦脳の大地をにくむ。S君にひきられて足を運ぶ。私は何を考へてゐるの

1　「台北第一高等女学校」の略。

なら分らなかつた。かなたから近藤先生はラケツトを手にして歩いて来た。私は知覚が鈍かつた。煩悩に耽つた。お前どうして行かんかつた。私は悪かつたと感じた。返事は出なかつた。にやつとゑみを忱べた[2]だけであつた。私は先生をうらまなかつた。うらまれるのを心配した。日は暮れた、私の苦脳は減じた。うれしかつた。

2 「浮べた」の誤記か。

## 二月十三日（月）

**一日一句　日勤定では足らぬが月定勘では余る。**

放課後、一同旧講堂に集るべしといふ伝単[1]が六時限にまひ込んで来た、英語の時間であつた。級主任曰く「時によると美化作業はつぶれるかも知れない」と。七時限の国語の時間に作文の宿題が木曜までとあつた。さて講堂に集う後、何か重要な出来事でもあらうかと思ふ。ペロ[2]の説誡だ。「この前から言ふたやうにお前達はよその学校の生徒が何と言はうと喧嘩をぶち込むでないと言つたが、近頃またそういふことが一中[3]や二中との間に起る、己れは台北工業の生徒だぞ、いばつてやれ、然もお前達は最もめぐまれて工業学校に這入つてゐるぢやないか、殊に将来少くとも大陸[4]出なければならないお前達だ。日本人の器量は小さいと言はれるのもこうした小さい事件でもさわぎ出すからだこれぢや大陸で仕事は出来ない。

1 ビラのこと。ここでは伝達書。
2 教師のあだ名か。
3 「台北第一中学校」の略。
4 中国大陸のこと。

## 二月十四日（火）

**一日一句　馬は飼ひ殺せ、子は教へ殺せ。**

**特別記事**　自習の始まるころ、隣りの室からさわがしく聞えたので暫くする、わつて驚愕の声はり上げたものがあるかと思ふと火事だ、寮生一同あはててバケツをとりかけつけた所、バスケツトボルの倉庫の側のかみくずばこから火が炎々燃え出して来た。幸ひ無事にけした。

午後二時頃種痘が土木科二年に廻つて来た。初め、体操があると思つて服を着かへ校庭に走つて行つたけど水野、肖、黄君しか居なかつた。彼等も無意識に待つてゐる。とう〳〵堪えかねてひきかへつた時始めて種痘であることを思はしめた。夏シヤツ一枚しか着てゐない。左腕を高くまき上げなければならないので、腕の細さに私は心配する、恥かしく思ふ。シヤツの右肩に破れがついてゐる、肩の皮膚が披露してゐる、やがて我が番になつた、誰しも血を滲みられてゐた。少々痛いのも覚悟はした、然し蚊がさす程の痛さもなかつた、実際血の出るのが見えたくなかつたのでそらむいて図書室出て始めて見たところ、何に血は少しも出なかつた、六つ種痘したが、一つか二つ、血がちとにぢみ出てゐるだけ。

## 二月十五日（水）

**一日一句　みめは幸の花。**

種痘の個所は幸ひかゆがなかつた《ママ》。気候が一層寒くなつて来た。今日までが風呂に這入つていかぬので何だか物さびしく思ふ。来週は我が週番だ胸がなる。試験は接迫して[1]くる、実にあせる。漢文の時間に読書当以三余[2]をならつて深く感ずることがあつた、やつぱりわたしは運動をやる方がよい。今日の新聞に中師[3]の入学試験の体格検査に百十数名が百三名までが体格にふりおとされたといふ。如何に今後の体格が重要視されることが分る。今晩は作文の宿題に我を忘れて六頁余書いたので自習時間は漸く間に合つた様だ。明日尚英語の宿題を急がねばならない。こうしてこの時に日誌を書くといつも腹を冷やさせてしまふ。

1　「切迫」の誤記。二月二十一日にも同様の表記が見られる。
2　「読書当以三余」は『三国志・魏志・王粛伝』の出典によるもので、「読書当以三余、冬者歳之余、夜者日之余、陰雨者時之余」（勉学には農作業のできない一年のうちで冬の季節、一日のうちでは夜、そして雨の日を有効活用せよ）ということ。
3　「台中師範学校」の略か。

二月十六日（木）

一日一句　下司も三食、上臈も三食。

材料[1]の勉強方法を再検討して見たところ、今まで実にむだな時間を送つた。先生の話を毛頭気を向けてゐない、むしろあくびのする程であつた。かくしてはちつとも進歩しないぢやないか。ところが今日不思議にも精神を静めて勉強の出来る方法を心得た、それは甚だ簡単で幾ら頭が疲れてゐるとは言へ、先生の語る所をそのまゝ朗誦して行く、不思議にも趣味が湧き、頭にはいり、睡気が消えてさつぱりしたといふよりは心がおちついてくる。それにザラ紙でも持つて行つて先生の書く略図をまねて書いて行けば知らずに我を忘れて書物に熱中する、今後これを具体的に実行したら、如何に能率が上ることと、ずゐぶんむだな時間を節約し頭を余計に休養せしめ、その他のすきな文学も研究出来ることになる。且運動も時間がとれることになる。

1　科目名「土木材料」のこと。

二月十七日（金）

一日一句　親しき中は遠くなる。

近来先生が何らか私に親切な態度をとつてくるようになつた。例へば講義の場合も私の方を向いて話すやうになり、最も私の態度を監視且私に親切をよせてくれたのが近藤先生である。今日の体操の時間も私を呼び出して模範とした。実際部の練習で最も胆玉の小さいのは私であつた、十分な自信を持つてもいざの場合には思ふやうにならない、幸ひ私は虚栄を望まないので別に精神を痛めなかつた。然して私の欠点と言へば誠に小さな問題で、これを切りぬけたら大したものだつまり、「何くそ」といふ固い信念を持つことだ、これが我が技倆をよりよく表現させる唯一の元素である、部の練習だけでないすべての科目に渡つて重要な事柄である、勿論尊重すべき所は尊重せねばならない。これをかければ人間は孤立になつてしまつて人々からきらはれることになる、心得べきことである。

## 二月十八日（土）

**一日一句　舷を刻んで剣を求む。**

図画のデッサンは今日で二時間目とう／＼仕上げなければならない。前時間は四分の三位も描き上げたので今日は比較的早かつた。あまり時間が余つてゐるので、創造的に黒影を入れると先生からかう批評した。「接角[1]顔が綺麗に出来ても、その影で汚れてしまふので消しなさい。」さああわてて来た、大急ぎで消した。幸ひ元の通りになつた。課外運動は部の練習をした。普通さぼつてゐる、三、四年もこの時ばかりは全部集つて来た。キヤプテン佐伯さんは後で大説誡をした。まあこれ位の説誡はよかつた。今晩は一般外出十時半までので、夕食後、直ちに町に出た。太陽が漸く傾き終らうとしてゐるが、真昼のやうな明るさを呈してゐる。一人で黙々として田園地を通り新高堂に行つた。目的はバスケットボールの競技規則を買ようと思つてゐるが数回さがしたけど遂に見当らなかつた。台日、次高堂[2]までも訊いたがなかつた。

## 二月十九日（日）

**一日一句　大孝は孝ならず。**

これから日曜は勉強に費すことに決めた。身体の鍛練は毎日の部の練習で充分だと思つてゐる。午前中から午後一時に跨つて英語の予習をした、二時から地理の整頓を始り、自習時間に

1　「折角」の誤記。

2　「台日」、「次高堂」とも書店名。

かけた。今日私に一種の恐怖心を抱かせた。昨日もさうであつたがまあ自然的に癒ると思つて気をかけなかつたが今朝は驚くなかれ、例の鼻汁が黒赤色の血と混和してかんで出た。度々つまつて来る鼻にサルメチイル[1]をぬつて息を楽にした。鼻の中に出来物でも出来てゐるかと心配をしてゐる。夕方五時頃は物思ひに沈んだ。気分が何だか窒息させられた。鏡に照して自己の顔の表情を見ては幾分でも楽天家の気持を現はさうと工夫した。やつぱりに〳〵してゐる時に気分がはれやかになる。

1 Salomethyl サルチル酸メチールを主成分とする外用薬。（『大辞典』）。以下では、「サロメチール」「サルメチール」とも表記している。

## 二月二十日（月）

**一日一句　陰陽師身の上を知らず。**

英語の時間に級主任の訓話が何よりも嬉しかつた。この中に私は確かに人格のことつぐ〳〵感じた。微細な所まで世間の人が必死になつて調査してゐることが明らかになつた、且自己の意見が見とれ私の信念も達せられるとは思はないといふよりも又又修養によほど苦心せねばならぬと思つた。先づ先生方の抱いてゐる疑念に有力な解答を与へたとも言へるでせう、今後は安心に授業出来、十分腕力を振ふことも出来ると思ふ。試験も近づいて来た、後になつてあれまわつた所ではじまらぬ。今から苦心すべきである、たとへ死ぬるやうなことがあつても、何しく[1]自己の双肩は一国の重責にあたつてゐるのである、虚栄は考へるべきでない。

1 「何しろ」の誤記か。

## 二月二十一日（火）

**一日一句　寝る子はふとる。**

地理の時間は実に不愉快だつた。大馬鹿者の田中源太郎なめてゐやがる。体操の近藤先生はすきだ。金棒の不得手なのを見て下さつて時々避けて下さる。今日の坂上り[1]はやつと出来た。それも一回にすぎない。最々奮闘努力すべきである。今晩家から手紙が来た。私の意見が入れて下さつて何よりも嬉しい。これで我が兄弟共無学無盲で終れない。遥かに感謝す、私も如何の努力もこらへて故郷に錦を飾らなければならぬ、之から友達に対しては無口主義で行かうと思ふ。部の練習は身体の鍛へのみでなく、人格を築く上にも大いに与つて力があると思ふ。例へ技術がまづくたつて冷視されるのみ、一時の我慢として一層恥かしからぬやうに工夫せねばならぬ。試験期も接迫して来た、今にうんと知識を蓄へていよ〳〵の場合に十分実力を発揮せねばならぬ。

1 「逆上り」の誤記。四月八日にも同様の表記が見られる。

二月二十二日（水）

**一日一句　聖人に夢なし。**

教練[1]の時間今まではなんとなく一種の恐怖心を抱いてゐたが、熱心にやると決してさうでない。秋山大尉は七十の坂を越えてゐたと見えて話がつまる、彼の心情も分つた。最後の時間は武道だつた。これも元来恐れてゐたが、この度の寒稽古で胆を培ひ、今日の時間で自己以上の技倆を持つてゐた杉本君と組んで見た。先生の説明をじつと精神こめて聴取し、更に誤つた動き方をなほしてもらひ、やつて行くと何も相手は恐れ物に足らぬ。この気持を保つて行くべきである、今までの籠球練習は只無意識に言はれたまゝ行動をとつてゐたので、忽ち人並に落後した。これも以前から気づいたが、たゞ唯一の参考書のないのを原因としてそのまゝほつといたが今日になつて佐伯さんの分解動作を聴取し、はつと思つた、これも即座にやつた時はなほ思ふまゝにとれなかつたが、帰寮後画を書いて見て分つた。

1 軍事教育訓練のこと。

二月二十三日（木）

**一日一句　慈悲が仇。**

今朝、朝礼時に教務主任より、「学校長は二三日前から一寸風を引いたが、まだ癒らない」と聞かれた時、私は一幕[1]の寂しさを感じた、慰問文をも出さうと思つたがよく〳〵考へて見ると自分はどうしても出す資格がないやうに感ぜらる。且下手な文学を現はしては甚だ失礼になる。近頃校長先生も心になにかと憂慮の表情があらはれてゐるやうである。何だか不吉なことが思はれてならない、願くは先生よ、健康をとり戻せ、そして純真無垢の精神を以て弟子を御指導あそばれ、我一身は決して無味乾燥たる人間でないことを声明する。放課後のバスケツト部の練習はやゝ趣味を覚えた。自習時間にやゝもすれば怠け心が起る。我を省り見よ、いさゝかの不遜な表情も決して顔にあらはすべからず。試験期は近づく、大いに頑張るべし。

1　「一抹」の誤記。以下にも同様の表記が見られる。

二月二十四日（金）

**一日一句　好物に祟なし。**

今日の練習は私に大自覚をうながした。即ち今まで自己が矛盾にやつてゐたことに気がついた。且つ今日の部員の侮辱に大に噴奮[1]した。明日は二年生が三中[2]対抗の試合であるが、もはや私は出る望みもない。然し我の元来の目的に照して見れば決して顔を世に現はしたくない気質である。今後こそ心を一変して練習に向ふべきである、今日の授業で最も好感を与へて下さつたのは体操の時間の近藤先生である。始めてバレーを我等にやらせるべく、表校庭に集合する。準備運動、フテタテ[3]の時に私の腕の屈伸があまり浅いので先生は私の背をおしてうんとまげさせられた、勿論私は以前の我でなく、腕も大分力があるやうになつたので、造作なくま

1　「発奮」の誤記か。

2　「台北第三中学校」の略。

3　「腕立て伏せ」のこと。

げた、その時先生は私の肋骨の両側を手でおさへたので「大分大きくなつたよ」とさもうれしさうに言つた。

**二月二十五日（土）**

**一日一句　老いたる馬は道を忘れず。**

**特別記事**　始めて三中コートに於て二中と籠球の試合選手として出る、これで幾多の欠点と度胆[1]を養つた。

図画の時間は今学期で最後なので、どうせ一枚の図画を仕上げるには二時間もかゝるので間に合はぬので画の話について聞いた。そしてあまたの優秀な画を見せてくれた、その中気を引かれた画も二三枚あつた。先生曰く、「皆さんの中のデッサンの描方に中々立派なのがある、これを東京の美術学校にとつて行つても決して恥かしからぬ、この点、私は大いに自慢してゐる、これで皆さんに二年間画を教へたかひもあつた。皆も自己の書斎に自筆の画をかけておきたいものだ、例へ今後は図画も卒業したからと言つてやめないやうに自己の趣味にとり入れたい」云々、私はなる程とうなづいた。この話の中に皆さんの中に中々立派な画があると言ふてゐるが若し土木科二年の中であるとすればひよつとしたら自分かも知れない。私は密かに雀耀り[2]した。

**二月二十六日（日）**

**一日一句　取らずの大関。**

朝からぶつつゞけさまに英習字を書いた、頭はすつかり統一されたのであまり疲れを感じな

1　「度胸」の誤記か。

2　「雀躍」の誤記。『大辞林』には「雀躍」「雀踊り」はあるが「雀耀り」はない。なお、以下にも「躍」の文字を「耀」に誤記している例が多く見られる。

かつた。正午近くに散歩に出た。体を運動させなかつたせいか、腹は減るは減るが、食欲はあまり進まなかつた、家にあれば足らぬ程食ひたがるが、こゝはおかずにも関係してゐるかと思はれる、この為に幾度か不自由を感じたか知れない。午後は英語の勉強に費やした。この間に未曾有の速力を以て前に進んで行つた、自己の実力に少々感じざるを得なかつた。趣味は更々に湧いて来た。この休暇に英語に関する月刊でも貰つて勉強しようかと思つた。こういふ研究にはやはり無口の人が適してゐるのである、黙々として撓まない性質の尊さを覚えた。むやみに口才[1]にばかり引きづられて自己の特性を失ふやうなことがあつてはならない。

1　中国語、「弁舌の才」の意味。

## 二月二十七日（月）

**一日一句　有る手から零れる。**

今日は午後二時頃より、新知事が巡視に来るさうである。待てどとう／＼おいでなかつた。学期試験の科目は発表した、合計十四科目、今から頑張つても遅いだと感じざるを得ないが、前月から勉強と考へつゞいたが、一体何を勉強してゐたか分らない、無組織な勉強方は白雲の漂ふやうな気弱さである。いざの鎌倉には役に立たない。何しろ、後悔した所で始まらぬ。全力をつゞけて死ぬる程頑張らなければならぬ。殊に私に於いては。今晩の自習時間は夢魔が襲つて来つた。眠むたくてたまらぬ、正式の自習外はゆつくりと体を休息させようと思つたが、かゝる体度[1]はとるべきでないと辛して思ふ程に進んだ。最々辛抱しようと思つたが精力が続かぬので一旦とりやめらうとは考へたものでやつぱり最努力しなければならぬと思つた。

1　「態度」の誤記。

二月二十八日（火）

一日一句　蒟蒻で石垣を築く。

今日で今月も終りだと思ふと何だかもの足りない感じがする。試験は後の勉強が七日しかないのだ、うつかりしてゐたら体面がなくなる、死物狂ひになつてもいや頭がふら／＼になつても勉強するといふ気持がなくてはならぬ。英雄の立場、私は憧れてゐた。それにはそれ相応の努力を要すべきは言ふまでもない。だけど気の弛んだせいかこゝ両日は気分がいら／＼して専心になれない。それは運動の不足に伴ふ身体の活動の遅弛[1]に外ならない。而して腕の運動もやつたら所偉ひに疲れさが増して来るではないか、そこまで行つてはもはや精神力で打ち勝ねばならぬ。天は自ら助くるものを助くといふのは自己が努力すれさへ天は自然と見測つて来れると言ふ真理に外ならない。然しこれを矛盾に文章の汁しかに[2]止めてしまふのは世の中は退化してしまふ。よく／＼味はふべき金言であると思ふ。正に努力すべきである。

1　「遅緩」の誤記か。

2　意味不明。

三月一日（水）

一日一句　頼る木陰に雨が漏る。

今日の号外に漢口[1]の一角に突入せりとあるが、漢口は既に昨年の十二月頃に占領したとあるではないか。どうしても我々に疑問を持たざるを得ない。まあそれはそれとして試験期は見る／＼中に近づいて来るではないか、油断は大敵だと申すがやつぱりちよい／＼と油断をしたくなる、それは身体の疲労と精神の遅緩に大なる関係を有する、正に油断大敵である。試験の前日の夜の地獄のやうな思ひ出それは今尚記憶に新たなるものではないか。とにかく世人は未来の罪よりも現代の楽しみを盗まふとす、あゝ天は自ら助くる者を助くといふ真理が成り立て

1　中国湖北省武漢市の北部地区。

ば後者は正に世の大盗人と言はざるを得ない、所謂万人の嗤嗟[2]といふべきである。失之毫毛、差以千里[3]といふ我が独特の表現法を無視するなよ、決して矛盾をする必要はない。勉強すべき時である。

## 三月二日（木）

**一日一句　聾の早耳。**

放課後風呂から上つて風呂場を出る刹那丁度秋山先生が帰りかける時に出合つた。お辞儀をすると彼はにこ〳〵しながらから言ふた「一生懸命勉強してゐるかね」、「はい勉強してゐます」「しつかりやりなさい。」とすぐさま表情を直した、私ははつと又お辞儀をした。そして分れた。今日のやうな愉快なことはなかつた、私は密かに心の中で吃驚しながら且つ覚えず感激に耽つた。これはやつぱり死物狂になつて勉強せねばならぬと思つた。少しの間でもよいから早速幾何の公理を集めた手帳を大事にポケツトの中に入れて裏校庭の人通の少ない場所で暗記しながら物思ひに耽つた、人間が尊く思つた。やつぱり偉くならなければならぬと思つた。それには健全な身体につくり上げなければならぬと思つた。余暇を見てはすぐ腕の鍛練に精を出した。

2 「怨嗟」の誤記。

3 「失之毫毛、差以千里」は「失之毫厘、差以千里」の間違い。「初めはほんの僅かな差でも、後には大きな相違となってしまう。ものごとは最初が肝心である」ということ。四月四日にも同様の表記が見られる。

## 三月三日（金）

**一日一句　江戸の敵を長崎で討つ。**

今晩はラグビーを遊んでゐると豈図らんや不幸が我が身を恐つた[1]、陳朝陽さんの額に左唇をぶつつけられて歯が折れさう位にひどく傷を受けた、上下の唇ともはれ上り吹き出した[2]。確かにその時はひどく精神を刺激せられた。試験勉強も打ちくだかれた。止むなく悲憤を飲み

1 「襲った」の誤記。以下にも同様の表記が見られる。

2 「噴き出した」の誤記か。

つゝ夢境にはいつた。床の中で色々想像した、友人が皆出て勉強してゐるのに自分だけが安楽をかじつてゐるのだとすまぬやうな気もし、まけずきらひの気もした。最も私に心配をよせてくれたのは何と言つても王泉忠さんだ。いつのまにか眠つてしまつた。ふと耳際騒々しくなつたかと思ふと只今十二時の消灯を受けて皆どか〳〵と寝に来てゐるのだ。その中に王豪傑さんも這入つて来た。毛志隆さんは僕の負傷を訴へた、彼はかう言つた、「かつて爆撃を悠々と眼の前に見てゐた[3]李徳明がこれ位でなんだ」。

3　厦門爆撃のときのこと。

## 三月四日（土）

**一日一句　悪い夢は話さぬもの。**

**特別記事**　卒業式

今朝になつて昨晩の負傷は漸く痛みを消え、ふくれも消え完全とはゆかないが、十分の安心があつた。登校しても友人に見られたつて恥かしく思はない気がした。九時半より卒業式の挙行があつた。北白川賞を貰つたのは楊安生さん（土木科）であつた。彼は剣道三段といふずばぬけて体格がいゝのと平均して頭も十分練つた。実に羨やましいといふか、尊敬の念を起さざるを得ない。且つ奮然たらざるを得ない。これも一重に平時の努力が大切である。少々いや気が生じて来たつてこれを押し通して行く所に人間の偉大な所が見せられるのである、只平常の人と同様に彼が起きるから我が起きるといふのでなく、人一倍にやるといふ気持ほしいのである。彼が五の効果を収めたとすれば我はその倍を収めなければならぬ。

三月五日（日）

一日一句　俳諧に古人なし。

午前中は修身の勉強をやつた。午後は幾何と歴史何れも飽いて来てやめた。近頃は身体の発達の状態が著しくなつて来たやうである。先づ急激の疲労はやつぱりさせぬやう、これも身体の健康を増進する一助ともならう。今晩は自修[1]一時間九時半までに華南銀行の前に集合、台北部隊の一部の出征の出送りがあつた。提灯をさげて一時間前位も着いたので、水彩画館へ見に行く、序にかねてすきであつた木炭はと聞けば何と実に易々と入手、一本長さ十糎幅六粍四方、たつた五銭である。これでもし閑暇を利用して図画の研究、デツサンが自由に腕が振まへることになる。何と愉快なことよ。試験は近づいて来るし、勿論身体の続く限りは勉強せねばならぬ。

三月六日（月）

一日一句　石臼石でも心棒は金。

七時限より動物の泣き声で知られた土田卓郎の講演を聞く、成程名にし負ふ達人、そんなによく似てなと思はれた。然し彼が或種の声を工夫したのに四十年間も費したと言ふ。まあ長いことだなとも思はれた。やつぱり保守性が強く響いて聞き苦しい。この種の話は大きらひだ。最後の英語の時間、これは山下先生が自身言つてゐるのだ、これも自分が偉いことを念頭においてしやべつてゐるから、従つて他国の話にうつればやつぱりうぬぼれがつよくて耳障りは悪い。近頃私は生長が著しい状態を呈しつゝあることに気がついた。故に無理矢理に身体を疲労させぬことが切実に感じた。授業も効果が十分得られるやうきり上げてしまふ。尚言ひ忘れた

1　「自習」の誤記。六月二十七日にも同様の表記が見られる。

が今朝校長先生の大説誡が一人の不心得のものによつて爆発となつた。

## 三月七日(火)

**一日一句　起きて半畳、寝て一畳。**

明日は試験なので今日一日中は複習[1]だ、今日はどうも高慢な気分が出て来るのでよくない、最自重すべきである、もはや一通りの明日の試験課程は終つた積りであるから、自慢の心は起してはいけない。何だか緊重[2]をかくやうであるが頭がごつちやになつたから、せめて明朝もう一度複習することに決めよう、ぼや／＼してゐると風を引きちまふ。何しろあわてる必要も何もないからおちつくこと甚だ切なるものがある、自信満々あれば早く頭を休養させるがいゝ。明朝うんとかせぐのだ。分つたか、決してこわがる必要も何もない、あゝ、少し風を引いちやつたこれはいけない。早く休養しよう、精神一到何事か成らざらん。静かに故郷を祈る。

1　「復習」の誤記。以下にも同様の表記が多く見られる。
2　「緊張」の誤記。

## 三月八日(水)

**一日一句　藤は木に縁り人は君に縁る。**

**特別記事**　修身、幾何、化学

第三学期本試験の第一日目、幾何の第四番目の問題に不確実性、化学の特殊綱[1]及び軽合金の種類に少しの不充実な気がしただけで後は状態すこぶるよし。喜々として試験の帰りは直ちに翌日の準備にとりかゝつた。明日が一寸心配のやうである。まづ明日分の英作をこの昼の内に習べ終らうと焦つた。勿論夕べの不眠不休の努力の結果残るエネルギーは少し足らぬに違ひなし。どうにかこうにかやつて退けた。何だか嬉しくなつて来たやうでゆつくりと床につくと

1　「特殊鋼」の誤記。

眠れない。色々なことが想像せられて一層頭を疲労させてしまふ。折角身体休養の目的に反した。いつのまにく《ママ》ぐう〳〵眠つてしまつたかと思ふと耳際に誰かが喧いてゐるかと目を覚せばやれ夕飯もすんだので先生の命令で起しに来てゐるのだと四年生の徐文安さんが起しに来てゐる。実はさうでなかつたが助かつた、温い風呂にはいれることが出来た。

**三月九日（木）**

**一日一句**　**卯で石うつ如し。**

**特別記事**　歴史、英作、用器画[1]、成績すこぶる自信ありき。

歴史の紙が配るや否や夢中にかぢりついて全精力を傾注し、こりや終身の一大事かの如く書き始めた。出来上つてやつと気の付いたのは名前を落した。これを動機として大なる心配が私に与へた言はずもがな昨日の試験答案である。再三頭を脳ましたけど名前を書いた覚がなかつた。幸ひに今日は学級日誌の当番であつたので、先づこのことを先生に声明した。然し不安は私の心を去らなかつた。頭は極度に疲労し切つた。床についた。とても頭が休養しない。種々想が私をかき乱した。一時間も立つたらう、寮友も続々とはいつて来てめい〳〵の床に休養をした。私は眠れなかつた。全身にみつしよりと汗を掻いてしまつた。起き上つて廊下に出て涼んだ。昨日の努力も我を水泡に帰すのか、うらみは去らなかつた。晩に入つた。一層私を不安ならしめた。頭を悩まれた。天は自ら助くる者を助く。

**三月十日（金）**

**一日一句**　**暖簾は品物をばかす。**

1　製図用の器具を使って書く幾何学的な図形。

九時登校防空演習があつた。今日非常に私を不愉快ならしめた事があつた。ガス警報を受けた時、我が土木科二年は機械科の後に続いて採鉱科の製図室へ避難に行つた。この時修身を教へてゐる小泉といふバカ先生がいきなり近よつて来て「お前の試験答案はないぞ。」勿論私は試験答案に自分の名前が落してゐるにも気がつかず、第二日目になつて同様なことが繰返へされてゐるのでやつと気が付き、このことを丁度当番であつたその日の日誌に深く哀情の意を表した。それに拘はらず私が「はい名前を忘れました」と言ふといきなりパチ／＼と顔つぺた[1]を二つ打かれた。私は一時にどつと悲し涙がこみ上りました。その時は級主任ももう一人の幾何の内田先生が居合せしかも生徒が百何人の前でかゝる恥辱を加はられたことは留学生として実に面目なき次第と言はざるを得ない。

1　「頬つぺた」の誤記。三月十七日にも同様の表記が見られる。

三月十一日（土）

**一日一句　馬には乗つてみよ人には添うてみよ。**

**特別記事**　物理、地理、

今日の試験学科は二課目[1]しかないので何となく安心が起つて来た。第一時間目の物理は全精神を集中した効果あり、遺憾なく答案を書き上げた。第二時間の地理から思ふとすぐ頭にぴんと来るのは、不愉快な念であつた。幾ら努力しても点数は下がる一方である。おまけに地理の授業時間中はさま／″＼な恥辱をかけられ、いやがれた。之程私にとつて不愉快なことがなく、同時に非難せねばならなかつた。例へば曰く、今日支那といふとばかといふ代名詞になつてゐるとか、こら皆さん、盛に言つてゐる支那の代名詞は何だらうと言ふと私の後の生徒が小声でチヤンコロと言ふ。かゝる不正行為が幾度私の耳に這入つたか知れない。然しそれが級主任に

1　「二科目」の誤記。四月二十日、十一月十四日などにも同様の表記が見られる。

も同様で教壇上で公々然と言つてゐる。この事実に照しても批評せんでも世界の人々は皆具耳目[1]。幾ら表面だけを飾つた所でその実は腐つてゐる。

1 「皆具耳目」とは皆注目しているの意味で、漢文の文のように書いたもの。

三月十二日(日)

**一日一句** **恥を思はゞ命を捨てよ情を思はゞ恥を捨てよ。**

**特別記事** 最初のミケランジェロ彫刻のダウィッド像を仕上ぐ。

明日はさう大した難しい科目でないと思ふと、なまける気分が出る。午前中は昨日始めて着手した木炭画に目を通すと呉振興さんが近よつて来て、「もう木炭で書き始めたのか」と言ふと「いや図画はもう卒業したんです、これは自分が練習してゐるのです。」と答へると「まあ出来上つたらガクにして上げよう。」といふので、書く気でなかつた私も急に心が明くなつたような気がした。これから熱心に描き、画はミケランジェロの彫刻ダウィッドの像である。午前中に一先づ出来上つた。その真にせまつてゐる場面に今更ながら驚嘆の眼を見はつた。自己のかくれたる天才に気がついて来た。誰もうまいなと言を洩してゐる。私は内心雀躍りしながら、画に高雅な趣味を覚えた。手の舞ふ、足の踏むを知らざるとは正にこの事であらう。今日は私に記念すべき日である。木炭画に対する敬意を表すべき日である。

三月十三日(月)

**一日一句** **詩を作るより田を作れ。**

**特別記事** 英訳、国語、材料

英訳は難なく書き上げた。国語は先生が不愉快ので勉強がいやなので書取「逞しい」といふ漢字を忘れた。材料はあまり自己満心[1]し過ぎてチヤンスを逸した。然し今日の成績は英訳を以て最上となす。明日はさう骨折の科目でもない。昼寝を取つた。実は今日の天気は肌を切るような寒さでおまけに頭が疲れて感覚が分らない。決して油断すべきでないが、代数はどうしてもさつぱりとした気持を必要とするので、昼寝をとつたわけである。二時頃に床に這入つた。体はちつとも温つて来ない。いつのまにかカン〳〵と夕食の鐘が響いた。飛び起きた。夕食を急いで食べた。最後の努力だ。今こそ汝の生前の努力すべきチヤンスである。機を逸するなよ、少々の怠け気分は蹴飛ばしまひ、少々の不自由は我慢しろ、何くそ、我輩は正義はあくまで正義だ。

1　「慢心」の誤記。以下にも同様の表記が見られる。

## 三月十四日(火)

**一日一句　敬はゞ順へ。**

**特別記事**　代数、漢文文法

試験は今日が最後だ、と思ふと実に一瞬千金。これが努力の限りである感がした。難なくすましたが、心に実に遺憾に思つたのは代数であつた。今も少し最善の努力を払つたなら満点がとれる筈だがな惜しいことをした。此実今後努力之標目[1]、非常に精神状態がよかつた。昨夜から今朝三時半に至る、試験準備の疲労も感じなかつた。漢文の勉強をした。私に大なる興味を与へてくれた。更に国語の勉強に這入つたが、如何にも合はぬのでやめてしまつた。今晩はもつと勉強しようと思つたが、寝室で寮友相互間の友義[2]を保つために、ラグビーをやつて荒れまわつたが、王泉忠君に手で眼を振られて危なく事なきにすんだが、一瞬のまにて眼がつぶれさうだ。これでこの運動も負傷二回目、今後はあきらめた。

1　「此実今後努力之標目」とは、これはまさにこれから努力すべき目標だの意味で、漢文の文のように書いたもの。「標目」は「目標」の誤記。

2　「友誼」の誤記。

三月十五日（水）

**一日一句　天に口なし人を以て言はしむ。**

今日は野外教練の予定であつたが、何しろ朝から降り続きの陰雨にてやむなき、決定取り消し、普通の授業に変つた。ところが、試験直後、先生方は多忙の折から授業やると（ママ）ころか、ひまも碌々にとれるはずもない。それで台湾神社[1]参拝に決定、教練先生にまかせてつれられて行くことになつた。秋山、山崎、大川、もう一人の教官、都合四人の筈であつたがさて神社につけばいつの間にか低能児の田辺がやつて来て不愉快な目にさせられた。ついでに建功神社[2]に参拝せられて我を一層不快ならしめた。一時間も例のいやな叱り方をしてこれを無理矢理に納得させようから、低能児が何の学があつて無学文盲の言を吐露して実にばかばかしい。

1　明治三十四年（一九〇一年）に台北に創建された、北白川宮能久を祭る神社。
2　昭和三年（一九二八年）台北に設立された、台湾で戦死した軍人や、殉職・殉難した人などを祭る神社。

三月十六日（木）

**一日一句　大食腹満つれば学問腹に入らず。**

**特別記事**　満心は塗炭の苦しみへ追へこまる。

午前中は弁当諸般を整へて学校に出ようと思つた雨しと〳〵と降つてゐるので野外教練がありさうもなかつた。弁当一先づ学寮に於き[1]学校に行つた。朝礼後、四年は授業、三年以下は軍事講和といふことになつた。山崎教官の言ふには現在最も悪いとされてゐるのは三年生、最もいゝ学級は土木科二年生、実によく揃つてゐる、之は自分一人がかう言つてゐるぢやない皆の先生が口を揃へて称めてゐるのだ。とは内心聊か安心をして少し得意になつた。この得意は所謂人生の失敗の因をなしてゐるんだ。人間一時なりとも満足は出来ぬ。とつぐ〳〵考へさせられたのであつた。それは秋山教官が話の途中二年一年の方は食後直ちに煉瓦建の応科の廊下

1　「置き」の誤記。

に集れといふことだ。それを山崎教官が口を挟んで教務主任は午前中は生徒を帰せといふのがもとので私が満心すぎて缺課。

## 三月十七日（金）

**一日一句　人参呑んで首縊る。**

朝礼後は教練だ。相変らず雨が降つてゐるので、四年は普通の授業、但し教師は試験後早々とて多忙の折から授業は午前中だけといふことになつてゐる。三年以下は教練教官の指揮を受くべし。と校長先生の訓話あり。大川少尉、子供みたいな声を出しやさしいと思つたら案外厳しい。なぐるといふことは見たことはないが、総ての前にひつぱつて行立たゝせるといふ「恥を知れ」を実地に研究にしてゐるのだ。引つぱられた人は青くなつて面目なしと言はなければならぬ。これは顔つぺたを打くよりも一層効果があるのだ。午後三時半毛志隆さんと一緒に王豪傑さんを尋ねて行く。元来道に無頓着な僕は事実困つた場合が多々あつた。それは僕の性質から来てゐるかも知れない、少なくとも今日は同じ所を三回歩き廻り、三時に学寮を出て二時間も町でぶらついた。毛さんは今日のやうな面白くない日はないと。

## 三月十八日（土）

**一日一句　手がすいたら口が開く。**

今朝は大掃除。我々二年生は学寮で各室毎に自室の属してゐる庭を掃除した。まじめに働いた。九時半に始まり十一時半に漸く終つたので打ち切り。私は王志江さんから支那民俗の展望[1]を借れて貪り呼んだ[2]。ゲートルをとるひまもなかつた。昼食後引き続き呼んだ。何しろ借

1　四月九日の記事では『支那民族の展望』。同書の詳細は不明。
2　「読んだ」の誤記。

りたものであるからそこには時間の制限があり、悠久な程の時間は勿論ない。それであるから短時間にそれをより多く読まうといふから、渾身の努力を傾中した。我と言へどもつか〳〵《ママ》反省し、頗る有益だつた。四時半までぶつつゞけ様に読み続いた。それで漸く半分しか読んでゐなかつた。その後の機会を待つことに楽しみがあつた。今晩は一般外出十時半といふから寝室で実話雑誌[3]を漁つて我を忘れて読み耽つた。幽霊だのテロ、グロ方面には随分恐しい場合がある。今後雑誌はやたらに読む[4]

3　『実話雑誌』は、一九三一年、実話雑誌社により創刊された雑誌のことか。

4　ここで文が中断している。

三月十九日(日)

**一日一句　鳶の子鶯にならず。**

午前中は読書。午後は少々気分が陰鬱になつて来たので、寝室に引つ込んで人格修養でもしようかと思つたが、取り残された仕事が多々あるのでどうしても黙つてゐられない。せめて休暇中の準備でも取りかゝつた。夕方頃、飯の少憩後に一通り終つたのでほんと安心した。夕食中青野舎監長から今年通じてるの学寮の成績が語られた。優等生全校で十九人、各科目とも八十点以上、学年通じて平均点八十五点の人達である。これらは何れも金一封の受賞者だ。学寮は全般通じては通学生よりもよいが優等生は惜しいことには一人しかゐない。その中一人は原級滞留だといふことだ。優等生には殆ど切線[1]まで行つた人が二三人あるやうだが悲しいかな八十点以下の科目があつたので授賞されんかつた。而して此つちは恥しい程だ。

1　「接戦」の誤記。

三月二十日(月)

**一日一句　王になるも生れから。**

先生は語る待ちに待つた終業式。寮生は喜々として通信簿を抱へて親のもとに帰る。私は寂しい学寮生活を迎へる。応化三年の王泉忠君も残寮するので二人は全くよき相手と言ふべきだ。幾分無聊が解かれたやうに思ふ。午後は学校へ手伝へに行つた。雨が降つてゐるので講堂が受験生の父兄達で汚ごられる心配があるので講堂内の椅子を運び出すのだ。近頃私は働くことが楽しく思はれた。椅子は機械工場前の廊下の両側に並べた。明日は船が出帆することを聞いてせめて校長だけはと手紙を出した。切手がないので雨ガツパをかぶつて第三高女の切手売店のある所まで買ひに行つた。今晩は王君と一緒に柔道衣をつけて柔道の稽古をした。汗がびつしより出た後は体がさつぱりして気持がよかつた。それを利用して勉強に急しんだ[1]。点検八時消灯半《ママ》だつた。

1　「勤しんだ」の誤記。

三月二十一日(火)

**一日一句**　**金の切れ目が縁の切れ目。**

**特別記事**　カントの木炭画を仕上ぐ。

新入学生の入学試験の第一日目。朝飯後に王君と一寸見学に行つた。父兄達が子の前途を希望しつゝ試験の如何を見護つてゐる。私は恥かしくなつて学寮に帰つた。そして王君と一緒に勉強の即製机を案出した。カントの木炭画を一枚し上げた。それからすきな雑誌を読んだ。夕飯後は呉さん、及び彼の弟、王君、都合四人で校内を散歩した。図書室まで来た時は科長等はしきりに相談してゐるのが聞えた。静かに表校庭に出て旧校堂[1]に廻つた。金棒（実は木棒）の尻上がりとよぢのぼりを練習した。やつとまでは行かぬが、やす／＼とやつて除けた。帰り道に表ゲンカンで校長先生が出ていらつしやるのを見た。一行は厳粛に頭を十五度にかゞんで

1　三月二四日の記事では「旧講堂」。

注目の敬礼をした。校長は呉さんの弟を見て誰の弟と聞いた。呉さんは答へた。何科を受けてゐるんだ、応科だと答へた。後で呉さんが言ふには校長は無機嫌ママな顔をしてゐるのが普通だが今日はいゝと見えた。

三月二十二日(水)

**一日一句　藝は道によりて賢し。**

今日は始めて警備についた。表ゲンカンの警備だつたが富田といふやつが銃器庫と変れ[1]と言つた。銃器庫といへば中は勿論カギをしめてゐるので只外に番犬見たいに立つてゐるので油くさくて光線も悪いし、始めてだまされたなと悔しかつた。畜生お前さんの心持はもう分つたよ、午後二時半まで監視して終り頃に又椅子を持運んだりして僅かに昼食代としてパン十銭だけであつた。私は決して不満でなく、むしろ働せて貰ふのがすきであつた。その冷淡さその不人情を痛く不愉快ならしめた。今晩は王君と一緒に新高堂へ行つた新学年三年級の教科書の目録を一枚貰つた。専門科目が六冊もあつて十四円三十銭だ。教科書は僅かに二円九十四銭にすぎない。新高堂に於て非常にいゝ知識を得た。これで私も愉快になつた。あゝ天は自ら助くるものを助く。

1　「代れ」の誤記か。

三月二十三日(木)

**一日一句　棒ほど願うて針ほど叫ふ。**

**特別記事**　ベートヴェンママの木炭画を仕上ぐ。

今日は体格検査の不合格者を発表するので午前中から受験者の父兄達が講堂に集つて来てゐ

る。呉さんの弟は合格した。私も喜んだ。元同級だつた旧友に出会つて色々語つたが彼は又変なことを聞き出して不愉快ならしめた。こういふ友人は私の好む所でない。寮に帰つてベートヴェンのデツサンを一枚し上げた。だん〴〵筆に覚えがあつたやうになる。床についたら色々と画の研究の仕方を構案[1]した。中に実に夢想であつたのもあつた。とにかく画に趣味を持つて来たのである。腕の練習を多くしたかつた。昼食後は王君とバスケツトボールのパスを七百回位連続した。運動もすきになつた。夕食後は王君と剣道の稽古をした。彼がうまかつた。元来の休暇中と言つたら雑誌を相手にして寝て暮したが、この度は雑誌を二冊用意したにも拘はらず、ちつとも読む程の高尚な文学がない。徒らに凡人の生活描想を創造したにすぎず価値はとてもない。寝る前に又王君と角力をとつたが寝巻を不意にやぶつてやつたのでやめた。

1　「考案」の誤記か。四月七日にも「構安」の表記が見られる。

三月二十四日（金）

**一日一句　色の白いは七難かくす。**

朝食後は無聊だに国語を勉強してゐると呉さんより学校に行かぬかね、と誘はれたので意識なしに行かうとついて行つた。旧講堂の前に国語の試験問題が四枚はつてゐた。熱心な兄達や姉達がうつすのに夢中になつてゐる。難しいなと誰も言葉を洩してゐる。ひよつこり私の左肩を軽く打いたやつが居つた。見ると懐しい林文水君である。彼の父には今度の復校に[1]色々と迷惑をかけたのだつた。先日も一度出合つたが、行きずりで何も語らなかつた、今日は過去の思ひ出をベンチにかけてゆつくりと吐露した。彼の弟が受けに来てゐたのだ、建築科ださうである。彼の弟を見ると小さくて実に可愛い。彼の語る所をじつと耳をするゐると私の弟の徒ら[2]坊とは全然変つてゐる。懐しき家の思ひ出、親を離れて半年かな。飾るるは故郷の錦がつ

1　筆者が一九三八年九月に台北工業学校に復学したこと。

2　「悪戯坊」の誤記。六月二十一日にも同様の表記が見られる。

ちりとした身体を築いてをやである。忘れもせぬ今晩、父より為替四十円送つて来た時、早速二十円を入金し、二十円を書物代に当てた。

三月二十五日(土)

**一日一句　知らぬ仏より馴染の鬼。**

入学試験は今日が最後の日だ。飯をすむや、私は早速雨外套を用意して郵便局に行つた。為替二十円を現金引換に行くのだつた。始めてなので間違ひのはあたり前だと思つて気にかけなかつた。二十円を懐にしつかりと抱いて新高堂に行つた。専門学科を先に買つた。六冊、十四円三十銭。私の心は耀る。わきに高く抱へて出ようとすると女学生が大きな眼で見てゐる。更に参考書屋へ行つて国文漢文解釈法[1]の二冊を求めると四月頃に来いと言ふ。仕方がないから学寮へ帰る。校門前まで来ると林文水君が弟を伴つて帰りかけてゐる。試験が終つたのだ。彼が言ふには浅田先生（母校[2]の師）は先頃本校に来ていらつしやつたのだ。私はしまつたと思つた。会ひたかつたがとう〳〵会へなかつた。彼が又言ふには庄司校長は本日本校にいらつしやるといふ話だが未だいらつしやらないので彼は今まで待つてゐたといふさうだ。せめて校長先生でも会ひたいと思つてゐたが、どうもいつ頃来てゐるのか見当つかず無念だ。

三月二十六日(日)

**一日一句　矯めるなら若木のうち。**

朝目をさめたら眠たさが又癒えない。朝食後もう一度ねむようと王君共に約束した。勿論私は冗談半分で言つてゐる。一度目がさめたら如何に眠たくても精神が正しければ再び床にはい

1　『国文解釈法』、竹野長次著、研究社、一九三六年と『漢文解釈法』塚本哲三著、研究社、一九二九年のことか。

2　厦門旭瀛書院のこと。

る筈はない。只精神がいら〳〵してゐるから尚更眠くなるのである。飯後は画を一枚描いた。王君から借りた写真だがどこかの女優らしい。よく見れる顔なので一層懐しさを感ずる。午後は王君と剣道を練習したがぽん〳〵とコテ、胴、頭[1]を打たれて殊にコテは青くはれ上つた。汗もすつかり出してしまつて口が喝いて来た。私は又我慢が出来るが、王君は水を飲まうと言つとつたが、私は腹を破ママしちや大変だといましめてやつた。ついでにこの前余つた氷砂糖をとり出して薬缶にお湯を溶して二人でぷか〳〵と飲んぢやつた。彼は一杯飲んだので寝た時に腹がふくれて打ければぽん〳〵と音がする、まるで狸みたいな。元来彼は胃拡腸[2]だつたのだ。床の中で四方山の話をしていつとなく寝てしまつた。

1　「コテ、胴」は剣道の防具の名称。「コテ」は手と腕先をおおうもの。「頭」は「面」のことか。

2　「胃拡張」の誤記。

## 三月二十七日(月)

**一日一句　羹に懲りて膾を吹く。**

朝は書物を読んで暮した。新聞（朝日）も読んだ。昼飯後は急に思ひついて復興日報[1]のすて場所に一方ならず頭を悩した。天気の模様は朝から降つたり、照つたりしてどうも相手にならず、杜甫の詩　播手作雲覆手雨[2]の一節のはかなさを連想させる。午後になつてぱつと明い気分がして来た。空はからりと晴れて今にも陽春三月過ぎし日の卒業式の日和を思ひ出す。大地に体をなげ出して跳び廻りたい気持がする。堪へかねて金棒に飛びついて尻上りを一つした。裏校庭は水溜りが所々に残つてゐる。足を踏めば草履まで沁み透る。太陽の恩恵よ、お前がちつともこの世に顔を現はさなかつたならばこの世は地獄見たいになるであらう。海に飛び込んでいやな程泳ぎ廻つてから〳〵と肌を日にあてて赤胴に焼き立ててあゝこゝまで書き下した時に私の筋肉は耀り出すよ。懐しき日の思ひ出、故郷に居る日熱血沸騰しつゝ特大衆に我が恨み

1　同紙の詳細は不明。

2　「播手作雲覆手雨」は「翻手作雲覆手雨」の間違い。杜甫の詩『貧交行』の書き出しの句で、「手のひらを上に向ければ雲となり、下に向ければ雨となる」と、人生のはかなさを述べたもの。

をはき出す時すべてが過去の夢なりや。

三月二十八日(火)

**一日一句　針程の事を棒程に言ふ。**

朝から国文辞典を必死に理解をつける。専門学科も好きになつた。測量学は生命なのでこれもすきになつて来る。王君は朝から外出して行つたので一人で無聊になつて来れば剣道を振りかざす。夕方頃に王徳発君より葉書が一枚舞ひ込んで来た。やあ珍しいなと見るとなに！廈門王徳発よりと表紙に書いてある。入学試験二日目に学校で出会つたのに何時頃に廈門に帰つたかなと頭をひねる。さて内容を読むと冒頭に丁寧な挨拶を於て明日九時までに台北駅に集合、新入生以外に廈門から来た友達を誘ひ、当日は庄司校長を始め、浅田先生も一緒に神社参拝に行くさうだ。あゝさうかと肯づかれた。今晩は外出十時半までなので、早速陳国忠君の家へ行つてこのことを伝へた。バス代を倹約しようと思つて未だ明い七時十五分に下駄をはいて堤坊の農村を伝つて行く急がば廻れ、道を早く廻つたので後戻をしやがる。就[1]いた時は真暗まる一時間かゝつた。十五分位話して帰道に公会堂に行つてニュース映画を見た。

1 「着いた」の誤記。

三月二十九日(水)

**一日一句　鐘も撞木のあたりやう。**

午前九時に台北駅に集合。基中[1]一人(四年林文水君)高雄商業王博文君(三年)台北工業王徳発君(採三)林文彬君(建一)もう一人(三年)名前は分らぬ。女には第三高女二人(共に三年)基女[2]一人(三年)新入女子二人(共に一年)都合十一人集つて庄司校長を始め、浅

1 「基隆中学校」の略。

2 「基隆高等女学校」の略。

田先生等を待つ。神社参拝に行くのだ。約十分過ぎて浅田先生は自転車に乗つて来る。言ふには小学校の受験生は二人共にすべつたから旭瀛書院だけが神社参拝に行くのは面白くないから、その変に[3]新高旅館にいらつしやい、レコードを聞いたがよからうと新高旅館に行つた。室は十二畳敷であつたと思ふ。這入つた時はすでにレコードを鳴らして居つた。菓子を一杯出したが皆遠慮して少ししか食はなかつた。その中に庄司先生がおはいりになつた。私を見てさも懐しさうに「李徳明君か、長く見なかつたな。どうだ。」と問はれて顔を赤くして無言の解答をした。今度の五月十日に廈門占領一週年[4]記念に学芸会の催しがあるのでレコードを撰んでゐるのだ。

3　「その代りに」の意か。

4　「一周年」の中国語表記。七月七日にも同様の表記が見られる。

## 三月三十日（木）

**一日一句　長者の万燈より貧者の一燈。**

午前中は土木測量及び新聞を研究した。昼食後はプールのわきへ涼みに行くと富田と青野（キ三）ゲタバキに肩を並べていばつて表校庭を横ぎつて行く。ピンと感じたのは今日と明日に公会堂に於て武漢実戦記録[1]の外に数多のニユース映画があることを思ひ出した。どうせ今晩は外出がありさうだから行かうぢやとは考へたが今日のやうな小春日和何となく踏み出したい気がする。よーし昼に出て今晩に勉強しようと決めた。今は一時だからゆつくり歩いて行けば二時始るから丁度間に合ふ。早速下駄を突いてかちこち／＼と出かける。今日は数日来見ず日和でおまけに羊毛のシヤツをつけてゐるので暑くて汗がにじみ出てゐる。下駄にオヤ趾[2]が時々ぬけて歩きにくいと言つたら実に歩きにくい。やつと公会堂までたどりつくと何！午後七時よりこれはさすがに失望せずにゐられない。あきらめて新高堂へでも本を読まうと引き帰ると文

1　『キネマ旬報』一九三九年三月一日号には、東京大阪朝日新聞社映画班制作の本格的作戦記録映画「武漢作戦」が完成した、と記されている。その記録映画のことと思われる。

2　「足の親指」のこと。

明書店まで来て何げなくはいつて一円八十銭払つて中国報紙研究法[3]を買つた。

## 三月三十一日(金)

**一日一句　恩知らずは乞食の相。**

春假[1]の最後の日午前中は整頓に黙頭[2]した。昼食後は舎監の指図に従ひ、新建直しの学寮の自習室の雑物を運搬した。不注意からして左耳を打たれて赤くはれ上つた。すんだ時青野舎監長から書留が来ることを聞いて雀躍りして取りに行つた。二十円だ、入金して帰ると志村先生から又呼ばれて「教科書代は下したか」「はい出しました。」「あ、さうか持つてゐるか、教科書代は下さぬといけないから」とさも親切さうに言つた。教科書代はすでに前週近藤先生に話して書留四十円の中から二十円取り出したのだ。午飯後は以上すんだ後手級[3]を出しに行つた。教科書は未だ買はなかつたので新高堂に再度行つた。堂内は生徒で一杯だ。ガヤワヤ喧いでるし、思へば三年前この人ごみの中でサイフと共に七円五十銭すられたことがあつた。実にばか〳〵しかつた。帰りにはやはり一人でガタ〳〵ゴタ〳〵と我一人楽しく歩いた。今晩は室換へを七時から始めた。まだ明いのでさう困りはせぬが、やはり忙しかつた。一室↓六室、

## 四月一日（土）

**一日一句　陰徳あれば陽報あり。**

午前九時登校、式後大掃除にとりかゝつた。それから新級主任砂村先生の次の如き訓話があつた。「これから専門学科も多くなつたので風を引かぬやうに注意しなさい。」と簡単ながらやさしい先生であることは一目瞭然だ。本島人[1]に対してはやはり冷淡に見受るが、これは悪教

3　『中国報紙研究法』は、入江啓四郎著『支那新聞の読み方中国報紙研究法』のこと。タイムス出版一九三五年発行。

1　中国語、「春休み」の意味。

2　「没頭」の誤記。

3　「手紙」の誤記。

1　日本植民地時代、台湾にいた日本人のことを「内地人」というのに対して、台湾人のことを「本島人」と呼んでいた。台湾を離れて中国大陸、東南アジアへ行って長期滞在している人たちのことを「台湾籍民」と呼んでいた。

育の致し方でやむを得ない。若し我が家が豊富なればとうの昔にやめちやつた。こんないやな生活を繰り帰す[2]のでなかつた。午後三時半鉄道ホテル前に集合無言の凱旋を迎へた。帰寮して食堂の前を通つた時幸ひに林文水君と新入生弟林文彬君に出会つた。彼は先頃入寮したんだが丁度我等が出迎への時だつた。早速北寮の寝室を紹介し教科書を譲り受けたり種々さまざまの面倒を見てやつた。今晩もわざと新高堂へ集つて教科書を求めさせた。これより前五時半頃に山下先生から呼ばれていろ／＼と手伝つてトンボ鉛筆四本を貰つた。一本（十銭）

2　「繰り返す」の誤記。

**四月二日（日）**

**一日一句**　**座頭も京へ上る。**

**特別記事**　腹が普通の二倍空つてママ来る。

　朝飯のあの味噌汁を見るといつも食はぬ前に腹が一杯になつて来る。然して今朝は例の通りいや／＼ながら食かつたママ。腹が物凄く空なのでうまさはとても問題にならぬ。只一杯になればいゝなのだ。実の普通の二倍を食つた。四杯だつた。然してこれを家に茶碗に比ぶれば二杯しかない。道理で腹は未だ飽きない、おかずがまづいので仕方なく打切つた。それから、林文彬君の教科書に一々名前をつけてやつた。昼食後は頭はえらいに神脛的になつて来てぼおとなる。偉い所か、阿呆だよ。昼寝するのも惜しいから、太陽がカン／＼と照つてゐるので蒲団、シヤツをほした。寝室は北寮の二階なので非常に涼しい。こういふ日には涼台に劣らずと雖へども、かく寰境[1]の身にはもつて来いのだ。中国報紙研究法を携へて寝室へ真に勉強しに行つた。いつか涼しさにまかせてゆつとりと眠ちやつた。今晩から開始して学科の勉強にとりかゝる。

1　「寰境」は「環境」の異体字。

## 四月三日（月）

**一日一句　家がらより芋がら。**

午前中は林文彬君の教科書を整頓した。且破れた自己のシヤツを針で縫つた。昼食後はパラピイン紙で書物を包んだ。何しろ細い所までに神脛を働して尚暇ながし《ママ》と言ふ。林君は午後から入寮するさうでその手伝すべく今か／＼と待つてゐた。なか／＼やつて来ない。天気は昨日のカン／＼と焼きつくやうなとは別天地のやうで肌をつんざくやうに寒い、さては林君は冬シヤツを置いて行つたので風でも引いたではなからうかと心配でたまらぬ。五時は過ぎた。私の心は憔悴するばかりだ。購買部は帰つて行かうとし彼が求めようとする学用品は間に合はぬかも知れない。五時半打つた。あゝ彼は遂に来た。私の喜びと言つたら近頃には稀だつた。何しろ彼の老爺[1]に時々迷惑をかけてゐるし、親切にしないのも申し訳ないし、今一つは元同級生である彼の兄貴林文水君からも頼まれてゐるから友情の方面から言ふも当然である。

1　黄君の父親のことを敬意をこめて表現している。

## 四月四日（火）

**一日一句　貸した物は忘れぬが借りた物は忘れる。**

三年生の授業の先端を切る日。失之毫毛、差以千里、何事も初が大事だが、かく寰境に育てられた私は勿論のこと当然に尚然りである。先づ先生の話は聞き逃すまいと全神脛を傾ける。国語は北村先生、俗に言ふダルマである。彼自身も声明した通り、非常に神脛的で且つ感[1]で物事を処理して行くから、一度感に触つたら[2]最後、斥排[3]を受けねばならぬ。かく極端な言葉を相手につゝこむといふのは先づ以て人を教へる資格不充分と決めねばならぬ。彼言はく、今時の張鼓峯事件[4]の日本軍の死傷者は軍部の方でも二千人を認めてゐるがその実は二万人、蘇

1　「勘」の誤記か。
2　「癇に触ったら」の誤記。
3　「斥排」は「排斥」の誤記。
4　一九三八年中国東北地方（当時「満州」と呼んだ）東南部国境で日本軍とソ連軍が起こした武力衝突事件。

連は六万人といふさうだ。只あの小さな海南島[5]でも十万位は行つてゐるさうで、且白亜砂湾の上陸には二十万だつたさうであるから今次の事変は出征者を想像しても百五十万は戦場に出て行くさうである。あゝ如何なるワメカー[6]にかゝるつまらぬことをしありや、

**四月五日（水）**

**一日一句　疑つては思案に能はず。**

最も滑稽な時間は浅原ゾクニ言ふアバケ先生、一見カタイな感じを人にさせるのであるが、その言ひ方と言ひ、詩の吟じ方と言ふ、とてもやさしくて脱線位だ。高低実に判然として斜状に滑り出す。これで二度目教へられたわけである。話はあまり奇秘をつかれてゐるので一日中固くなつてゐる私共をぷつと吹き出す[1]。今まで感じてゐた不愉快な念もからりと晴れた。もつともいやなのは修身の時間、いつも支那の短所をさしてこれを対照として無理矢理に説明して行く、長所はちつとも認めてくれない。これ程いやな気持になることはない。四年生、あゝ一幕のさびしきを感ずる。一日も早く卒業して帰りたい。私はやはり無口がいいかも知れない。黙々としてゐるのが物事についての研究が緻密を与へてくれるかも知れない。願くは我に書物を与へてくれ、死ぬる積りでカヂつて行きたい。果して我に暇を与へてくれるであらうや。

**四月六日（木）**

**一日一句　鳥無き里の蝙蝠。**

四年生は朝から南部旅行に行く。あゝ一年間の月日何と羨やましいことよ。教練の秋山大尉、年は七十の坂を越え、時代の進歩を感じず尚も子供をなだめる言ひ方をする。大尉だけではな

5　中国南部に位置する台湾島に次ぐ二番に大きな島。
6　英語 **war maker** を片仮名表記したものか。

1　「噴き出す」の誤記。

い。他の先生には又々ひどいのがゐる。決して我をどうすることも出来ない。雄々しく意気に燃えてゐる姿を見ないのか、却つて不覚者を気ノ毒に思はざるを得ない。我を敗者の追従と考へたら間違ひ、我には我の意志を貫くことが出来るだ。決して何も憧れて来たのではない。それを心得違ひしてゐたらつぶれるかも知れないんだぜ。汝等は無形の詐取を行つてゐる。潔よくあやまらぬのか、尚も愚知をこぼす。未来、我の憧れは未来。今は如何なる屈辱も屈して行かなければならぬ。我より以上に屈辱の日を知らずに暮してゐる同胞はざらにある。それを思へば何ぞ身を鴻毛の上におくや。下におくべきである[1]。

## 四月七日（金）

**一日一句　売言葉に買言葉。**

数日来は陰鬱な天気が続き今日はからりと晴れてさつぱりとしたやうな気持がする。然して太陽の光は実に弱々しく大気を温める程の熱もないと見えて肌にあたる空気は実に冷めたい。毎日専門学科が半数以上を占めてゐる。勉強の範囲も広くなり、自由自在に研究することも出来る。ちつとも書物の不足を感じない。始め頃は前以て二三日分を予習して居つたから、尚書物に足らぬ気がしたが授業も進んで来たし、予習を続かなかつたので又あわて出した。予習して於て先生の説明を聞くことは予習しないよりは二倍ぴんと頭に響く。殊に専門科に於ておやである。放課後は建成小学校の校内コートへ籠球の練習をしに行く。コートの地上は板ではつてあつてあだし[1]で練習する。足の裏が丈夫となると同時に靴の消耗もないわけで実に一挙両得の構安である。帰りは歩いて帰つたので、七時二十分頃について勿論飯も食へない。空腹を抱へる。

1　大義の前には、自分の身は羽毛より軽くいつでも投げ出す覚悟ができている、という本来の成句の用法がねじれている。

1　「はだし」の誤記。

**四月八日（土）**

**一日一句　老少不定。**

体操の時間に懸垂をやらされたのでひや〳〵しておつた。六回をやらぬものは手を上げ、と大勢の前で恥をかゝせようといふので、何くそこの前はやれぬだが今日の我は昨日の我でなしと奮然して手を上げなかつた。そして今日の時間に精神を集中して出来るだけの努力を試みた。思へば着校当時の去年の九月は一回もやれぬ〔ママ〕かつたのである。驚く勿れ努力は報ひられ、実に九倍の進歩をして来たのである此処で絶えず努力の尊さを感じたわけである。ところが少々上機嫌になつた祟りか、坂上りに変な背ぬきをやつて失敗して笑はれたり、足かけをして怒られたりした。実に今後注意すべきである。過ぎたるは及ばざるが如し今から改心努力すべきであることを痛切に覚えた。今後如何なる不自由、不得手なことがあつても決して弱さを友の前にさらすでないのである。

**四月九日（日）**

**一日一句　くち木は杭とならず。**

**特別記事**　蒲団干

朝食後、支那民族の展望を夢中に観めて三味境[1]に這入つた。九時四十五分、毛志隆さんと下駄に肩を並べて王豪傑さんを訪ねに行つた。彼は十七日頃に廈門に渡るさうで、実に一抹のさびしさを感じさせられたのである。彼に家についた時は、黄建全さん、王徳発君はすでに着いたのである。王さんは今朝外出したさうなので一同は待つて居つた。彼の親父と四方山の話をして共に談笑に耽つた。王先生は我等の漢文の旧師なので充分心を溶けて語ることが出来た。

1　「三昧境」の誤記。

時間の立つのも忘れて〇時三十分前になつた。王さんは未だ帰りなかつた。こつちは腹もぺこ〳〵になる頃である。昼の厄介になるのを恐れて一同は辞して帰つた。王先生は階段を下りて門のところまで送つてくれた。学寮についた時は丁度飯には間に合つた。四杯平げた。

**四月十日（月）**

**一日一句　言葉多ければ品少し。**

武道の時には実によく頑張つた、先づなげられる心配はないと思ふ。受身も充分に出来たし、最初のやうに胸が鼓動するのも感じなかつた。心臓も動[1]強くなつたと見えて一つも恐懼の気分がない。これから柔道の時間は娯楽の時間でもなつたやうな気がする。何事をするにも初めは苦労するのが基楚[2]工事だ。体操は只金棒に不得手だけでこれも努力すれば人手に追ひつける。製図はあまり自信たつぷりで過ぎたるは及ばざるが如しと言はれるやうに却つて遅い結果をまねいて来る。今少し改良を試みなければならない。今晩の自習時間は土木構造力学の英語単語の発音を一々字典を引いて調べた。すべての学科に英語の及ぼせる影響実に大である。だんだん暑くなつて来たので身体の発育急なりと言へども、頭脳もそれに伴はなければ阿呆と同じ、予習、複習を怠るべからず。

1　「やや」のあて字。

2　「基礎」の誤記。以下にも同様の表記が見られる。

**四月十一日（火）**

**一日一句　大海を手にて堰く。**

**特別記事**　始めて銃を持つ。

すつかり夏らしくなつて来た。万物皆蘇へる。頭もぼうつとなる。長い間間欠してゐた居睡りも蘇へる。あまりいゝことでない。今日より一週間全島に渡つて禁煙禁酒緊張週間である。校長先生特に訓話して曰く、「新竹の少年刑務所の犯罪者を調べた所、その五十八%までが禁煙禁酒に逆行した少年である。如何に煙草、酒が後天的に人間に及ぼす害の大なりことを思ふべし。」更に続いて言ふ。先生は二十六歳までは煙草を飲まなかつたのである、その後も身体に有害なることが気づいてやはり命は惜しいのであるから煙草を飲むのをやめたのである。今日の教練の時間は始めて銃を持たせた。人間の命をうばふこと幾何、胸にどき／＼と波を打つ。魂が緊張して来る。あゝ余も銃を持つて人の命を奪ふ時は遠からずであらう。何と、いやなことよ、虫の声、蝉の声ごつちやごちやになつて鳴いてゐる。自習一時間は過ぎらうとしてゐる。

## 四月十二日（水）

**一日一句　思ひ立つたが最後。**

**特別記事**　水泳

測量学の時間に外来語の本訳[1]の誤謬なことに気がつく。やはり英語本来の語を合せ覚えるべし。例へば測鎖測量と言つたつて一体測鎖とは如何なるものか字義からはさつぱり判断がつかない。こういふ場合はChain Surveyingと連想すべし、測棹はpoleと覚えるべし、修身の時間実にいやだ。うぬぼれの言葉を並べて若しそれを実際に行つてゐるとすれば尊ぶべきだがまさしく正反対。且他を悪く言ふのはあまり感心せぬ。漢文の時間、実にをかしくて笑ひ出したくなる。未亡人の話だの実に今まで仮の緊張をつき倒したのでどつと笑いこげ出す。製図の時間はあはてるのはやはり損だ。刻々と歩を運ぶのがこの基楚求学には持つて来いだ。久しい間籠球の批評をしなかつたが、今日は思へば何となまけてゐることよ。顧みて実に赤面せざるを

1　「翻訳」の誤記。

得ない。水泳をやつたが、指のすりきづがジヤマになつてならない。早くなほらんかな。

四月十三日（木）

**一日一句**　病直りてくすし忘るゝ。

**特別記事**　水泳

教練の時間に始めて教官に呼ばれて教官となつた。むしろ自己の不達をくやしがつてゐる。然し好意は十分に受けとつた。これから粉身砕骨して求学[1]に励まうとす。籠球の練習は熱心にやれば人に劣るやうなことはないと確信す。今日は裸になつてきつくなる程試合をやつた。ほこりにまみれてちつとも苦しさを感じない。むしろ苦しいといふことを超越してしまつた。これが一般の生活にどれだけ役に立つたか知れない。一目皚々たる大陸の心臓部、日に明け、日に暮れて遊牧を追ふ可憐な牧童、あの純真無垢な心持が尊ぶべきだ。風塵撲々、旋風でも吹けば実に黄塵百丈忽ち全身ほこりまみれになる。お！彼のその苦しさもやはり超越したものでこれがあつて始めて遊牧の尊さを感ずるに違ひない。これらを追想すれば何で我この一身比較すべくも並ぶとも及ばない。

1　中国語、「学校で勉強する、学問を探求する」の意味。

四月十四日（金）

**一日一句**　天網恢々疏にして漏らさず。

**特別記事**　水泳

習字は手本をよく見て練習するのが上手になれるのだ。いたづらに上達した顔ぶりで書けば必ず失敗に終る。体操の時間は相手をおぶつて五十粁[1]を走つたがさう苦しいでもない。只お

1　人を負ぶって五十キロも走れるか疑問。「五十米（メートル）」の誤記であろう。

ぶられた時ころげられて背中を打たれた。痛いでもなかつた。一幕のをかしさに過ぎない。製図はやはれ《ママ》刻々として止まないのが上達のこつぢや、徒らに早出来の人に追従するのでない。等速を持つて撓まずやるのだ。測量学はどんと進んだ。その日〳〵をその場で覚えて行かなければ間に合はないことを覚悟せねばならない。籠球を練習した体格を鍛へるのが目的で何も選手になつて名を顕はさんでいゝ。黙々として自己を築き上げるのだ。チヤンスを見て立ち上るのがいゝ。然しその間にいろ〳〵辛抱すべきことがあるのを見逃しては行けない。然してその辛抱といふのは一つの鍛練であることも合せ考へるべきである。

## 四月十五日（土）

**一日一句**　**世間に鬼はなし。**

**特別記事**　英語に始めて雄弁を振ふ。

物理の時間を反省して実に勉強すべきことが多々ある。決してうぬぼれるなよ。三年生で最も難しい科学の一つであることを思ふべし。英語は今まで黙つてあまり口を出さなかつたが、今日は一つチヤンスを見て立ち上つた。そして今までの経験を綜合して雄弁を振つた。一同をあつと言はせた、森口先生（大学出てから約二週間）はさも顔まけしたやうすで外に誰か又読めないかと見渡す。然し第二の心臓者は出なかつた。授業すんだ後で古葉君曰く、うまいなと顔を傾ける。李文福君曰く、うまいねと笑はす。どうかうして今日の意志を貫いたので益々奮発努力すべきだ。そして英語弁論大会に出なくても資格を備へておくべきだ。その間に辛抱すべきことが多々あることを覚悟すべし。中途にして志を屈折するなよ。

## 四月十六日（日）

**一日一句　春駒は夢に見るも吉。**

**特別記事**　行啓記念日[1]

午前九時式あり、続いて優等生並びに皆勤者の授賞式あり、優等賞と称せられるもの、全校僅かに十九人にして学寮は只林偉楽君一人（機械科二年）、平均点八十五点以上品行方正なる者に工業奨励会より金一封（十円）を授与せるものなり。校長先生曰く、人数も多くなり、来年は皆優等賞を貰ふやうにと激励されました。十時に式終了。今日は約四百数人（募集人員一五〇名）の夜間講習生の入学試験が十時から始まるので早く式が終つたわけである。早速登山の準備にとりかゝつて、一行八人は三つのリユクサツクを担いで親指山へスキヤキに行く。雨模様なるもぬれる積りでノンキよく出かけたが、涼風戦き、一抹の軽々さを感ずる。無事にスキヤキも終つて帰りかける途中重大な事件が起つた。このはずみで即死するかも知れぬのだ。それは林文彬君が約六〇度の勾配の石炭運搬線路からどうしたはずみか一気にかけ下りてその速さと言つた今尚も恐しく感ずる程、幸ひに草の横側にうつ伏して何もケガセズに終つた。

1　大正十二（一九二三）年四月十六日から皇太子（後の昭和天皇）が台湾を訪問し、十八日に台北工業学校へ使いを派遣した、その記念日。

## 四月十七日（月）

**一日一句　親の光は七光。**

武道の時は今一つ揮身の力を入れるべきだ。少々弁へて来たからと言つてうぬぼれてはいけない。苦心は今後からだ。以前は基礎的である。真の術は之からので、此処で止めたら謂る中途半端にして何も得る所がない。心得すべきだ。杉本は首をしめるのをさながら喧嘩見たいなので面白くない。今後は止むを得ない時には決して奴とやらぬ。英作の時間は少々高慢な気持をしたがこれから決して形にあらはすなよ。目的を達せずんぱ《ママ》止まず心地が肝要だ。代数は怠けたので少々分らなくなつた。怠けること勿れ。製図は三時間あるが二時間までが科長に指図せられて花園の草刈りと草花にサクをかけたり、灰を撒いたりした。七時間の終りは又もや美化作用我等六人は標本室の掃除を命ぜられた。中には色々な有用且趣味のある模型が陳列してあり、又コンクリート配合率の実験標本や砂、砂利、セメント焼塊などの標本もあるが何故土木材料の時間にそれを出さなかつたのか。

**四月十八日（火）**

**一日一句　平家を亡ぼす者は平家。**

　教練の時間は少々眠むたくなつて来た、然して我慢したのはよかつた。三時間の専門学科をぶつづけてやつたので非常に疲労を感じた。眼がとぢたくてたまらなかつた。天気のせいか体が非常にだるく感じた。放課後は自治会を開いたが、意見まち〳〵でむだ口をさす生徒が多かつた。中にも級長と柴田が気持を悪くした。柴田のやつは剣道初段を貰つてから急にえらさうになつたのだ。級中我が物顔に時として先生にさへ無礼を敢へてした。即ち代数の時間は丁度第一時間なので授業の最中に遅刻したにも拘らず知らぬ顔で先生に理由も言はずに戸を開けてすつと席についた、先生は内田先生だが頗る怒つた態で「柴田お前は遅れて這入つて来たのでそんな素知らぬふりでこれ程無礼なことがあるか、もう一遍這入り直せ。」と言はれたのだ。今まで和やかな土木三年も彼によつて冷くなつた。

四月十九日（水）

一日一句　葬礼すぎて医者はなし。

夕べは夢ばかり見て頭にばかり血が忙しくて体中ぐつたりする程疲れて来る。神脛質になつて来やがる。これは近日中曇なので運動出来ずに頭をあまり費ひし過ぎてゐるせいか。李のやつ俺を軽蔑してゐる。畜生、もうお前とは絶交だ。毎日学問に束縛されてゐるやうな気がする。これが文化人といふか。私は純真無垢な三億三千万の我が同胞を尊ぶ。刻苦勉励こそ不朽だ。正義は勝つだ。私はあくまで無口がいゝのだ。こゝまで書き下した時私の頭はかたくなつた。何を書いていゝか分らない。複雑に変じて来た。情勢の作用の影響が徹定的[1]な程熾烈なるものがあつた。こうなつては一身の光栄を思ふどころぢやない。学問をなげ打つても所謂匹夫有責[2]である。あゝ、影響の如何に大なることよ、物凄く頭を神脛的に堕する。願はくは安らかにいらせ給へ我はこれより一意専心好学心にたどる。

1　「徹底的」の誤記。

2　国民一人一人に責任がある、の意。

四月二十日（木）

一日一句　身で身を食ふ。

今日も彼の刺激で痛く私を悩ました。我潔白白紙の如く求学に勇しまう[1]。これが私の使命であり責任である。会誌にあらはれたる優者の論句実に大きく私を奮発せしむるに足らん。例一時の蔑視が何だ。学なりて反駁すべし。徒らに文豪の身を以て悲嘆憤慨すべきでない。願はくは白紙になれ。Work while you work pley while you pley[2]の心持で行きたし。努力だ辛抱だ。正しいと思へばあくまで実行してやまないのが最後の勝利だ。これが百論一行に如かず。一行を実行すべし。軽蔑蔑視侮辱が何だ。学問に国境なし、文学の真髄を吸むべし。今晩はス

1　「勤しまう」の誤記か。五月十八日にも同様の表記が見られる。

2　'pley'は'play'の誤記。

タートとして耽かも[3]無駄に偏せざるべく、測量学である土木屋の生活如生命の源泉[4]である課目の瞭解[5]に務めた。お蔭で少々意を吸んだ。

## 四月二十一日（金）

**一日一句　子を知るは親に如かず。**

体操の時間は体格検査を行つた。昨年九月にはかつてからはや半年かゝつた。この半年間は実にものすごく生長をとげた。身長は九粍[1]、体重は五粁九、坐高は二糎、胸囲は三糎五粍延[2]びた。然し悲しいことには視力が半分下つた。即ち、右眼一・五が〇・九に、左眼一が〇・五に急激に下つたのである。こはこの熱で[3]もう一度下れば眼鏡をかけねばならぬ。用心すべきだ。放課後は三中の校内コートに籠球の試合があるんだ。児玉先生に呼ばれて何かと舎監室を訪へば、夕方は夜間講習生の入学式があるので行かれないさうだ。小雨は降つてゐるし、先生は自転車を乗つて行けと有難い言葉下さつたが遠慮して歩いて行つた。第一回は二中対一師[4]、三十分間に二十一対九で勝負がついたが、この戦に於て二中が急に強くなつて来たのである。第二回は二中対工業、正メンバン《ママ》ではなかつたが、三対五で勝利は工業に帰した。勝つて緒をしめよ[5]。

## 四月二十二日（土）

**一日一句　夏の腹は熱いものが薬。**

放課後直ちに三中に行く。試合があるとのことだ。大分遠いだが辛抱強く汗をかきながらたどつて行つた。すでについたメンバーもあつた。さてコート内に這入つて見ると二人は既にユ

3　意味不明。
4　「生活如生命の源泉」は、生活は生命の源泉の如きものであると、漢文のように書いたもの。
5　「了解」の誤記。

1　「糎（センチ）」の誤記。
2　「伸びた」の誤記。
3　「この勢で」の誤記か。
4　「台北第一師範学校」の略。第一師範とも。
5　「勝ってかぶとの緒をしめよ」のこと。

ニホン[1]に着替へて練習してゐる。ボーイが一人黒い学生服を着けてやつて来た。見ると工業から電話がかけて来たさうだ、王徳発君は聞きに行つた。僕は早速上衣をぬぎとつてユニホン姿に変じ練ママをし始めた。暫くして体操の教師を務めてゐる三中の阿部先生がやつて来て、こら挨拶も何もせんに黙つて練習していゝか、と叱られてわらわは青くなつた。彼は急ににこ〳〵になつて上級生を捕へて叱つた後、三時まで貸してやるからすんだらさつさと帰れ。実はこつちも面白くなかつたがまあ好意に背くわけには行かぬから、承知して練習し始めた。十分前に引き上げて工業に帰る途中田中のやつがどうして早く帰つて練習せんかとさもえらさうに言つて一同を憤慨せしめた。

1　「ユニホーム」の誤記。他に「ユニオ」「ユニオン」とも表記している。

## 四月二十三日（日）

**一日一句　鳶もゐずまゐから鷹に見える。**

十二時前に第一高女に集つて籠球の練習をせねばならぬので今朝は弁当を頼んでおいた。十一時に飯を頂いて早速出かけた。何しろ一高女であるから体裁が少々悪い。途中で色々考へた。若しも部員一人も出会なかつたら一人で黙つて這入つて行つてよいであらうか、考へれば考へる程なか〳〵難しい。門の前に着いた。女学生が二人門の前のバス停留場に立ち止つてゐる。顔をそむけて門から中を眺めると部員が三人ばかり、自転車を引いて止つてゐる。よかつたと飛ぶやうに這入つた。やがて練習に移つた。バレーコートには女学生がはかまを高くまき上げてバレーボールを練習してゐる。バスケツト校内コートの前にテニスコートがあつてまたもや女学生等が夢中に練習してゐる。こつちは少々気味が悪くなつて恥しい。心臓強く練習をし始めた。近藤先生は珍しく今日も来た。

## 四月二十四日（月）

**一日一句　蟻の穴から堤が崩る。**

午前七時四十分毛志隆さん、王泉忠さん、林文彬君等一行四人ラヂオ体操後直ちに校前の鉄道線路に集つて王豪傑さんを見送りする。ちよつきり四十分に基隆[1]行の汽車が前をかすめて行く。一生懸命に車の窓を見つめたが、王豪傑さんらしい顔が見あたらない。五十米程離れてから窓から手を出して帽子を振つてゐる人を見た。王豪傑さんだと分つた。同時に汽車はストツプした。しめたとかけ出して行つた。王豪傑さんは私に何だか気持にひじみ《ママ》を生じてゐるらしい内心面白くなささうだ。こん畜生俺を馬鹿にしてゐるなら勝手にせ、何もお前に頼るでもなし、こびりつけるでもない。あんな利己主義のやつは勝手に死れ《ママ》といふ気分が起さずにはゐられない。今思ひ起せば実に気持が悪い。折角必死になつてかけつけて見送りしてやるのに一言も話しかけて来ないのは何事だ。

1　台湾島北部の港町。

## 四月二十五日（火）

**一日一句　明日の事は明日に案じろ。**

**特別記事**　靖国神社臨時大祭、休日、

午前中は九時半学校に集つて式を行ふ。続いて靖国神社に向つて十時五分のサイレンと共に一分間黙祷をし、最敬礼を終つて解散した。昼食後、半時間位休憩して一高女に行く。バスケツトボールの練習があるのだ。門まで来た時一人の女学生が丁度出て来たが、変な目つきで私を見た、まさか心中で今頃に工業の生徒が一人何しにはいつて来るのかと思ふでせう。勿論彼女の顔は私も見ないで知らぬ態ではいつて行つたのであるが、只彼女が私の方を見つめてゐる

やうな気がする。さて困つたことには部員は一人も来なかつた。グラウンドにはまんまと《ママ》肥つた彼女等がバレーボールをやつてゐる。これは弱つた。まだ早いかなとさつさと引き帰つた。新高堂にはいつて雑誌でも読まうと行くと、中には学生が少なかつた。さうだ先生もこの前に、学生等は雑誌屋で立見をすべからずと注意があつたのだ。

**四月二十六日（水）**

**一日一句　祖母育ちの子は三百文やすい。**

　修身の時間は相変わらず私の不愉快な時間である。悪いことは皆支那を例に引ぱり出してゐるといふ相場が定つてゐる。人を馬鹿にしてゐる。畜生。漢文の時間は又さうである。少くとも支那は現代をだつした野蛮で未開の国だと思つてゐたらしい。それであるから支那人の性名[1]と言つたらこれを馬鹿の代名詞でも使つてゐると心得てゐる。さながら田中の地歴教師の低能が、外国でチヤイナと言へば馬鹿にしてゐると同様に日本でもチヤンコロと言つて馬鹿にしてゐる。然も私の前で私を知つてゐながらかく言ふてゐるから最大の侮辱だと思はなければならない。畜生今に見よ、侮辱的行為は単にこれだけですむぢやない。一時的にこれを凌げど何時か飛び出す時代が来るに違ひない。それこそは忘れもしないのである。放課後は大雨[2]出喰したのでコートで練習の出来らうはずはなし。旧講堂で軽くバス《ママ》をやつて帰つた。

1　「姓名」の誤記。

2　「に」脱落。

**四月二十七日（木）**

**一日一句　死んだ子の年を数へる。**

　第五時限の対数の時間が最も疲労を感じた。睡魔が恐つて来た。その苦しさと言った一場の苦痛はひどい。目はつむつて来てはぱつと開け先生に見られまいと又閉ぢ実際好んで閉ぢるのでなく、自然と目がつむつて来るのである。無理やりに開けるから、涙が滲み出て来る、あゝ苦しい。然しすぎた今から思ひ起せば又一場と懐しくも感ずる。それ程自分がそんなに精神的に勉強したのであるから、嬉しくも感ずる。放課は直ちにボールをとり出してコートで待つたが五分立つても部員は未だ来ない。引き帰つて自習室の机に向ひ、ゲートルをといてからもう一度コートの方を眺めば丁度王徳発君が自転車に乗つて帰らうとしてゐる。おい練習しないかと声をかければ、彼はまあやらうと戻つて正服[1]のまゝで練習をやつた。後佐伯さんが来て叱られて早速ユニオ姿に変じたが佐伯さんには何時の間にか帰つてしまつた。

1 「制服」の誤記。

## 四月二十八日（金）

**一日一句　思内にあれば色外にあらはる。**

明後日から総督府主催の台湾熟練工養成所の受験生の試験が本校に於て行はれることになつた。募集人員二百名に対して実に応募人員一千六十六名殆んど台湾各所から集つて来たさうである。如何に時代の趨勢とは言へ、高等科を卒業した生徒が二年或は四年間社会をふみ出して如何に熟練工に熱望してゐたかゞ分る。一週二十五時間の授業之がこの間に本校に新築した木造校舎に毎日四時間づゝ、土曜は五時間専ら技術方面に仕上げて行くのである。期間は僅かに一個年かと思ふと我が身が如何に恵まれてゐたかゞ分る。思ふにつけても奮発せざるを得ない。体躯を鍛へるのも大切だが頭を鍛へるのが更に重要なり。然れど我が腕のあまり痩せすぎてゐるは余の最も悲しむ所なり。これが為にどれだかママ心血を注いで脳みつゝか知れず。かくなれば運動は一歩も人後に陥る[1]べからず。

1　本来「人後に落ちない」の形で使う句を、「人後に落ちる」の形でも使うと誤解し、さらにそれを誤記したものと思われる。

**四月二十九日（土）**

**一日一句　知つて知らぬ顔が真の物知り。**

午前九時半式が行はれた。式後早速陳朝陽君を誘つて籠球を見に行くことを進めたが、彼が近頃さぼつてゐたせいか趣味も消えたと思はれていつも拒絶してゐる。仕方なし、私も午前中は中止した。午後一時頃毛さんを誘つて一高女へ行くことに決めて校門を出てから小雨が降り出した。何これ位か大丈夫だよと励まし合つて行く。雨は見る〳〵中に速度が加へて来る。粒も大となる。こりやカツパも持つてないだし、ぬれ鼠になつてはよくないのでとう〳〵帰ることになつた。室について読続きの魔風恋風[1]をくゝり終つたが最後にして実に人をがつかりさせられた。どうも不愉快でならないので雨も霽れたので運動場に出て散歩した。やはり無聊なので時計をのぞけば三時、よし再度一高女に行くことに決めた。今度は一人とぼ〳〵雨も又降り出したけどカツパをつけて何とも思はなかつた。所が以外なことについたらいきなり看板も見なかつたのではいつたところ、コートには女学生等が排球の試合をやつてゐる。これには弱つた。飛び出して新高堂に行つた。試合三中コートだつた。

**四月三十日（日）**

**一日一句　鉈を貸して山を伐られる。**

**特別記事**　建功神社祭。

午前十時第一師範の横の空地に集合、建功神社の参拝をなす。折から空が曇つてゐるので今か〳〵と雨の降りさうな湿つぽい雰囲気にある。先に参拝を終へた他校の生徒がバラ〳〵に帰つて行くのもあればラツパの音も勇く中隊、縦隊にすぎて行くのもある。そのラツパの音は高

1　小説『魔風恋風』小杉天外一九〇三年作。

くリズムが一様の水準を示してゐるので皆がまづいなと嘲ってゐる。我々の前には小公学校[1]の生徒がずらりと並んでゐる。いつまで〳〵待つても番が廻つて来ない。腹が減つて来たなと言ふのも出たし、つまらぬなと独言をはく者も出て来た。雨が二三回降り出してはカツパを持つてゐる友人に迷惑をかけた。その中に土砂降りと言はうか、実に大粒の雨に出喰した。やつと番が廻つて来つて庭に這入つて参拝をすると草が青々と生えた草原に上に足を踏めば泥水が溢れでママ来る。その度に鞋の中まで滲む。解散した時は最はや〇時のサイレンは十分前に鳴つてしまつた。籠球の試合は惜しいかな三中に敗けたり。

1　小学校と公学校のこと。

## 五月一日（月）

**一日一句　短気は損気。**

**特別記事**　尚武週間

授業は三時限で打ち切つた。〇時五十分までに大世界館に集合、忠臣蔵[1]といふ映画を見るのだ。昼食は普通なら〇時だが今日は十分前に飯を戴くことになつたから、簡単にすませて林文彬君を伴なつて出かけることになつた。寮生は続々と三々五々揃つて行く。映画は見る前かららいやな気がしたが、何しろ教務主任がこの映画は日本一といふ評判があるさうだと言ふ。あの民族気質と言ふか、あんな短気で無味乾燥でどうしてこのうるさい世の中を渡つて行かれるか成程こつちぢやこれが最上かも知れぬが我輩から見れば幼稚の方だ。何ぞ以て賞するに足らん。帰りは降りさうな天気をしてゐるが、何それ位ならぬれて帰る意気込である。帰つてじつと考へると実につまらぬママかつた。ほんとうなら今日は尚武週間の一日目であるから、四時四十分より一時間二、三年は武道の稽古、一年は課外体操といふことになつてゐるが、今日はと

1　映画『忠臣蔵』。東宝映画一九三九年作。前半は瀧沢英輔、後半は山本嘉次郎の両監督の作。四月封切。

りやめ、但し四五年は今朝武道の稽古あり。

**五月二日（火）**

**一日一句　有りさうで無いのが金、無さうで有るの借金。**

昨日二時限の柔道の時間にあまり運動しすぎて肩をいためてから、まだ癒らぬ。右胸も痛めて実に痛かつたが早速サロメチールでこすつたのですつかりなほつたやうであるが、肩は今日に至つて一層苦痛を感じた。何くそこれ位とは言ふものの激しい運動の出来ないのは何より気を弱めた。例の通り今日は武道の稽古が、四時四十分から始めることになつてゐるから放課後僅かに十分間の余悠[1]だ。軽く練習してすんだ時はすぐ風呂に這入つたが考へて見ればあまりあわてすぎて教室当番を忘れちまつた。実に残念だ。没法子[2]どころの騒ぎぢやない。その次にはとりかへすやうに努力せねばならぬ。今晩は勉強しようと思つて測量学をわざ〳〵寝室に抱へて行つたが、肩の不自由さで気を弱めてやめちまつた。然し臨時試験が十七日なのであわてずにはゐられない。うんと努力してよい成績をとらなければならない。

1　「余裕」の誤記。
2　中国語、「しかたがない」の意味。

**五月三日（水）**

**一日一句　蟹の死ばさみ。**

一番いやなのは修身の時間、この時間になつたら、私は実に学校をやめて家を飛び帰りたい気がする。何しろこつちを軽蔑してゐるのであるから何ぞ学ぶに価からん。にくければ最真髄を極めよ。今後は無駄な時間を学問の努力に費すべきだ。朝礼に校長先生曰く、二十二日の教練実施十五ヶ年記念に際し、全国の学生からそれぞれ派遣して御親閲を賜ふことになつてゐるから本校から十二名派遣するといふ光栄に浴してゐるとのこと。試験は刻々迫つて来る。故郷や師を思ふにつけても勉強せねばならない。善と思へば今より直ちに着手せよ、気をもむでない。一つ計画通りに行ふ。先づ今晩から始めることにしよう。機構物理[1]、代数、構力[2]皆共通な点がある。これを何れか一方を正確に理解すれば他も自然にやり易くなるわけだ。然して何れの専門学科にも英語の恩恵を蒙つてゐるのであるから英語をしつかりやることが何よりも大切だ。

1　「結構物理」の誤記。
2　「構造力学」のこと。

**五月四日（木）**

**一日一句　食ふに倒れぬが病むに倒れる。**

朝から雨が降る。いやな建築の時間も内容がいやでなく、文の理解の難しさが私をいやにさせてしまふ。よく〳〵先生の説明を筆記して行けば、確かに面白い所がある。時間の立つのも忘れる位である。教練は軍事講話、秋山大尉は七十の坂を超えてゐる位だが、さすがは若い頃から築き上げた気質まだ〳〵元気である。あまりやさしすぎると思はれる位で生徒からは潮笑されてゐる位だ。一体こゝの生徒は自己主義であつて服従精神の養はれてゐるどころでなく、勝手我まゝで実にいやになつちまふ。時には私さへもあざわらつて見たりバカにされたりする。幾ら親切な親切と思はれる先生でもこういふ奴等に出会つては不愉快になる。実に飛び帰りたい気持が度々起つて来るのも無理はない。学問に国境なし、これを気にかけては一時も居られなくなる。友を少く持つのがいゝだ。

五月五日（金）

一日一句　鳶物を見ざれば舞はず。

明日の遠足が待ち遠しい。放課後の柔道稽古はなるべく軽くやつて明日が疲労を感じないやうに務めようとした。ところが豈はからず趾爪が長く延びてゐたのが祟りとなつた。知らぬ間に趾爪の四分の一を縦にさいてしまつた。赤い血が爪の側にそまつてゐる。これには顔まけした。やはり平素に気をつけることが大切だ。一旦の場合によくならうと焦つて見てゐたところでどつかの弱点が顔を出して来るのである。実によい教訓を与へて下さつた。勉強もさうだ。試験前になつて極度に頭をしぼつて点数をとらうとする浅ましい考へは試験後になつてぷつと忘れてしまひ、得る所すこしもなしに頭を悪くしてしまふ。平素の心掛が大事だ。いやと思ふところが修養の点である。何も苦痛を感じないで順調に行くだつたら修養でない。人生は努力することが大切だ。

五月六日（土）

一日一句　生みの親より育ての親。

特別記事　遠足。

午前八時半まで宮ノ下に集合すべく、七時に学寮を出発、校前でバスを待てば寮生多数に対し、バスは又人で一杯で一人も乗れない。どうせ乗れないなら第三高女まで行かう。さうすると又数人どうつと歩いて行く。どうにか乗つて行つたがさて駅で乗替の時に又一入苦労をした。皆超満員だ。三線道路にそうて小学生女学生中学生で列を並んで手に〳〵旗を持つて構へてゐる。さうだ今日は凱旋兵隊が帰つて来るのだつた。その顔を見ると皆曇つてゐるやうな三十歳を越してゐる者ばかりでヒゲの房々してゐるのもあつた。血色は青白く元気なささうである。同時に後から白衣の凱旋が自動車に乗つてやつて来た。一同はうや〳〵して《ママ》頭を下げた。バスは又もや満員ばつかしでさすがの我も青くなつた。強情なものはどうにか乗つて行けたが、思ひ出せば昨日の級主任の注意遅くせんようだが今日は遅刻をやむなくした。

**五月七日（日）**

**一日一句　話の名人は嘘の名人。**

朝食後大に勉強すべく、物理の本を抱へてブールの横にある電一[1]の教室に這入つた。小春日和で微風そよぎ五月の野は静かなり。水筒ニザらめをつめこみ濃茶を入れて万端整へ勉強にとりかゝらうとす。しめられてある教室の窓側にこしかけ窓を少し明けて風を入れる。あゝ実に気持がよい。勉強もどんなに進捗するであらうと思つた。お茶に舌打ちしながら本を開けて行く。お茶は独特の味に砂糖でうまく消し去つてよくも調和を保ちしぶさは感じられない。二杯すゝつた。実においしい。ようしうんと勉強しよう。ところが以外にこくり〳〵眠りかけて来た。机についたのは十時とう〳〵一時を夢の為にすぎてしまつた。まだ〳〵眠むたい。床へ行かう。何くそこれ位、と気を奮つて机をにらみつく。三青[2]を読まうと先生の机上にある三青に眼をうつすとこの方に趣味があるのが何のその、時間の立つのも悪れた[3]。おかげで時計のガラスをわつた。

**五月八日（月）**

**一日一句　角を矯めて牛を殺す。**

1　「電気科一年」の略。

2　同書の詳細は不明。

3　「忘れた」の誤記。

三年は野外教練、九時までに練兵場に集合すべく出て行つたので人数が半数位減つて寂しい感じがする。十一時頃の台北駅着の汽車で台北部隊に内地の補充兵が来るのでその代表見迎[1]として機械三年が授業を二時限で打ち切つて行くことになつた。この前いつかの見送とか見迎も機械三年ばかりが廻つてこんどこそは土木三年となるべく、見迎に行けば授業もやれぬから皆楽しみになつて待つてゐるのである。所が今また機械なので皆ぶつ〳〵小言を言つた。どうして皆が苦心して学校に入れて貰ふのにどうしてかくも授業が嫌ふのであらう。これは学校の欠点なるべし。即ち毎日〳〵七時限をうんとつめ込んで〳〵頭がぼうつとなる。体はだるくなつて来る、疲労しきつて来るのである。かくて逆効果を生じ学生の最大楽しみなる学校生活は最大の苦しみと化したわけである。

1　「歓迎」の誤記か。

**五月九日（火）**

**一日一句**　**損して得とれ。**

**特別記事**　野外教練。三年全部、教官秋山大尉、生徒緊張なく教官の時には大声を出して冷かしたり、流行歌を平気で歌つたりして堕落してゐること甚しい。結局無意義に終つてしまつた。

午前九時練兵場に集合すべく九時半と聞き違ひてゆつくりしてして《ママ》ゐたのであわて出した。バスがなければ到底間に会ふべくもない。然しバス代がない。これには弱つた。仕方がないから毛さんから十銭還して貰つた。彼は私に二十銭の借金をしてゐたのである。寮生は既に徒歩なり、自転車なり出発した。バスを待つてゐるのは私一人而して校門前のバス停留場には人が一杯待つてゐるし、二台のバスとも満員で通りすぎた。これぢや時間のまる損だ。到頭第三高女の停留場へ歩んで行つた。こゝなら乗る人も少なかつた。台北駅で川端ゆきの一号に乗り換へねばならぬ。台北駅で待てど川端ゆきは見当らぬ。そのうちに王徳発君がバスから下りて来たかと思ふと私に乗れと言つた。バスをもう一度正して見ると何日新町ゆきぢやないか、私も一寸チュウチョしたが、彼が言ふにはこの車掌は少し低能だな、日新町をそのまゝにかゝげてゐる。実はこの一台が川端ゆきなのだ。

**五月十日（水）**

**一日一句　金請けすとも人請けすな。**

**特別記事**　臨時試験時間表発表

| | | | | |
|---|---|---|---|---|
| | 1[1] | 2 | 3 | 4 |
| 17[2] | 英訳 | 代数 | 幾工[3] | 測量 |
| 18 | 国漢[4] | 物理 | 道路[5] | |
| 19 | 化学 | 応力[6] | 幾何 | 英作 |

予習の偉大さに今一つ例を上ぐ、即ち昨晩一時間位測量の複習並に予習をした。その影響として見るべき者あり、私を躍り上つた。それる[7]野帳[8]の所の縦行式の書き方である、先生は前時間にあらまし説明したがとても理解が出来なかつた。それが複習と言はうか予習のおかげで今朝いきなりと野帳簿の紙をさいて私共に縦行式の実地練習をさせた。先づ黒板に略図式を書いてそれを縦行式で紙にかけと言ふんだ。外の者は試験ではないかと目を円くしてキョロ／＼あちこ／＼を覗いたりしては心配さうな面持である。私は試験であるやうにと祈つた。何となれば分り切つてゐるのである。かくてこの時間の授業は楽しく過すことが出来た。第七時限は森田八郎先生の世界探険記を聞くことになつたが、惜しいことには、どういふ訳か中止するこ

1　1時間目。以下同様。
2　17日。左へ18日、19日。
3　「機工」の誤記。「機械工学」の略。七月一日にも同様の表記が見られる。
4　「国語漢文」の略。
5　「道路工学」の略。
6　「応用力学」の略。
7　「それは」の誤記か。
8　野外測量のときに使用する帳簿のことか。

とになつた。今晩より十二時まで延燈だが一時まで勉強するといふ覚悟がほしいのだ。

**五月十一日（木）**

**一日一句　犬々三年人一代、人々三年犬一生。**

**特別記事**　廈門総商会長洪立勳抗日テロ団のピストル魔に殉ず。

今朝から眼が急に痛くなつて来る。先日[1]の晩あまり晩くまで勉強したせいであらう。試験前になつてこんな不幸な目に合ふのはなんと運の悪いことよ。然し之は自己の不養生から生ずることで悔ゆるべきでなく、教訓を与へて来れたのだ。あまり見つめると右側の眼がきつくなつて来て涙が出る、痛さを伴ふ。近頃不愉快になつて来たのは砂村級主任がいつも授業中にいつも此処をにらんでゐる。かく思へば一日たりともゐられない。然し斯く如きこと故郷に帰りたき思ひ幾度なるかを知らず。幸抱だぜ。今晩の自習時間は眼の疲労を押し退けて習字の練習をやつたので一層悪化して来たやうな思ひをした。他の者が一生懸命に勉強してゐるのに、人一倍勉強せねばならぬ我が身が少しも思ふ通りに行けないのは何と苦しきことよ。物は養生だ、回復した暁には血眼になつて勉強せねばならぬ。

1　「前日」か「昨日」の誤用と思われる。

**五月十二日（金）**

**一日一句　命に代ふ出資なし。**

眼は一層疲労して来た。英語の第一時限目は殆んど眼が開けられない位だ、心配の念がこみ上げて来た。殊に放課後、新聞でテロ事件が鼓浪嶼[1]に爆発したこと眼を移せば、声の震へることを覚えなかつた。心臓に微かに鼓動をした。然し周囲を見れば何と冷淡なことよ、職員生

1　廈門西南にある小さな島のこと。コロンス島。

徒からは嘲笑され、侮辱される。何と不名誉と言はうかいやそれではない相手がこつちを馬鹿にしてゐるのだ。今晩は十日より十二時迄延燈と同様に別に変つたことはないが、眼に注意せねばならぬので二十分位寝室消燈後に勉強をした。然し自習一時間目は居睡をしてをつた。床についても心配が心を流れてゐた。無理矢理に眠むさせようとせど《ママ》いつの間にか李さんではないかと王泉忠さん見たい声が耳に這入る。はあさては自分は未だ睡つかなかつたなと分つた。多分十二時になつたらう。

## 五月十三日（土）

**一日一句　神に非礼をうけず。**

眼は夕べ早く寝たお蔭で大分癒つて来た。然し今朝は見つめることを避けた。英語の時間はあまりシヤベリ過ぎてどうも先生に対してすまない気がする。今後自重すべきである。体操の時間はと言へばいやになるだが、その因を正せば、飛び箱が出来ないでなし金棒が不得手なので少なからず精神的打撃を受けた。然しながらかく苦い経験を持つてゐるのでその後といふものは腕の運動に重点を置いて来たので、一人だとは言へないが、他人に恥かしめない位の腕は出来たやうである。然し腕は小さくて話にならぬ。尚々鍛練の余地大にあり。課外運動は体操の次の時間だが、近藤先生（新しい）が裏校庭で待てといふので、幾ら待つても他の学級は一人もやつて来ない。中にはないだと予想する者やら、表校庭ではないかなと疑念を抱くやらしてゐる中に近藤先生がやつて来た。皆表校庭に行け。あゝさうか早く言へばいゝのに。

## 五月十四日（日）

**一日一句　憎まれ子頭堅し。**

今朝は早く起きて裏校庭へ飛び出し、幾何定理の理解に務めた。よく覚へるね。天気晴朗にして青々とした芝原の草は湿気を帯びて意気に燃えてゐる。何となく歩を低鉄[1]の方に運んで行つて尻上りを練習した。ロクボク[2]の上に誰かがまたがつて夢中に英語を音読してゐる。心を強く打たれた私は何気なくその様子を見るべく、高鉄[3]の方へ後の方へ行つた。彼は時々調子を外れた声を出しては何かを歌ひ出した。父よあなたは強かつた[4]とか、支那の夜[5]とか近頃の流行歌を口走りながら何となく嬉しさうに見える。あゝ彼が誰かもうなづけた。秀才はやりこんなに人一杯ママ苦心してゐるだなと痛切に感じた。私もこのやうにならなければならないと痛感した。午前中は惰気を排して断然幾何を複習して終つた。午後は水泳に行きたがるを我慢して勉強に勇んだ。今晩は測量学の複習を終らした。

1　校庭に設置された運動用具。高低ある鉄棒の低い方。
2　校庭に設置された運動用具。柱の間にたくさんの横木を固定したもの。
3　1の鉄棒の高い方。
4　福田節作詩、明本京静作曲の流行歌の題名。
5　西條八十作詞、竹岡信幸作曲の流行歌の題名。

## 五月十五日（月）

**一日一句　茸採つた山は忘られぬ。**

**特別記事**　今日より一時間早く朝八時登校

試験は近づいて来る、身体にあまり無理をしては行けない。又なまけてもいけない。殊に科目が増加してゐるこの情態に於ては更にご尤だ。これには無駄な時間を空費する勿れ、これが最上のよい方法である。平時はのんびりとして一晩で試験の点数をあさらうなんでママ浅ましくもあり、ばからしくもある。又夜遅くまで頑ばればいゝと頭が木のやうに固くてちつとも頭に這入らぬといふやうな方法はむしろ去避[1]すべきである。身体も大切なればこそ、無理をして

1　「拒否」の誤記。

行けないのだ。昨晩は合法的にやつて早く床についたので今朝はさつぱりとなつて先生のいふことがよく耳に這入る。万事この調子であるべきだ。試験が明後日だといふのに一週間のやうな気がする。あまりのんびり過ぎたではないかとも思はれる。然し合法的勉強が何より大切であるかである。

**五月十六日（火）**

**一日一句**　**稼ぐに追ひつく貧乏なし。**

明日から試験だ。意義ある勉強をせねばならぬ。今年は平均点数八十五以上を取る積りである。之には如何なる困苦にも耐え得る覚悟が必要である、然して聊かも体力を低下さしてはならぬ。それにはむだな時間をつぶさないことである。人が遊ぶ間を利用してより多く覚えて行くことが肝要である。計画が立てればそれに向つて邁進せねばならぬ。古来実行を重んじた理由は此処になる。正しい観念の下に実行して行くことが何よりも大切だ。身を以て国に捧げる覚悟なれば小々[1]な努力が何ぞ、偉人の境を踏んで行くべし。気候がすつかり夏になつたのでむやみに頭を労しても行けない。規則正しくやることに気を配らなければならない。根気も必要なれど、最小の労力を以て最大の効果を修むるが如くなさゞるべからず。故に余力があれば身体を鍛練すべし。

1　「少々」の誤記。

**五月十七日（水）**

**一日一句**　**合縁奇縁。**

**特別記事**　英訳、代数、機工、測量

試験第一日目だが、四科目ぶつ通しなので油断を許されぬのである。故に今朝五時頃に眼がさめた時、かねて心に蔵した求学の願が物を言ふて跳び起きた。最も困難と思はれた機械工学に先づ反復学習した。尚々時間が不足でしやうがない。最後の一分まで血の滲むやうな思ひで頭につめこむことを忘れなかつた。二年間の地獄見たいやうな試験準備の苦闘、それは平素先生の話を等閑に附した禍ひである。いや先生があまりこつちをバカにしてゐるからその憤慨で既に胸一杯だ。所が今度はいやな課目も大体終つた。解放されたやうな気がする。勉強と言へば快活になる位だ。大に振舞ふ時期が来たのである。社会の不幸者[1]の為全力を捧げなければならぬ。少々の努力が何だ。やればやれる。今日の第一日目の試験も無事に終ることが出来た。

1 「不孝者」の誤記か。

**五月十八日（木）**

**一日一句　屠龍の技。**

**特別記事**　国漢、物理、道路

試験二日目だ。疲労も少しは覚えた、精神的作用は何もなかつた。実に発剌たる意気に燃えてゐる。朝自力で目をさまして跳び起きた。難しいと思はれる道路工学に着眼点を置いた。夜が明け切らぬので暫く電燈きらめく机に向つた。夜が次第に明けて来た。涼しい風は面に当つて爽やかにして涼しさがある。学に勇しむ心もこの時ならでは味はへない程気が沈んで来て奥の奥まで究めて行くといふ底力を以てゐる。あ！偉人の苦しさも沁々と分つた。人一倍の努力、この姿が実に人間としての崇高さが感づかれる。時々頭がぼうつとなつて来てはサロメチールをぬつては疲労を回復せしめ、又々血眼になつてかじりつく。もう此処まで来てはしめたもんだ、やめてもやめられない。最後の一息までは尚も尚も湧き出づる泉の如き求学心あり。

五月十九日（金）

**一日一句　釣落した魚は大きい。**

**特別記事**　化学、応力、幾何、英作

未明に跳び起きた。夢中にかじりつく。最後の一日であるから最後の試験科目が終るまでは倒るべからず。身心共に疲労し切つたのは、やはりこんな時でなければこの貴い試練を受けることが出来ない。何くそ、試験は学期毎に二回しかないので、さう度々あるものでない。これが一学期間の縮尺見たいなもので、最大の精神力を発揮せねばならぬ。願は達せられた。最後の一秒まで実に渾身の魂がこもつてゐた。午前中で試験は終了した。午後から建国体操[1]の練習あり、続いて約二時間京都の精神教育会長加藤某（六十八歳）の皇国青年の修養工夫と題せる講演を聴かして貰つた。頭はツル〳〵とした温顔白鬚をはやした、一目見れば七十の坂を越えたかとも思はれる爺さん、ところが相当苦難を積んで来たと思はれて語る声々に重みがある。

1　満州国建国の翌年、一九三五年に満州国皇帝の訪日を記念して制定された国民的保健体操。

五月二十日（土）

**一日一句　松は一寸にして棟梁の性あり。**

**特別記事**　寮生説教会、実は感情の爆発会、おかげで、鼻血を出させたり、血膜炎にかゝらせたり、顔がふくらしたりさまざまな現象を呈した。

今朝は希望に耀きながら登校した。何でもない、成績の発表が楽しみだ。稀有の自己の努力を見たいのだ。最初の物理、語る先生の顔をじつた《ママ》見る。「この組は割合に出来てゐるやうだ。」「へー」と生徒が鼻で笑ふと先生は又「内容がどんなかまだ見てゐないが目を通しただけで皆一杯書いてゐるやうだ。或はうそを書いてるかも知れぬが」と先生は冗談半分に云ふ。こ

れは兎も角、最も楽しみなのは英語だ。先生は教室にはいつてから顔を下に向け笑ひながらゐた。これはよかつたかも知れない。さてその語る所を耳をそばたててゐると「皆しつかり勉強しないと困るですね、このまゝぢや点数はつけられぬが」――生徒は口々を出して先生私は生菓子を持つて来ますと云ふ。勿論これは先生がこの前先生が冗談半分に言つてゐるのを生徒がまねてゐるだけだ。次は幾何、これも自信たつぷりで待ち構へてゐたが、どうも変な所があるやうだ。

## 五月二十一日（日）

**一日一句　桝で量つて箕で零す。**

朝から大掃除、十一時に終つた。頭は極度に疲労して働いてゐる時は倒れさうまでは行かぬが、それに近いだと言へるでせう。十一時半から約半時間昼寝して林大全に起され豆腐に鰹節のおかずで昼食を取つた。又眠むたかつた。横になつて二時頃に目が覚めた。王博文（二年）君が右の目と左の耳をシツプして寝てゐたのである。これこそ夕べの説教大会で最もひどくなぐられたのだつた。隣り室の黄木泉さん（応四）が這入つて来た。色々と王君を慰さめてゐた。シツプしてゐる目を明けて見たりした。私もそのとたんに視線を注いでゐた。やつと実に吃驚せざるを得なかつた。目がつぶれたではないかと思はれる位いて《ママ》目玉の黒い部分は見えず只血汐の漂ふ真紅な部分しかないぢやないか、このひどいなぐり方がどこにあるか、野蛮行為にも等しい。後で彼は眼科医に見て貰つたが何と血膜炎だつた。

五月二十二日（月）

一日一句　馬鹿の大食。

第一、第二時限は共に三十五分の短縮授業をなす。そして節約した三十分は裏校庭に集合、今日午前十時、宮城の広場にて行はれる中学教練代表の御親閲式が行はれることになつてゐるので、本校からも先般派遣した白川　兼松の雨名[1]が本校を代表して出達せられたのである。故に校庭に集つて丁度十時の頃に宮城に向つて遥拝をなし続いて校長の閲兵と共に分列式を行ふ。今日から四年、五年は八時限の授業をなし、四、五年の美化作業の地域は下級生が分担することになつた。作業後、製図室にて自治会を行ふた。放課後寮に着いたのは五時だつた。あたりの気分が何だか不愉快でたまらぬ。我慢だ。あれを相手にしたら寝ても立つてもゐられない。徒らに神脛衰弱に陥いるのみ。やはり黙々としてゐるのがいゝ。何も人に頼るとか、へつらふ必要もない。

1　「両名」の誤記。

五月二十三日（火）

一日一句　盲も京へ上る。

昨日が雨なので今日も波及するかと待ちこがれてゐたがかへりて一層の晴天を示した。寒暖計もせわしく大よそ三十度は越してゐるだらう。北村先生語る、この暑さぢやたまらぬ。彼は国語を解釈してゐる間に知らずに汗が腕の袖をぬらしてしまつた。毎時間四十五分の授業で節約した時間は朝は合同建国体操に費し、昼は分列式の予行をした。殊に午後三時二中のグラウンドに於て市内中等学校の合同建国体操の練習をした。教練の練習にしろ、来る二十七日の海軍記念日の催しであつた。二中で約三十分合同体操を終つて帰寮がけには実に暑かつた。二枚のシャツが共に汗にぬられてゐた。然し精神が緊張してゐたと見えて頭は何だか疲労を覚えない。今晩も十二時までは勉強ができるやうである。

## 五月二十四日（水）

### 一日一句　着れば着寒。

楽しみは試験結果の発表だ。自分は自信満々で待ち構へてゐる。あまり自信過ぎると逆が来るではないかな、しかしどうしても心配の心は起きない。最初の測量の発表、級主任の口から流れるは級平均六一点数分、これは困つた、どうもうまく行かないらしいそれぢ《ママ》落第点をとつてゐるものが相当数に上つてゐるに違ひない。始めて悟つたのは幾ら自己の理想的なレベルに達しても尚安心出来ない、増してや自慢と云はうか、自信がありすぎても困る。代数、漢文は先生は一言も口に出してない、うまく行つてゐるかどうか、消息不明だ。八時限は京都、奈良仏教会長小山冷泉氏の講演を聞く、説はどうも雄弁者には相応しくない。外は日がカン〳〵と照つて講堂にじつと一時間も坐らせるのであるからその退屈と言つたらない。船を漕いでゐる者が黒頭のジウタン上に小波を打つてゐる。自分もその一人だ。

## 五月二十五日（木）

### 一日一句　馬士にも衣装。

構造力学だんだんと難しくなつて来たやうである。複習を怠ると忽ち迷つてしまふ。結局大事な力学の時間も何も得ずにすごしてしまふ。何と大なる損害であることよ。これぢや勉強しないのも同様だ何の為に学校に来るかが矛盾してしまふ。顧りみれば過去にどれだけ時間をむだにしてしまつたか知れない。偉人となるのも凡人となるのもこの僅かの時間で大なる差を来すのである。然し幸ひにして発見が出来たからこれを補つて行かなければならない。毎時間有意義に過ごさなければならない。これには大なる自覚と覚悟をすることが肝要である。何くそと勇気を振つて行くのだこれが学ぶべき所である。善は急げと云ふのだからすぐ着手せねばならぬそれは雑誌を一切に読まないやうに誓はなければならない。

**五月二十六日（金）**

**一日一句　水至つて清ければ魚棲まず。**

今日は又雨、明日が楽しいだけどどうも望みが出来ない。体操勿論自習だつたが本はすべて学寮に抱へて帰つたのでどうも学習する書物がない。後の李から英語の本を借りれば向ふはこつちを馬鹿にしてゐる。憤慨に絶えない[1]ので今後は決してあいつから物を借りぬことにし、又あいつが英語を教へてくれと頼んでも相手にしてやらぬ。畜生今に見てゐろ。お前さんはどこまで人を馬鹿にすることが出来るか。仕方なく前の時間の習字の続きをやつた。砂村級主任の測量の説明は同じ所をうやむやとくりかへして却つていやになつてしまふ。そして礼の前と礼の後はいつもこつちをにらんでゐる。こいつも私を馬鹿にしてゐるなとすぐ分つた。ようし今に優秀な成績をとつてやるから見てゐろ、製図の時間はすでに学寮で仕上げてしまつたので二時間を無意義にすごした。

**五月二十七日（土）**

**一日一句　朱に交れば赤くなる。**

1　「堪えない」の誤記。以下にも同様の表記が見られる。

**特別記事**　第二次国防体育大会。

今朝は歓喜に満ちて起床した。一年のリンカイセイが叫んだ。親指山の山下に火事が起つたさうだ。見れば成程夜は未だ明けきらぬが、ぼつと赤く漂つてゐるのが見える。昨晩起つたさうだが、リンカイセイは夜中頃に突然言ひ出したので皆は寝言だと押し消してしまつた。それが今朝になつて始めて現実なることに気がついた、午前八時大学、官舎の横門の狭き道路に集合、四五年は銃をのせて行つた。夕べの雨で道はすつかり濡れてゐた。草原を踏む度に隠れてゐた水がぎゆつと跳び出して来た。それが一人一人の人の足をぬらした。今日の国防体育大会で最も感銘の深つたのは金棒競技と女子の分列行進であつた。大衆の目一せいにそのふくれた胸と脚を注視した。実によく揃つてゐる。あゝとすべての邪心が浄化されたやうな気持がした。うんと頑張らう、そして人類の幸福を増進しよう。

**五月二十八日（日）**

**一日一句　人の噂も七十五日。**

**特別記事**　島崎大佐の講演、銃後の青少年に告ぐ、映画、新しく購入した大地に誓ふ[1]と東郷元帥[2]、六時に解散するまで一同全身に汗をかいた。

日曜なので七時半まで眠ることが出来た。十五分前に起床して顔を清めた。朝食後は机上を整頓した。ほこりが漂つてゐるにも拘はらず雑斤[3]に手を借りなかつたので非常に気分を悪くしたのである。今日思ひ切つて拭いたのである。なるべく今日は有意義な勉強をしようと先づ午前中は英語を予習した。今日の天気は暑かつたせいか、五分も立たぬ中に眠たくなつた。目を明けようと思つても字が思ふ通りに読めない。寝室へ行つてうたゝねをとつた。十二時にな

1　『日本映画作品辞典』によれば、加治商会により制作され、一九四〇年一月上映とされる。
2　右記辞典によれば、帝国映画研究所により制作され、一九四〇年二月封切とされる。
3　「雑巾」の誤記。

らば《ママ》サイレンがなるからその時に起きようと思つた。はつとその中に汽車の気笛[4]の音に吃驚して跳び起つた。食堂へ行つて見ると何だ大部分のものは飯をとつてしまつた。大慌てで豆腐に鰹節、飯を三杯平げて時計を見れば何と一時近くなつた。あゝ寝すぎたと思つた。午後一時半新校舎に於て島崎大佐の講演続いて映画の会あつた。

4　「汽笛」の誤記。

**五月二十九日（月）**

**一日一句　理に勝つ法はあれど法に勝つ理なし。**

以前は武道と云へば頭痛くなる程嫌ひだつたが、今頃は楽しみの一つとして待ちこがれてゐるのである。そこに真理がある。何事もその極に至れば逆効果を生ずるものである。柔道の嫌ひな原因はあのなげられてぽとんと畳につけた時、やゝもすれば手や足を折つたり、さては首の骨を折れば即死するといふ恐怖の念が漂つてゐるのだ。然しそれは一般的でなく特殊の場合に於て不注意と不熟練からまねいて来るのである。故に私は初の間は専ら人になげられて受身をしかと習得させ、一番苦しいのもこの期間である。第二段階は始めて技掚[1]の練習に邁進した。今は丁度この時期で人になげられても平気であり、進んで人を倒すだけの度境[2]があるのである。然して今日はあまり人に倒れまいと頑張つたので危く手を折られてしまつた所である。幸ひにして大事に至らなかつた。早速用意してあつたサロメチールを必死にぬつたのでお蔭様で平常通りである。

1　「技倆」の誤記。六月五日などにも同様の表記が見られる。

2　「度胸」の誤記。

**五月三十日（火）**

**一日一句　好事門を出でず悪事千里を行く。**

授業は三十五分づゝで七時限までで午後一時四十分で打ち切る。三時ニ公会堂に於てニュース映画並びに夏場所大相撲の妙技が公開されることになつたので二時五十分までに公会堂の前に集合すべく、料金は各自二十銭であつた。さておき今日の応力の時間に点数の六十点以下の人を発表したのであるが、すべての科目に渡つて残念ながら応力だけが六十点以下を食した。その中で各科目八十点以下を下らなかつたのは森下一人だけ、実に残念でたまらぬ。映画を観賞して漸くその念を薄いで来た。今度こそは大に頑張るべき時だ。ニュース映画で最も感慨深かつたのはいとも絢爛をほこるニューヨークの万国博覧会であつた。私に求学の念を一層募つて来た。今のこの知識何ととるに足らない薄弱なものであらう。学問に国境なし、努力次第でうんと知識が汲めるはずである。一意専心求学の途に邁進すべし。

**五月三十一日（水）**

**一日一句　猿の尻笑。**

今日の製図の時間我等乙班は丁度実習に当つてゐるのだ。雨の霽れたばかりで道といふものはすべて水をたゝへてゐる。何しろ最初の測鎖測量であるから、耳をそば立てて先生の注意を聞き洩すなよ、と実に真剣であつた。一組五人づゝで測桿は五本測鎖一組、布巻尺一個野帳の縦行式一冊先づ直線の測量を試みた。それより前に畳みになつてゐる側鎖をなげ延ばすことを稽古した。胸は喜びで耀つてゐる。一時間も立たずに惜しいかな、雨が又降りら《ママ》した。中止して製図式に這入つた。どうも製図する気になれない。頭は重くなつて眠むくてしやうがない。鐘がなつて放課後になるやうにと考へてゐた。相変らず当番だ。明日は対数の試験があるので帰寮後新聞を一寸眺めてすぐ寝室に這入つた、横になつて目をつむると暫くして鼻がつまつて来た。それはたまらぬ。早速蒲団を敷いた。

**六月一日（木）**

**一日一句　一姫二太郎。**

午後は対数の試験があるだが、青少年に賜りたる去る五月二十二日の御親式に於ける勅語の奉読式並に紋章附の校旗を迎へ且つ分列式を行ふことになつた[1]。さて今日の教練の時間に始めて私をにらんでゐる大川少尉の真相が分かつた。即ち銃の照準の練習に相手の終るのを待つて思ひがけなくも背後の柱ニ腰を下してゐるのを、大川の奴に見られた。決して故意に坐つたでもなく外も数人坐つてゐたのである、先づ私を呼び出して叱つた。「いゝ面で坐つてゐるか、外の人が立つてゐるのをお前だけが坐れるか』《ママ》と恥をかゝせてからゲンコツ力強くぴしやと顔面を打かれた。実に憤慨に絶えない念がこみ上げてゐるのをじつと我慢した。畜生、お前さんの心が分つたよ。今に見てゐろと深い〳〵決心をした。もうこれ以上は勉強してこの恥辱をぬぎ去らねば、死ぬるよりいゝ道はない。今日の恥辱を忘るるなよ。

1　五月二十二日に下賜された「青少年学徒ニ下シ賜ハリタル勅語」のこと。千田（一九八八）によると、全国の中等学校以上の学校では、ただちにその奉読式が、これも武装した学生生徒の前でおこなわれたという。

**六月二日（金）**

**一日一句　卑下自慢。**

英語の時間に可憐な森口先生はさんざん生徒にしぼられてとう〳〵今度の本試験はすべて六十点以上やるから〇点取つてもご心配なしと約束せざるを得なかつた。生徒もずるいが先生の無力なことも暴露した。久しぶりで今日は籠球の練習がし始めた。四五年は八時間授業なので三年以下は一時間早く練習することが出来ることになつた。近藤先生が言ふには、今秋の明治神宮大祭の競技に全国から各種競技を選抜して遠征出来るやうになつたから、工業は敗けずと雖ども、三中に敗けちや話にならぬ。強敵二師[1]は中等学校の列に這入らぬから、工業はしつかり練習すれば遠征が実現するかも知れない、然し、それが決定になつたかどうか未だはつきり知らぬが、しつかり練習するやうにと。

1 「台北第二師範学校」の略。

**六月三日（土）**

**一日一句　鼎肩の引倒し。**

熱心にやれば不得手なことも或程度までは上達し得る。たゞ出来ないからやらぬあんな精神はいけない。出来ないと思へば外の人も出来ないにきまつてゐる、そこで勝負の決は努力のみだ。何事も努力せずに上手になれる仕事は絶対にない。あれば悪の方面だ。くやしいと思へばそれをとりかへさねばならぬ。遠慮する必要はない。学問にしてもさうだ。ぐん〳〵と向学の念に燃えねばならぬ。徒らに平凡な一人に過すな。働く天地は広い。人文の範囲は涯しない。限りないと同じやうに学問も限りがない。これも善の方面を探究して行かねばならぬ。悪が発見すれば打消して行く。判断の力で殺して行く。決してそれに陶酔してはならぬ。人に追従とか屈辱とかは決してとるなよ。真理はあくまでも真理だ。うさ《ママ》見たいな青二才の子供に話すやうな言葉は現在の我にはすでに耳も傾けない。

**六月四日（日）**

**一日一句　気軽ければ病軽し。**

午前中は本校選手の剣道、陸上、野球、弁論の試合が行はれるので寮生大部分は応援若しく見学に行つた。出るか出まいかと小半時間躊躇しておつたがどう考へてもつまらぬばつかし。新聞を読めば又もや頭がぼうつとなつて来る。昼食時まで午睡をとつた。無聊にして又雑誌に読み耽ける。やはり面白くない。手紙を急いで書き終つて外へ出しに行く。もはや三時過ぎだつた。六時まで午睡をとる。自習時間に這入る、突然八時半までに華南銀行前に集合。出征兵士の見送りがあつた。丁度勉強もしたくない時であるから、自習もそこ〳〵に靴を穿きゲートルを巻いてすぐ出る。露雨[1]がふわ〳〵吹いて来る、どうも降りさうな天気だが、なかなか降らない。道草を食ひながら或は新公園の柔かな芝生の上に臥して少しく顔を現はしてゐる星の数を数へたり、さてはいゝ加減な流行[2]を歌ふ友もあり。

1 「霧雨」の誤記。十一月四日にも同様の表記が見られる。
2 「流行歌」のことか。

## 六月五日（月）

**一日一句　聞くは気の毒、見るは目の毒。**

**特別記事**　チフスノ予防注射

度毎に技倆を増して来る柔道、近頃は何となく好きになつて来た。先生もだんだんと見とめてくれたやうに見えてさては模範的に出された時もあつた。今私に脳裏に突然きらめいて来たのは恩師庄司先生が私を励ます手紙に模範生となれの一句を思ひ合せた。実に感慨無量である。さうだ、勉強は神聖なり、偉人の美しい心になるのも勉強が必要だ。その中に努力も含まれてゐる。午後二時限の最中にチブスの予防注射がまわつて来た。「李！痛いぞ」遠山が声で笑ふ。図書室は一人の校医と三人の美しい看護婦が控へてゐる。何に針で一寸さゝいた（ママ）だけでちつとも痛さを感じない。不便を感じたのは汗だく体を風呂に這入ることが出来なかつた。あゝ漸次にふくれて来てゐる、頭は疲れて来身体がだるく、感ずるやうになつた。

## 六月六日（火）

**一日一句　名人は人を毀らず。**

最も不愉快なのは級主任である。殺人のやうな人相をして話は子供見たいに舌を使つてにや〳〵してゐる。礼の前後はいつも此方をにらめる。不愉快極りである。畜生馬鹿にするなよ。今に成績を一番とつてやるから。四時限の教練は秋山大尉に出されて他の三人と共に一年生の速歩、駈足、折敷[1]、伏せを教練する。心の中には密かに感謝の意を表した。かくも私を見上げて下さることは今方[2]も人情がある。夢中になつて訓練した。七時限の道路は眠むたくてならない。道路受持の佐藤嘱託は話が本の通りに読んで行くと同じで聞いても飽きてしまひ、彼自身も苦しいと見えて今日は著しく顔に肉落ち、目玉は意外にきら〳〵と見えて衰弱してゐる。夏痩と言はれるのはやはり心配にもよるかな。

1　右足を折り曲げ、左膝を立てる座り方。
2　「此方」の誤記か。

## 六月七日（水）

**一日一句　飼犬に手を噛まる。**

最も不愉快なのは修身の時間、何も外ではない。此方を馬鹿にしてゐるからだ。次に不愉快なのはあばけ[1]の時間。次は測量実習の同級生、一日として気持よく過ぐる日はない。いよ〳〵私を黙々せしめた。勉強だ。もうこれ以上は人智の努力を以てとりかへさねばならぬ。試験は三十日臨時試験、六十点以下をとつた力学に馬力をかけねばならぬ。どの科目も八十点以上をとらねばならぬ。私の親友は大抵平均点八十五点以上をとつてゐる。故に頑張ねば《ママ》、そのグループに這入ることは出来ないこと明瞭でなる《ママ》。彼も勿論私以上の努力を続けてゐられてゐるのである。かく思へば自己は何と浅ましいことよ、勉強もろく〳〵しないくせにと言はれる

1　浅原という教師のあだな。四月五日の記事に出てくる。

のも当然である。少々睡眠した所でかまふもんか名誉が大事だ。

**六月八日（木）**

**一日一句　怒れる拳笑顔にあたらず。**

　建築の時間に先生は少々気分が悪いさうで自習することになつた。十五分前にきり上げて庭の草刈りをした。五時限の実務実習は試験を行つた。これは臨時試験に必敵するもので本試験と組合せて四十点採用するさうで皆わい〳〵と相談して張り切つてゐる。授業がすむとだらつとなつてぼんやりとなつてしまふ、全身は汗みどろで顔さへ油を浮ばせてゐる。眠るにも眠れないし、さうかと言つて複習さへもやれない。殊に学課を見ては一層がんとなつてしまふ。さあどうしよう、思案にくれてしまふ。近頃はまた憂鬱な気分が躁り返して[1]来る。殊に昨晩の王泉忠の侮辱的に言葉に著しく苦悶に陥り、自分ながら顔色がうせて来たやうな気がする。然し短気は損気だぜ、自己の正しい方針に前進すればよい。

1　「繰り返して」の誤記。六月二十日にも同様の表記が見られる。

**六月九日（金）**

**一日一句　立ち寄らば大木の根。**

　英語の先生森口は実に心臓が弱く、生徒にちつとも威力がない。いつも声が波を打つてきれ〳〵《ママ》に聞えたり、判然としない。体操は普通だつたら雨天からないだが、今日はあべこべに試験さへ行つた。これは天気が目当にならず、本試験が近づいて来たせいである。当初から一生懸命にやらうといふ信念に燃えてその真剣味がどうにか先生に通じたやうである。それは彼の試験終了の残りの十分の訓話に現はれてゐたのである。技倆がうまい下手で採点するでなくその熱心さを見るのである。今晩の自習時間は論語を読んで近頃著しく歪んで来た心を直さうと思つて約半時間理解を続いてゐる間に突然睡魔が襲つて来り、頭は知らずにうつぷしてしまひ、再び目を開ける能はず状態に陥つた。これがとう／＼自習時間をつぶしてしまひ、且つ、夜間の独習も不能になつた。

**六月十日（土）**

**一日一句　雀の千聞より鶴の一声。**

英語は今日又愚知をこぼして朗読したけど興奮してゐた時なんかはそんなことちつとも考へてゐなかつた。今思ひ出せばあゝ実にばか／＼しかつたなと思はざるを得ない。然しこれも一つの経験だと思へば有難い方だ。体操は雨だが雨天体操場は外の科の体操に譲つたので教室に這いつた。近藤先生は厳めしい顔をして這入つてすぐ自習だと云つたので皆の手が机の中に突つ込むとよつしよしと云つてぢや元を写せと云つて最近流行した海の勇者[1]の歌を書き記した。皆講堂に這入れと云はれたのでぼうつとなつて何ものかなとよく／＼考へて見るとあゝさうだ講堂にピアノがあるんだ。歌は不得手でもないから好きな方だつた。然し声が高く出ないので思ふ存分歌ふことが出来ない。終るといつの間にか調子が忘れてしまふ。それぢや効果がないぢやねーか。

1　天口龍作詞、飯田信夫作曲の流行歌の題名。

**六月十一日（日）**

**一日一句　大の虫を殺して小の虫を助けよ。**

今朝は滅茶苦茶に頭を疲労させてとう／＼二時間の尊い光陰を睡眠に付した。昼食後は又雑誌を読んで危い所でまた頭を疲れさせようとする所を中止して懐しい家にやる手紙を考へた。一心不乱に書き連ねたので漸く四時半頃に完成して歓喜に燃え町に出た。バスの待受場の所で林文水君に出会つた。彼は弟の文彬が学寮にナマズを以て這入つてゐるのを待つてゐた。漸次話を進んでゐる中に文彬が出て来た。ポケツトに菓子を入れてあつたので文水が食ふかと進めたら、食ふよ、と遠慮なく一個貪つた。今考へれば実に浅ましかつた。人の物を食ふばかりして自分はちつとも人に奢つてやらぬ。実は自分が金が大切だと思ばかり食ふに使ふのが勿体いないのだ。然しかういふ場合は使つていゝと思ふ。

**六月十二日（月）**

**一日一句**　**身を捨てゝこそ浮ぶ瀬もあれ。**

**特別記事**　チフスノ二回目ノ予防注射。

今日の武道は北原先生に見込れたと見えて直接に先生と組むことになつた。先生は私を弱点を示すなれ《ママ》頗る熱心で私も一心不乱にお心に副へたいと思つて疲の何のそのふつとんでしまつて一意専心引つぱたり、ひねつたり、体重を片足に移させてえいとはね腰をくつつけば先生はよし〳〵と連呼してもう少し引けば倒れるだと云ふことを指示して下さる。こつちは夢中になつて一瞬も裕余[1]を与へないではね腰で失敗したら早速大外刈に移し、「御免」と云つて先生を畳の上にぽとんと刈り落した。あゝしまつた。あまりひどくやつたらしく先生の背中の痛さ察すべきである。心の中ではすまないなと思つた。最後の一本に払腰で完全に先生を畳に払ひ落した。よし、先生も少々怒つたではないかなと内心少々心配になつた。然し先生は社会の教育者なり、この小さいことで怒るはずはないと思ふ。

1　「猶予」の誤記。

六月十三日（火）

一日一句　念力岩をも透す。

特別記事　工業学校

今日から短縮授業に這入る、だから午前中で授業が終つてしまふと思つて五時限目がすんでも後はまだ二時間あると思つてじつと机に向つてゐると、友から君は学寮に帰らぬのか、と云はれてはつとふり反つて見ると皆弁当をといてゐる。あゝさうか昼飯のが忘れた。短縮だから午前中で終つてしまふと思つたら、いや短縮と雖ども三十五分づゝの授業だから七時間が午前中に終るはずはない。実は無頓着から来る失敗の一例である。殊に工業学校は頭が緻密でなければいけない。午後三時十分大世界館に上海陸戦隊[1]といふ映画が見物することを許可されたので、折しきり煙る雨の中を文彬君と一緒に二時に学寮を出発徒歩で行つた。この映画は先生が断然よいとほめてゐたが、見ると何ださうよいでもない。やつぱりこつちを――だね。

1　映画『上海陸戦隊』。東宝一九三九年作。監督・熊谷久虎。五月封切。

六月十四日（水）

一日一句　鬼も頼めば人食はぬ。

あばけの馬鹿野郎いつもこつちをなめてゐやがる。畜生あんな態度ぢや誰が尊敬するだ。あんなきずだらけの顔まるで豚見たい顔をして話はそれに似はず、意外に速度が遅くて神経質の人なればとても絶え切れない。おまけに自分はとてもえらさうに見せようとす。馬鹿あんな汚れた精神を持つてゐる人には人間と思はない。野蛮人と言へばそれだけだ。放課は宿志の上級学校を目ざして必死の勉学を続ける。こんな汚れた所で満足するがち[1]ない。最も高尚な所が欲求されてゐるのだ。希望は燃える心は耀る。手の舞ひ足の踏むを知らずとは古人の形容だ。

1　「価値」のことか。

私は当にその境地に立入つてゐる。然し欲する所は尚永久的であれ一時的でふつと煙となつてしまふのは望む所でない。勉強だ体位の向上だ。

**六月十五日（木）**

**一日一句　親の心を心とせよ。**

思ひがけなくも今日の教練の時間は筆記試験を行ひました。問題を黒板に書き出してから言つたので皆製図室に鉛筆が置いてあると言ひ、とりに行き途中でゆつくりと見て帰つたのであります。勿論自分も見て帰つたのであるが、彼等は教室に這入つても公々然とカンニングを行ひました。老大尉は一向平気で生徒は益々邪心を起し、必携などを開い見てゐるのもあつた。実に心が腐つてゐるだと言はねばならぬ。夕食後はしつかり勉強しようと李天億さんに誓ひました。然しこれが単なる口の言葉として流れるが如きであつてはならない。約束の観念を把握すべく、いやが応でも頑張らなければならない。時は戦乱の真只中である。怠つてはならない。しつかり勉強しよう。さうだ。

**六月十六日（金）**

**一日一句　品に出づるものは品に返る。**

**特別記事**　教練の会議全島男子中等学校長並に教練教官多数集合せり、本校の新講堂にて行ふ。

英語の時間は少しうぬぼれ気味になつた。いけないいな君子は黙々をよしとす。放課から直に勉強に這入つた。実に今日は時間を合理的に費したとも言へる。然し精神がいら〳〵として不安定であるのは甚だ憂慮に絶えない所である。自習後は直ちに水泳に行つた、非常に気持がよろしい。日中人に顔を現はすのもいやだつた僕は夜中は最も好む所である。前の晩の一人に比べると今晩は知られてゐるのか続々と泳ぎにやつて来る。思ふ存分、手足を縮めたり延したりカヘルの泳ぎをまねした。体位向上を目指す指からかゝる経済的体位向上はまさに以て来い[1]である。多分毎晩は機会を窺つてくりかへさるであらうと思ふ。然しそれが為に大切な勉強を逃してはいけない。多分のエネルギーを消費すると共に来る食事は更に新しい栄養分を摂取しなければならぬ。

1 「持って来い」の誤記。

## 六月十七日(土)

**一日一句** 蒔絵の天秤棒をかつぐ。

**特別記事** 台湾始政記念日[1]。

午前八時学校に於て式あり、終了後一年から三年まで学級毎に級主任と共に記念写真をとつた。帰寮後ゲートルをほどいて鉄道ホテルに行った。今日から十九日まで熊岡美彦[2]帝展審査員といふ人の従軍画展があるのだ。時は十一時夏らしい強い太陽の光線がさしてゐた。第三高女生の丁度帰りがけの所である。第三高女はまだ新しい生[3]か、しとやか性がなく実に不揃な感じがする。途中で二高女にもぶつかつた。その度毎に私は出来るだけ顔をよそにそむけてゐた。ホテルの余興場に這入ると見る人はまだ少なかつたので思ふ存分見て帰る積りであつた。全部油画でその色彩の豊かな廈門の風景がその半数以上を占めてゐた。全数七十六点である。今更ながら美術都市の故郷の感を深くした。ことは私に少なからず画に対する趣味を感じた。

1 日本植民統治機関台湾総督府は一八九五年六月十七日に台北で台湾への植民地支配を始めた。この日を記念して制定された。

2 茨城県出身。東京美術学校卒業。帝展、文展などに入選。(一八八九－一九四四)

3 「新しいせい(所為)か」の誤記。

六月十八日（日）

一日一句　どこの烏も黒。

午前中は急に画の趣味を覚えたのでバラの花の水彩画を一枚画いた。自分ながら非常よく出来たかと思つた。事実またこんな鮮かな画を描いたこともなし、またこんなにゆつくりと描いたこともなかつた。この理由は昨日見学した画展の素晴しさが深く私の心を打つた。画といふものは単なる景色描写でなく、これをより以上に活し、心を快活ならしめるものでなければならぬ。また事実その境に達した画も多数に観めて来たのである。殊に油画の雄大さが沁々と感じた。毛志隆さんは記念にくれと言はれたので上げたのであるが、自分としてもこんな立派な画は惜しかつたのである。然しより以上に研究を進めて行くべきである。四時頃に著しくあばれたくなつたので折しの雨をよそ目にプールへ水泳に行つた。少々ぞーとするやうな気分がしたが大にあばれたので汗の出て来るやうな感じがした。

六月十九日（月）

一日一句　可愛い子は打て。

柔道は試験を行つた。先生は私を見なしてくれたのか一番級の上手な柔道部である山本君と相手になつた。こつちは勿論度胸は持つてゐるが、業はあまり出してゐなかつたので二本なげられた。次が生長の佐藤君となる、これはともへなげで又もや一本くはられた《ママ》。実にくやしいことをした。畜生今に見よ、うんと鍛へてとりかへしてやるから覚悟せよ。本試験の時間表は今日発表した。全部で十四科目臨時試験より二科目多いだけだ。うんと頑ばれよ。私の生命は勉強だ。勉強なくして私は生きられない。十分なる覚悟をしなければならぬ。ぼや〳〵してはいけない。明日は四時半起床とのことだが、今晩から延燈があるので、少し位は勉強して行けよ。昨晩のやうに一時間位も馬鹿な話に費すなんて勿体ない。

## 六月二十日（火）

一日一句　腹八分に医者いらず。

　四時半起床五十分に出発日の丸館の前に集合した。時しは《ママ》あたりが薄黒くぼかしてゐる。人影が見えるだけである、見る／＼中に次第に明けて来た。既に集まつてゐる他校の生徒もある。凱旋の出迎へだ。帰つて来る兵士は以前と変つてひげをきれいにそつてある。一見三十才を越してゐるかと思はれた。約百人前後かと思はれる。六時限あたりから急に眠たくなつて来た。放課後は肺病の反応注射を行つた。過去の歴史を躁り返して見ると、一年も二年も共に赤くはれてレントゲン写真をとらはれた、今度は赤くはればレントゲン写真は高いから血をとつて検査することになつた。さぞかし痛いだらうと想像して見た。幸ひ次第に消えてしまつた。夕食後七時十五分前に水泳をした。誰も居らぬで只一人平泳四回クロール一回、背泳一回都合よく一五〇米を泳いで止めた。今晩は化学を一通り習べてそれから睡眠をとつた。

## 六月二十一日（水）

一日一句　近い中にも垣をせよ。

　実習の時にガジユマルの木の上で蝉が数匹やかましくさわぎ立ててゐるので何気なくとりたくなつた。試みにポールの先を蝉の所に持つて行くとおとなしく止つてゐる。こゝの蝉は小さいくせによく鳴くのである。折しも正午近い時で昼飯の鐘が鳴ると早速製図室に這入つた、皆わき目もふらずに飯を食つてゐる。指に挟まれた蝉は悲鳴を上げたかと思はれるやうに鳴き出して来る。浅岡真は「誰だ蝉を鳴かすやつは」と勿論冗談半分に言つてゐるがこつちは何となく悪いことをしたやうな気がした。畜生蝉なんか捕みたつて何が面白からう、食堂に入る前に王敏忠といふ土木二年のチビにやつた。彼は小さいくせになか〳〵徒らがすきでやると大喜びだ。私も今日から誓つて今日のやうな馬鹿らしいことはしないと思ふ。試験は二十九日後一週間位しかないん《ママ》のだ。一日に難しい科目を一科主義で習べて行かうと思ふ。

## 六月二十二日(木)

**一日一句　念には念を入れよ。**

級主任は今日又休んだ。こつちもやつと息をつく。試験も間近になつて準備だけでもへと〳〵になつてゐるのにどん〳〵と進まれてたまるものか。今日は非常に感慨無量のがあつた。老大尉曰く、某将校の説によると先頃戦場に倒れた支那兵を見ると、実はあの一個大隊が女子軍だつた。然も十八九の女学生である。このやうに支那は女学生までも戦場に出るのであるが日本はまだそこに至らない。恐らく最後まで男子が戦ふのである、あの女子の歩き方を見ると足先を内側に向けて鴨のやうな歩き方をしてゐてどうして走れよう。とその格好をして皆に笑はせた。そして、また云ふには、この点については支那の女が偉いと思ふ。事実偉いのだ。これを眼のあたりに見て来た私がどうしてそれを疑ふであらう。これをこつちの女学生と対照して見ると何だそのざまは何となくだらりとして緊張みがない。あゝ何と感慨無量なことであるよ。

六月二十三日(金)

一日一句　苦しければ鶉も樹に上る。

今日で最も嬉しかつたのは体操の時間である。二時間もぶつとほして水泳をした。泳ぎ方は模範的でなかつたが、跳び込み方は確かに全級をリードしたママ来た。然しおかげで二回背中をひどくうたれたが、一幕のつらさにすぎなかった。然しかく最大の失敗を二回も繰りかへしたのであるから、自信も少々得ることがあつた。友達との友好関係も一層信用を画したことと思ふ。漸く水の有難さを感ずるやうになつた。偉大な身体を築かう。決心もいよ〳〵強さを増して来た。午後は暑くてそれに風もなし夕立も降らない。実に憂鬱だつた。自習時間二時間は何をやつたかさつぱり効果が上らない。たゞ手に扇をあふつて涼をとるのみ。自習すむやいなや直ちに水泳に行つた。今日の水泳の時間が過激に運動したせいか、腕の力は全然ぬけてしまつた。

六月二十四日(土)

一日一句　大は小を兼ねるも長持は枕にならず。

体操の時間は又水泳だつた。実は腕が非常に疲労してゐるので若し金棒でもやればそれこそ笑はれるに違ひない。幸ひ水泳であるから手をひどく運動しないですめる。二年の機械科も水泳だつたのでせまいプールでごちやになつて時々衝突する。跳込はやめた。自慢するでない。五時限は課外運動。僅かに三十五分であるが、焼けつくやうなお日さんが照つてゐる。エネルギママは水泳で大部分を消費してしまつた。もはやそれ以上のエネルギーは出ない。そのきつさと言つたら、実にきついかいや楽しいぞと無理矢理に気持をさらさせてどうにかこぎつけた。

昼食後は尚更暑い。実にたまらぬ。皮をむいてもまだ〳〵暑い。午睡をしようと思つても畳の上が暑い。風は少しもない。高砂ビール会社の煙突からは煙が直線をなして天を突いてゐるのを見ても分るだ。

六月二十五日(日)

一日一句　莳かぬ種は生えぬ。

午前中は辛じて習字と作文の宿題を仕上げた。午後は焼きつくやうな暑さを排して教室へ勉強に行く。自分の教室はすでに他人が勉強してゐるので隣りの機械三年の教室に入る。風は吹かない。暑さ皮膚をして憂鬱せしむ。皮膚は興奮して神経に伝ふ、神経はいら〳〵する。何くそと頑張つてゐる内に毛大栄君と云ふ勉強家が入つて来る。一層士気を鼓舞せしめらる。どうにかこうにか道路を一通り見通してしまふ。寮に帰つて製図をする。製図をすることによつて暑かつた午の中を有意義に終ることが出来た。夜に入る。こりや大失敗ちつとも勉強出来ないで暑さにしくじつてしまふ。自習二時間、二時間はまたゝく間にすぎゆく。勉強する気にならないので王泉忠に十二時に起して貰ふ。有難うと飛び起きたけどすぐ消燈になつて再び床に入る。

六月二十六日(月)

一日一句　鯱鉾立ちも芸の中。

武道は断然興奮になつて業を覚える。暑も一時はどつかへ吹つとんでしまふ。充分に予想通りの成績を上げ得た。英作の時間の森口先生の若い大学生がかはいさうにさんざん生徒から試験問題をしぼる。彼は鈍才にして実に可憐さう[1]だつた。製図の時間は非常に熱心にやる、美化作業終了後も製図室に残つてにじむやうな暑さに全身汗をかきながら奮闘する。夕食の鐘がなつてから暫く漸く仕上げた。後は只ゴムで鉛筆後を吹くのと墨のしぶきに汚れたほんの一角をカミソリの刃でけづれば出来上る。努力の後が楽しい。夕食時はお粥二杯飯にお茶をかけて一杯、空腹を満してだら〳〵と背をはふ汗をプールの横で吹きとる[2]。余る歓喜のエネルギーを充分今晩の努力に預ける。願くば奮発せよ。

1　「可哀さう」の誤記。以下にも同様の表記が見られる。

2　「拭きとる」の誤記。

**六月二十七日(火)**

**一日一句　雉子の浅智慧。**

　教練の折敷の立ち方は不得手だが熱《ママ》にやれば出来るのである。要は心の作用にある。これを学問の上にも当嵌めることが出来る。精心一杯[1]勉強すればどれだけ役に立つか知れない。善は急げ徒らに追従するでない。効果的を《ママ》やれ。別に頭を極度な疲労せしめる程でもない。殊にこんな暑い時は長く居れるもんでない。頭が馬鹿になる。放課後は樹陰へ修身の暗記をやつたが、成程風は吹いて来るが、熱風である。おまけにコートのカラ土が風にまかれて吹いて来る。その上にあたりの光の強い反射で一層暑く思はせる。結局何も出来なかつた。自修時間第一時限に入つて熱心に代数をやれば暑さも何のそのどこかへ飛んで行く。今晩三十円を受取つたことは如何に嬉しいことよ。早く返事を書いて二時間を費した。精心[2]こめた手紙である。実に嬉しい。後は勉強だ。

1　「精一杯」の誤記か。

2　「誠心」の誤記か。

六月二十八日（水）

一日一句　蛤で海をかえる。

　実習の時は短気奴等といつも意見が合はず一寸云つても未結果を言はないのにすぐこつちを嘲弄する。為に口を出すのもいやになつて勝手にしやがる。これを不理解の級主任に出会つてたまるものか、たちまち怒つて先生までがあざ笑らふ。畜生馬鹿にしやがる。今にうんとよい成績をとつてやるんだ。放課後はカン〳〵と日が照りつけた上に風なくうたゝねをとること小一時間も立つたと見えて奮発して顔を洗ふ。ねむいなら日光さらしだと人跡絶えた裏校庭の芝生の上に横になるはからずもこゝに絶好の勉強場所を発見した。壁にさへぎりガジユマルの木蔭のもとに眼をとぢれば風が一陣〳〵と吹いて来る。寝るのは勿体ないと修身の暗記をしたところ実によく覚えらる。今晩は少々楽になつた余分のエネルギーは保健だ。

六月二十九日（木）

一日一句　芋がらで足を触く。

特別記事　第一学期本試験初日　修身　代数　化学

　修身は最も操行に関係するので必死に二三回も繰し[1]勉強した結果頗る存分に書けた。代数は日頃から好きなのでこれも油断ならず用意周到に手をつけたのですら〳〵と書き除けた。化学は臨時試験に満心して思はない芳しくない成績をとつたので今度こそはとりかへしてやらうと精神をこめたので充分に書けた。放課後は密かに心の中で嬉しかつた。明日には尚難しい学科があるのでこは用心せねばならぬので午睡はうか〳〵してとれない。少々眠気が恐つてくる度に表校庭の芝生の上に強い太陽の光線の直射を受る。これは赤外線の直射を受けたいのだつ

1　「繰り返し」のことか。

た。或書物によると非常に身体によく頭脳を清め眼の疲れを癒やす作用がある。太陽が西空に沈む頃に物理の勉強を始めた。夜中頃も三時頃に起さしてもらつて翌朝に至る程だ。

**六月三十日（金）**

**一日一句　麁忽が御意に叶ふ。**

**特別記事**　英作、物理、建構[1]

朝から物理建構を必死に少しでも精確に頭につめることに努力す。その変り平素自信たつぷりな英作はそつち除けにしろ手をあまりつけてゐない。只先生が出るよといふ所だけ勉強して来た。実に先生の話は当にならない。勉強せぬでいゝといふ所が出て来たではないか。実に困惑を感じた。これは全く自力で諺を書いたわけだ。実に残念惜しうママことである。物理はあまり帳面にかたよりすぎることと満心を起した結果定義に失敗を来した。建構だけは最初の試験なので充分用意周到したので思つた以上書けた。放課後は憤怒のあまり一度床についたが最後六時までまるつぶしに寝ちやつた。あわてて起されて飯を食ひ、消化不良なので十五分位プールで泳ぎ、自習時間は断然まじめに勉強した。一時五〇分に至り、やつと一休みし、翌朝三時半に起さるべく頼んだ。

**七月一日（土）**

**一日一句　船頭多くして船山へ上る。**

**特別記事**　英訳、道路、幾工。

英訳は英作の失敗に鑑み、油断ならずと頗る熱心にしらべた。結果は良好であつた。道路は

1 「建築構造」の略。

複雑を極めてゐるのでその整頓に一方ならぬ苦心をした。昨日の油断に元気に大に振励する所あり一時も目を本から離すことを控へた。結果概してよし。幾工は本によれば難しすぎるし、ノートに写したのを見ればあまりにも簡単すぎる。先生の話だけは聞き逃すまじく臨時試験の分も勉強の中に折り込んだ。実に用意周到の賜物と云はうか、臨時試験分からは六〇％出て来た。然し心の中で耀りながらも先生の注意に熱心に耳を立てた。大に助かつた所があつた。それは一番目の計算で公式の利用違ひを先生の暗示を受けて完全に正した。お蔭で満点の値打は一〇〇％の率がある。やつと一安心後は五科目ゆつくり休養して大に精進すべく努力せねばならぬ。

**七月二日（日）**

**一日一句　人至つて賢ければ友なし。**

試験最後の日だ。力学の専門学科があるのだ。臨時試験は六十点以下（たつたこの一科）を頂いたので、一驚を吃した。油断大敵だ案外努力を要しないだと思つたら大間違、これには死ぬ覚悟でもりかへさねばならぬ。力学の次の国漢は平素先生の重要な点は悉く帳面に記入したはずだから全力を力学に集中した。これがそも〳〵大間違ひの本である。折角すぎし四日間の試験は確信を得たに拘らず今日は実に不愉快な念を頂くに至つた。即ち力学は完全に書けないにつれ、国語は帳面をつぶさに複習せぬ為大失敗をした。精神がいら〳〵してどうもいけない。午後二時傷病兵の帰還と沢野先生の凱旋の出迎へをした。午後は幾何の宿題を七題余分の時間は試験準備の心持でごみ箱か拾はれた受験旬報[1]六冊（昭十二）に趣味をひかれた。

1　『受験旬報』は、一九三二年、欧文社（旺文社の前身）により創刊された雑誌。

七月三日（月）

**一日一句　倉忽にも取柄あり。**

**特別記事**　測量、幾何

夕べの苦心に実を結ばれて完全とは言へないが思ふだけは書いてしまつた。答案の作製の仕方も少々熟練して来たやうな気がした。この喜びを明日に延ばすべく、折しもかん〳〵照りつく太陽をものともせず身体水をかけて製図室にとぢこもつて勉強をした。明日が最後の試験だ。頑張る最後の日だ。身も引きしまる思がする。難解だつた力学も漸く少し分るやうになつた。後は繰へし〳〵《ママ》整頓すればよい。国漢は何だか易ぽくてそれをやるよりもより多く力学を理解することに苦心した。自習二時間後は少々飽きて水泳をした。国語に目を透した[1]が何だか真剣さがない。三時半に起してもらふべく王泉忠に頼んで床についた。のんきに目をつぶつた。後はどうなるかな。

1　「目を通した」の誤記。

七月四日（火）

**一日一句　七度尋ねて人を疑へ。**

**特別記事**　試験最後、力学、国漢

午前七時日丸館前に集合、尾崎先生凱旋の出迎へだつた。彼は鉄炮[1]に頗る名中率[2]を持つてゐるので鉄炮といふあだながついてゐる程だ、漢口攻略[3]に参加し近くは海南島攻略[4]にも参加してこの度凱旋されたのである。真黒に日焼した元気さうな顔である。午前中は水泳してさつぱりとした気持で勉強にとりかゝつた。午後も一時は暑くて手の出しやうがなかつたが、水泳で身を冷して勉強し明日の学科に大なる気を吐かうと思つてゐる。明日は測量、幾何、昼の中

1　「鉄砲」の誤記。以下にも「空炮」「野炮」の表記が見られる。
2　「命中率」の誤記。
3　日本軍が一九三八年十月二十五日に漢口を攻略、占領した。
4　日本軍が一九三九年二月十日に海南島へ上陸、占領した。

は必死に測量に鉛筆を走らせた。夜は幾何といふぷらんを立てた。幸にして測量は自習時間前まではなしとげてしまふことが出来た。幾何は疲労の頭は到底やれないので今晩は程よくやつて十分な睡眠をとることに工夫した。待望の翌日、（以上は二日分、四日の分は二日に繰り入れる。）

**七月五日（水）**

**一日一句**　情に向ふ刃なし。

**特別記事**　野外教練、暑中稽古

朝食後、鄭・林二人を誘つて植物園に行く。一時間位も早くついたので集つてゐる人はまだ少なかつた。別に形式をとつた教練はやらなかつたが、四五年の演習を見学する位に留めた。日はかん〳〵と照りつけ木蔭がないし、腹はぺこ〳〵となつて痛さをまき起す。実に辛いことは辛かつたが、身心の鍛練だと思へば身も心も引きしまる。十二時に解散この時は腹がもの凄く空つぽになつて元気は全く衰へた。小一時間もかゝつて学寮についたのであるからその辛さは押して知るべき[1]だ。飯も口に入れたくない。十分ばかり水泳してやつと涼しい気分になつて飯を足らじと食つてしまつた。二時十分から暑中稽古が始まる。狭い日光のあまり射してゐない柔道道場に三分の二までも生徒で埋めてしまつた。呼吸の苦しさにつけて変な汗ばんだ香が鼻を撲つ。

1　「推して知るべし」の誤記。

**七月六日（木）**

**一日一句**　負うてやろと言へば抱いてくれと言ふ。

午前八時学校に集合、四年以下は教練、明日は五年生が内地旅行に旅立つので忙しさうである。三年は四年生の銃を、四年生は五年生の銃を持つことにした。今日午前中かゝつて銃掃除をすることになつたが、場所が狭いので四年生が先にやることになり、三年生はその間に縦の散開を実習した。教官は青年少尉大川、彼は一見やさしいやうであるがなか〈ママ〉厳しい。「俺はそこらの校長先生とは違ふ。天皇陛下の命令でこの学校へ来たのだ。現役軍人をなめたら承知しないぞ」とは彼の声明なのだ。その犠牲者となつたのは採鉱三年の生徒で巡査を親父に持った某が先生の口まねをまねてなじられたり蹴とばされたりして退学さすぞとおどしたりして模範をしめした。もう皆は虎にでも出会ふ心地で教練をいやが上にも熱心にやらざるを得なかつた。

## 七月七日(金)

**一日一句　敵国外患なければ国恒に亡ぶ。**

聖戦二週年[1]、何十億と何万との犠牲者払ってしかも尚聖戦が続いてゐると云ふことは日露、日清戦役にしろ世界戦史上に未だ曾てないと校長は語る。国旗掲揚後、閲兵分列式を行ふ、その間に新講堂にて式を行つた。十一時五十分裏校庭に集合して十二時のサイレンが鳴つたと同時に一分間の黙祷を捧げる。兵士の武運長久を祈る、終りに大日本帝国万歳を三唱する。かくて学校に於ける行事は終るが、一時半より新公園に於て市民匪英大会[2]と剣道柔道の野試合、各種の催しがある。昼食後は水泳をして涼を貪る、鄭と云ふ奴の誘ひで貴重な二時間半と十六銭(サイダー)を費してしまつた。実に惜しかつた。再びこんな馬鹿らしいことは繰り返すまい。九時点検十時まで試験の準備をした。受ける確実性はないが、人間は縷々とした事件の連続である以上はかり知れない。

1　一九三七年七月七日の芦溝橋事変を契機に開始した「支那事変」の二周年。

2　当時、日本軍の戦争拡大を既得権益への脅威とする、英国の対抗処置に抗議して、各地で反英・排英市民大会が開かれた。

## 七月八日（土）

**一日一句　宝は身のふしあはせ。**

八時朝礼の時校長から一時間余にわたる休暇中の注意があつた。十時半から十一時半に至るまで室内外の大掃除約二十分間大掃除後に銃掃除をやつた。日が強い光線を遠慮なしに身体にぶつかる。油は石油缶で煮て来たらしく熱くて指をやきどママしさうだ。指にさわつて見るとべた〳〵して以前とはまるきり違ふ。思索して見ると、あゝさうだ、油は高いので学校内に栽培してあるひまの種を煮たものらしい。よく〳〵考へると益々真実になつて来た。かすもそのまゝまぜてると見えてあんなにべた〳〵してゐるのだ。十一時半から約半時間、級主任の休暇中に於ける注意があるだが、この級主任は人相が悪いくせに何でも「なぐるぞ」それかと云つて体は痩せてるしせいも大きくない。一寸こわいが案外口は話せない。馬鹿野郎。

## 七月九日（日）

**一日一句　蜆貝で井戸浚をする。**

**特別記事**　栗林武雄、黄雨来に挨拶の文を出す。

午前七時半は凱旋兵の出迎へ。午後は大してなす程の事もなかつたが、幾何の宿題の残りの七題を仕上げてしまつた。明日の成績通知が楽しみだつた。大に自信をかけてゐるのだ。少なくママ五番以内に這入ることは易々である。夕食後は急いで王泉忠と一緒に出た。お土産を買ふのが一つの目的であつた。彼は和英字典を求めるべく古本屋に這入つた。遂でにママ私も机上字典と称する漢和字典（昭和十四年度出版）を定価一円五十銭を一円で買つた。まだ新しいのである。之は古本屋が内地から仕入れたのであつて人手を経て来たのでないことが分つた。父が好きな大甲帽[1]（二円五十銭）も序に買つた。これが何よりも楽しかつた。弟の好きな絵本も買つた。この外に何をか求めん、私は何をかお土産を買はふ。兎角こんなでも五円何分を費つてしまつた。

1　麦わら帽子の一種。

**七月十日(月)**

**一日一句　人の提灯で明りを取る。**

九時から武道稽古を始め、十一時から終業式に入る。待ちこがれの通信簿を受取つた時に吃驚せざるを得なかつた。少なくとも自分は二三番あたりをうろついてゐるだけの自信はたつぷりあつた。然るどうだ、あれだけ血の滲むやうな思をして勉強したかひもなく、九十点と思はれるものが八十点に、八十点は七十点に、七十点は六十点にと点数をつけられたではないか。よし一時の悲憤をのんだ所で別に卑屈にはなれないが然し学問に国境なしと云ふ言葉を思ひ出すと汝は正に世界公律の違犯者であり、公敵と云ふべきである。それを表面だけ俺は神の子だ畜生何を云つてゐやがる。私がこんな小さいことで屈伏するもんか、私が敗者追従だと思つたら大違ひだぜ。今日の悲憤は恐らく一生を通じて私の脳裏を去らないであらう。私が平凡な人間で終ればそれだが、偉くなつたら雪辱せざるを得ない。

**七月十一日(火)**

**一日一句　蛇に噛まれ朽縄に驚く。**

奉仕作業初日、市葬参列

今日は三年以下の奉仕作業の第一日目、午前八時裏校庭に於て国旗掲揚、三学年を三中隊に分け、更に各〻を三小隊に分けて勤行報国隊と記した旗を右翼に各小隊は夫々シヤベル、つるばし《ママ》、鍬、プンキ[1]、リヤカー等を持つて校長先生の閲兵を受けたる後分列式を行ふ。五年は旅行に、四年は現業実習に夫々旅立ち、残りの我々は上級生に恥かしめないやう流汗奉仕をする。歩々踏みつく度に決心を愈々堅くする。暑いせいか夕立は二回も襲来して上衣をずぶぬれにする。今日初日なので色々と道具をとり出したり、変整[2]をしたりしたので真に鍬を振つたのは約半時間、正午のサイレンを合図に今日の作業を切上げた。午後四時三井物産前集合市葬参列。

1 「プンキ」は福建閩南語で、「塵取り」のこと。
2 「編成」の誤記か。

**七月十二日（水）**

**一日一句　雨垂石を穿つ。**

勤行奉仕

国旗掲揚後直ちに作業の現場につく。第一大隊の第一中隊の中の第二小隊の我等はテニスコートの土の或部分にコンクリートを打つ。先づ地均し、土運び、縄張り、砂利敷、コンクリート打ちと言ふやうな順序をとる。コンクリートは流石は土木科だけあつてその混ぜ方と云ひ、配合と云ひ、級主任が指導してくれる。とりわけモルタルの次に砂利を混ぜてコンクリートに仕上げる刹那の混ぜ方が難しかつた。折しも通りかゝつた校長先生は「それぢや不充分なら」となさつて自らから《ママ》スコツプをとつて模範を示してくれる。級主任は「うまいな」と感嘆する。後で僕達に云ふには「校長先生は四十銭、お前等は五銭位な」と。手のひらは豆が出来それがまたつぶれてといふやうに思ふ存分働いた。

七月十三日（木）

一日一句　出る杭は打たるゝ。

勤行奉仕

午前七時台湾神社に集合、参拝を終つて直ちに御造営の作業奉仕につく草刈り、土運び、真に身も心も捧げて働いた。汗は背中から水をかけてやうにびしよぬれ。空は曇つて小粒の雨が斜に顔を打つ。暑さも何かも吹飛んで涼しい気分で作業を続くことが出来た。九時半に二十分休憩、それから昼食にとりつく。飯は二食分で今に一食十二時頃に残りの一食といふ順序であつたが、腹が滅茶に空いたので一度に食つちやつてしまつた。それから正午まで作業を続く。口の渇いてる度に冷い氷水を一杯じつと飲み干すときの涼しさ身心の疲れも一度に癒えてしまふ。沁々と水の有難さを感じた。又こんな時でなければこの心持も味はれい《ママ》のである。

七月十四日（金）

一日一句　命あつての物種、畠あつての芋種。

朝から雨が降り続いてゐたので奉仕作業は中止になつた。午前十時学寮では寮生帰省の旅費を出金するのだ。その時刻を皆が楽しみに待つてゐた。そろ〳〵帰省の準備もしなければならぬ。先づ船切符を求めに行つた。昼食後は荷造りだ。実習室なり寝室なりをかけ廻してやつと荷造を終つた。頭も大分疲れた一休でぐつすりと眠る。窓の外に滴く水の音は以外[1]に耳によく聞えた。目の覚めた頃はあたりが少々冷い感じがしたかと思ふと身に寒けを催して来た。これはいけないと早速飛び起きた。六時十五分前だ。熱いお湯に身を温めた。夕食はすゝまず頭に少し痛さを感じたので友人に手を当てられて見ると大分熱があるさうだ。すぐ蒲団の中にも

1　「意外」の誤記。

ぐり込んだ。

七月十五日（土）
一日一句　迷ふ者は道を問はず。

今日は相変らず雨なので奉仕作業も中止することになつた。然し他日に延期するのであるが、寮生だけは永く親のもとから離れてゐたので帰らすことになつた。午前十時一同食堂に集つて帰省を前に校長先生の注意を受ける。孝は百行の（もと）本まづ親に孝なるものは悪人なしといふことを覚らしてくれた。皆歓喜に燃えて帰つて行く。さびしいのは我等遠方の人船の都合で十七日まで待たなければならぬ。学寮は急にさびしくなつたので昼食後は気分が少々悪いので昼寝してゐる所へ、舎監の小使小僧があわたゞしく呼びに来た。何事かと聞けば太つたとてもこわい先生が呼んでゐるさうだ。早速飛び出して行けば只今総督府の情報部から電話がかゝつて来て日支親善の為の写真をとりたいさうだ。まづ感想文を書いた。時は四時過ぎ、写真は明日の九時とることに決めた。

七月十六日（日）
一日一句　やけは貧から、茶は缶子から。

午前九時情報部の写真技師が来た。実習してゐる姿をとるさうだ。最初の二枚は寮生五人と一緒に砂の大小粒を分ける機械に手を廻つてゐる所とコンクリートを円筒形にしたものを秤にかけてゐる所。次は模型室にはいつて橋梁組立の模形の横に立つてゐる姿、測量姿、計算器に夢中なる姿、製図をしてゐる姿、七枚撮つたがその間科長、下川先生は熱心に案をこらした。

何しろ之を新聞とか雑誌に出されるさうで幾分恥しく感じた。然し日支親善の為に少しでも力を果せばこれ以上は望まない。操行が甲になれないでもいゝ。何時かは先生に知られる時で（ママ）来るであらう。今日も行李の整理に大童となつた。いよ〳〵明日は帰省だ。さらば学寮よ。

**七月十七日（月）**

**一日一句　一に掃除二に勤行。**

**特別記事**　帰省―船中生活

眼が覚めたのは六時十分前すぐ行李の片附をやつた。七時四十六分学校前を通過する駅発基隆行の列車に乗る。私の外にもう一人建一[1]の林文彬君がゐた。彼の兄は昭和十二年に電気科を経て今は廈門の無線電信局に務めて[2]ゐる。この外に工業の生徒、二中、師範、高校、女高、の生徒、この外に上海の同文書院の学生が一人、頗る賑やかさを呈じた。船は福建丸、一等、三等の二級に分けてゐる。三等は六円、一等は十八円、学生は二割引、通行税二十銭、三等で丁度五円をとられる。この三等の説備[3]は他の船より上等ださうだ。私の横に同文書院の学生が一人角帽を被つてゐる。彼は上海から支那沿岸をずつと旅行して来たんだ。今度は廈門だ。あのせま苦しい室の中で彼は一人「揚子江」の雑誌[4]を読んでゐた。時々感嘆したやうに隣の者共に上海の復興ぶりを語る。手を使つて表情してゐる点に私はすつかり引かれた。

**七月十八日（火）**

**一日一句　人を呪はば穴二つ。**

夜は次第に明けた。島影一つだに見えない。甲板に立つて深呼吸をする。この船は大分古び

1　「建築科一年」の略。
2　「勤めて」の誤記。
3　「設備」の誤記。
4　『揚子江』は、一九三八年東京の揚子江社により創刊された雑誌。

て来た。速力は八ノツトしか出ない。三隻ばかしの他の船に追越された。その度毎にぷうと汽笛を鳴らして国旗を上げる。そしたら向ふからもこれに応ふやうに汽笛を鳴らす。私はじつと水平線を見つめた。この船はまるで円い池の中に浮んでゐる見たいだ。たゞそれを拡大したやうな感じがする。船室へ這入つて朝食をとる。何時の間にか雨がしと〳〵と降り出してゐた。やがて又止んだ。南支の楽士と言はれる廈門港に這入る。母校の先生や父は迎へに来た。故郷に一年ぶりに足を踏む。雨は降り出してゐる。父よ母よ弟よ久しぶりだつた。私も親孝行をせねばならぬ。父は相変らず温顔にしてにこ〳〵してゐる顔は実に子を思ふ一念に外ならない。

**七月十九日（水）**

**一日一句　親の唾は薬。**

**特別記事**　代数。

見るもの聞くもの幾分変つて来たやうである。平生気付かない一木一草でもこんな長い間の留学から帰つた時は懐かしく思はれる。私は学校を離れる前に香山校長先生は色々と慰めてくれた。「まあ廈門をよく見て来い。」との言葉がある。私は昨晩やつとごう〳〵とあの騒しい船中生活からほつとしたやうにゆつくりと家で安眠することが出来た。今日はうんと廈門市中を廻るのだ。豈はからんや、昨日の雨で今日は一日中続いた。止むなく家に居つて静かに考へる。あゝ一年間の留学毎に父はいつも「やあ大きくなつたな」とさもうるはしくお喜びになつた。然し自分も随分鍛へられて来たやうな気がする。先づ不愉快なのは成績は五番以内に這入つたことはない。そんな自分の頭が悪いかな。いや何時かはとるに違ひない。この暑中にうんと努力する積りだ。

七月二十日（木）

一日一句　人の喜を聞かば喜べ。

特別記事　力学、海水浴

午前八時父と一緒に廈門市政府の要人連へ挨拶に行く。今日は空がからりと晴れたのでうんと廈門市内を廻つて見た。一年ぶりではあるが驚く程復興[1]致し、アスファルト道路の両側に聳える近代建築は気分を高め、周囲四百粁[2]にしかない廈門は華僑の重要な海外発展の港であり、その毎年の送金はおびたゞしい数に上つてゐます。廈門市政府もこれによつて財政を豊かにし現代都市の美観を呈するに至つたのである。故に皇軍[3]の廈門占領は蒋政権破滅に至大な力があります。現在は[4]

七月二十一日（金）

一日一句　向ふ猪には矢もたゝず。

午前十時島田主事へ挨拶に行く。彼は共栄会主事である。共栄会は日支親善の機関であり、且文化の促進機関である。先づ現在の市立小学は総べてその補助を受けてゐる。中に李書記がゐられ彼は本校の卒業生である。私の補助金も共栄会の恩恵を蒙つてゐることは云ふまでもない。島田主事は性温厚にして堂々たる体格を持ち、北京語を実にうまく語つてゐる。彼の紹介で興亜院連絡部の浜田理事にも挨拶することが出来た。おそる〳〵通信簿を出して見せたら「七番か、もつとしつかり勉強せねばならぬな」私は顔が赤くなつて来た。よし、第二学期はうんと頑張らう。雨はざあ〳〵降つてゐる。「さやうなら」島田主事と一緒に連絡部を出た。

1　日本軍が廈門を占領した後、治安がおさまったと宣伝されていた。
2　八月七日の庄司院長の講演では「周囲三十六マイル」となっていて、その数には大きな隔たりがある。現在の廈門市政府の公式発表では二三四キロとされている。
3　日本軍のこと。
4　ここで文が中断している。

七月二十二日(土)

一日一句　門徒物知らず、法華骨なし、禅宗銭なし、浄土情なし。

午前十時共栄会に行く。島田主事は未だ来られませんから、十一時半まで待つてもうすぐ午になるので一先づ家に帰つた。午後二時再び行く。今度は連絡部の理事長に挨拶するんだよ。丁度会議を開いてゐるので二時半まで待つて島田主事の紹介で梅村理事長におそる〳〵と挨拶をして通信簿を出しました。会議室は梅村理事長、浜田理事の外に二人の高高《ママ》な人が囲んでゐました。「四十四の七、成績はいゝ方だな」と理事長はその通信簿を隣の一人に見せる。「何科かね」、「土木科です」「体格はいゝな。然し体操は七十五点さういゝ方でもない。」私は顔が赤くなつて答へる言葉がなかつた。「先生は可愛がつてくれますか」「はいしてくれます」。言葉少なにして退出した。心の中で成績が悪いと度胸がないな、と思つた。

七月二十三日(日)

一日一句　治にゐて乱を忘れず。

特別記事　代数、幾何

午前中は代数、幾何の復習をする。

午前九時母校の旧師林国炎先生を訪問する。彼は温順な性格で現在は在廈居留民会会長に選ばれてゐる。長男は軍部に勤め、次男は廈門無線電台、三男は基隆中学に、四男は台北工業建築科に、長女はお嫁めに行き、次女は基隆女学に、三女は小学校に在学中である。廈門特別市政府の職員の日本語講習は彼の手腕に俟つこと大である。彼は又日本語講習をラヂオから放送して一般市民に便利を与へてゐる。現在廈門の復興工作将久文化工作に彼は重要な役割を占めてゐる。彼は又人格者である。

**七月二十四日(月)**

**一日一句　ごまめの歯軋り。**

朝から少し熱が出て来た。一日寝れば癒るだらう。朝食を簡単にすまして床にはいつた。日はカン〳〵と照つてゐるのに一人室の中にとぢこめて蒲団を被つてゐる。をかしいことには汗が出ない。やつぱり病気だ、と思つたがすでに頭がごん〳〵ふら〳〵する。母さんに頭をあててもらつて驚く勿れ非常に熱いとのことそれぢやいけないといふので蒲団をはずしてタホルで頭と胸を冷した。漸次に頭が静めて来た。熱も減じて来る次第で夕方頃には散歩に起きれた。然しまだ完全に熱は下らない。今晩は少し早く床についた。静かに病因を考へた。食べ過ぎでもなし、腹には工合悪くないし、たゞ熱が出ただけである。あゝさうだ軽い風邪なのだ。

**七月二十五日(火)**

**一日一句　千人の諾々は一士の諤々に如かず。**

**特別記事**　科長と級主任に見舞状を出す。

昨日一日床についたお蔭で気分がさつぱりになつた。熱も下つて平常通り。今日まづ家に居て養生をした。佐藤春夫の文学読本秋冬の巻[1]に目を通す、驚くことには、唐、明、清時代の詩を多く盛つてあつた。時には欧文社[2]の受験旬報に熱中する。私は高工[3]を受ける意志を持つてゐる。然し将来の家庭の情況も合せ考へておかなければならぬので速断は出来ない。唯受験に行く心持で勉強して行き万一の時に備ふのである。午後四時海水浴に行く。既に多数の人が

1　第一書房一九三七年発行。
2　当時受験参考書を多く刊行していた出版社名。旺文社の前身。
3　「高等工業学校」の略。

水と戯れてゐる。やがて英国水兵を乗せたボートがやつて来た。こいつ等も水泳にやつて来たのだ。さぞかし泳ぎがうまいと思つたらさうでもない。日は次第に西に傾けた。頭も疲れたので末の弟を呼び帰つた。もう二人の弟は夢中に泳いでゐる。呼んでも帰つて来ない。

**七月二十六日（水）**

**一日一句　山の兎に値を附ける。**

今朝は弟と一緒に母校に行つた。先生方は朝は生徒と共に全部水泳に行くので私は今日の目的も水泳に行くのだつた。場所は胡里山[1]その名に相応しい競強といふ公衆運動場である。中にはテニス、バレー、バスケツト、競馬場、プール等種々雑多を極め先生方もこのプールに水泳に来たのである。海岸に位置してゐるが故にプールは満潮の中に海水を引き入れてゐる。頗る風変りなプールである。惜しいかな、今朝はプールの水を換へるとのことで水泳に行くことを中止した。仕方がないから廈門公園へ遊びに行く。もはやこの公園は昔日の殷盛な姿を止めてゐない。遊ぶ仲間も影をかくし、市民の体格を向上させる運動道具も廃れてゐる。あゝ国に《ママ》破れて山河あり、然して人間のあわれさよ、汝は知ろ。

1　廈門島南海岸にある丘。

**七月二十七日（木）**

**一日一句　災妖は善政に勝たず。**

午前八時半水泳に行つた。今は満潮時である。清々しい朝の海は波立たず、水は青く澄んで冷い。実に朝の海は気持がよい。人数も次第に増して来た。僕は弟と一行四人である。末の弟が泳げないだけで後は水を自由自在に操つてゐる。夏の運動、むしろ遊ぶに多大の興味を引く時なので水泳は正に一挙両得である。十時頃には身心も疲れて来た。弟はまだ〳〵泳ぎ足らないと思つて呼んでももう暫く、然し末の弟は唇が黒くなつて岩石の上に腰を下してふるへてゐる。僕はをかしくてしかも愛らしい弟なので早速砂浜に坐らせてお日さんに照らせ砂で摩擦してやる。この弟は今年八才、小学二年にはいつて勉強してゐるだが、習つた一学期の本をすら〳〵と暗記してゐる。こつちが顔まけする位だ。

## 七月二十八日（金）

**一日一句　痼癪持の事破り。**

今朝から雨が襲来した。忽ち土砂降りに変つたかと思へば又絹糸降りに変る。霽れるやうにと祈つた。実は今朝は水泳に行く積りだけどどうにもならなかつた。仕方がないから佐藤春夫の文学読本に目を通す。文学は私の無聊を解決してくれた。さうだよき文学は読む人を感激せしめ、無意識の中に文学の力をつけてくれる。よき文学は我々は選ばなければならぬ。

## 七月二十九日（土）

**一日一句　木蔭に臥す者は枝を手折らず。**

午前八時半水泳に行つた。三人の弟は水打際で戯れてゐる。朝の水は冷い、波は立たない。然し空は曇つてゐる。水には二十分ばかり浸してゐると稍寒く感じた。崖の上に腰を下す。波は遠くを眺むれば分らぬが、いや目立たぬが、おしよせて来る潮水は崖にあたつてぱつと沫を上げてどつと引いて行く様は壮快そのものだ。やがて太陽が顔を出しては人隠れた。十一時家に帰つたが、すぐ雨が降り出した。実に不可測な天候の変化である。或時は空が曇つてゐて降るかと思へばなか〳〵降らないし、或時は天清気朗[1]の中に一陣の雲が襲つて来て夕立を落してさつと霽れてしまふ。

### 七月三十日（日）

**一日一句　無いが極楽、知らぬが仏。**

午前十時末の弟をつれて海水浴に行つた。天気は曇りだが、もうなれてゐる。朝の海は相変らず波が静かである。多数の人が泳いでゐるのでちつともさびしくはない。近頃に海が好きになつて来た。見渡す限り広々とした海の中に小さな自分を考へた時その差はあまりにも大きかつたではないか。絶えず自己を練磨せねばならぬ。希望は持てれば持てる程大きいのを選ばねばならぬ。

### 七月三十一日（月）

**一日一句　烏賊の甲より年の功。**

午前十時弟と黒犬一匹をつれて水泳に行く。近頃はもうこの道は歩き馴れてゐる、十分も立たぬ中にすぐ海水浴場につく。犬は泳ぐことは遅いが、泳げない人よりは増しだ。弟は近頃すつかり泳げるやうになつた。やつぱり海に恵まれてゐる人は幸福だな。夏は水泳が唯一の楽しみである。知らず〳〵の中に身体の運動となる。これよりいゝ運動はまづないと思ふ。汗の出る心配もいらぬ。水の中で自由自在に運動をする。実に夏は最も魅力のあるのは何と言つても海だ。

1　雲一つない天気のことだが、中国語にも日本語にも「天清気朗」という句はなく、「天気晴朗」と混同している。

## 八月一日（火）

**一日一句　気で気を病む。**

午前十時旭瀛書院に集合、母校の校長を始め教師十名帰省学生合計二十一名と共に水交路[1]を遠足し南普陀[2]について昼飯をとつた。一行は一人の早稲田大学生の外に皆中学生である。昼飯は母校が出してくれた。坊さんの料理[3]を頬張つて食つた。それから記念写真を撮つて解散私は師と共に胡里山海水浴場[4]に行つた。この海水浴場は今日始めて公開になつたのである。経営者は松金食堂二間の竹あみ屋の左側に小さく一間を立てて皇軍無料休憩所と看板を記してゐる。泳いでゐるのは女子の方が多くそれもそのはず男子の方はそんな閑のあらうわけではない。時は一時頃、太陽は強い光線をなげてゐる。

1　廈門市内の通りの名。
2　唐代創建の廈門市内にある仏教寺院。
3　南普陀に参詣した人に供する精進料理。
4　日本軍が占領していたため、それまでは一般の人に公開されていなかった。

## 八月二日（水）

**一日一句　身をつみて人の痛さを知れ。**

**特別記事**　四日、午後三時旭瀛書院に集合。七日、皇軍戦没勇士の墓参拝。十日、日台居留民墓参拝。十二日、金門旅行。十四日、名士の講演を聞く。

午前は読書、午後一時半頃に水泳に行き、一刻も身心の鍛練にお怠り《ママ》がない。丁度満潮なので多数の人が真黒な肌をあらはして水と戯れてゐる。我等はいつも兄弟一行四人、今日は末の弟（八歳）も泳げるやうになつた。ぱしや〳〵波打際で砂を掘つて遊んでゐる人もあれば飛込の稽古をしてゐる人もあり、さては思ひ切つて遠く沖まで泳いで行く勇敢な人もゐる。この海水浴場地形に恵まれて周囲は高い山に繁茂せる森に囲まれ、花崗岩質の岩が片側にうき上つて天然の飛込台をなしてゐる。幾ら泳いでもきつくは感じない。いや人間があまり多数なので度胸も出て来たかも知れない。一寸寒く感ずれば熱砂の上に天日に身体をさらす、何と悠暢たる気分よ。

**八月三日(木)**　空白

**八月四日(金)**

**一日一句　膾は酢で食へ男は気で食へ。**

**特別記事**　七日、講演。八日、見学。九日、観日台。十日、金門島。十一、十二、墓地清掃。十三、共励会。十四、講演。

午後三時三十分旭瀛書院に集る、既に多数の学生が門の所で名前を名簿に記入してゐる、今日は帰省学生大会が開かれるのだ。三時に三階の礼堂にはいつて皇居遥拝、戦歿勇士の黙祷、青少年学徒に賜りたる勅語の奉読、主裁者[1]の訓話、総領事の訓話、来賓の訓話、学生感想の報告、行事の決定、以上非常に盛況裏に終つた。続いて一同記念写真を撮り茶話会があつた。

1　「主催者」の誤記。

**八月五日(土)**

**一日一句　どん栗の丈比べ。**

朝は割合に涼しくて好きな読書に費した。午後二時頃電四[1]の陳国忠君を誘つて海水浴に行く。彼は先日兄貴と一緒に香港の旅行から帰つて来た。もとは私と小学が同級だつたので仲は頗るよかつたのである。その後事変の為に私は一年休学することになり、現在は彼が一年上である。家は台北にあるんだが、父親が廈門で商売をしてゐるので彼は暑中休暇を廈門で過すこ

1　「電気科四年」の略。

とにした。現在の実習は廈門福大公司の電気部ださうだ。福大公司は本店は台北にあり、言へば此処は支店見たいなのだ。その経営事業は水道、電燈、自動車《タクシー》、バス、市民の需要にぴつたり合つてゐる。

**八月六日(日)**　空白

**八月七日(月)**

**一日一句　理を以て非に落ちる。**

午後三時旭瀛書院に於て名士の講演があつた。庄司院長は廈門の一般事情に就いてお話、その内容は簡単に申せば、廈門は周囲僅かに三十六マイル、西南に共同租界たる周囲三マイルの鼓浪嶼を控へ、地形は概して山地が花崗岩質の山地で繁華な廈門市街の外に多数の部落がちらばり全島で人口三十万と称せられてゐる。事変前は幼稚園は七園小学は八十三校、中学二十二校、大学一校で学校は頗る多いが、中学は省立が一間[1]だけ、で後は皆華僑の金融で私立されてゐる。基隆からは二百二十マイル、高雄からは百六十マイル離れてゐる。廈門が外国と取引されたのは随分古く十六世紀頃に既にオランダ人と貿易して居つたが、開港場として発達したのは西紀一八四二年南京条約によつて現在に及んでゐる。

1　中国語または福建語で、「一校」の意味。

**八月八日(火)**

**一日一句　人を見て法を説け。**

午前十時帰省学生一行七十余名と共に廈門戦績[1]を見学する。バス三台に分乗して胡里山砲

1　「戦跡」の誤記。

台に向ふ。口径三十六糎砲一門、二十八糎一門、そのどつしりとした巨躯に先づ驚く。砲台はトーチカ[2]を拡大したやうな形をして頗る堅固と見えて大した弾痕は見当らない。五通に向ふ。敵前上陸は五通海岸[3]だつたさうだ、戦溝防空溝戦車溝が階段状に配され、トーチカは二三百米おきに一個位配されてゐる。五通駐屯の沢田部隊長のお話を聞くと随分激戦だつた跡が偲ばれる。此処から二千米の所に大陸が手にとるやうに見られ、右側には金門島が横たへてゐる。明後日は金門島を見学する予定だつた。

2　コンクリートなどで堅固につくったとりで。

3　厦門島東北部に位置する海岸。

**八月九日（水）**

**一日一句　実の成る木は花より知れる。**

今日は廈門最高の山観日台に登山する予定だつたが、脚をけがしたので止めることにした。観日台はその名の示す通り、朝早い中であれば日の出が手にとるやうに見えられ、実に豪壮そのものだが、廈門を中心として周囲の山々も見えらる。二回ばかり登つたことがある。海抜千米位で花崗岩質なので登り易い、小学時代はよく水晶を採取に行つたものだ。

**八月十日（木）〜八月三十一日（木）**　記載なし

**九月一日（金）**

**一日一句　井の中の蛙大海を知らず。**

午前六時私の乗る香港丸は基隆港に入港午前九時水上警察に呼ばれて人々を尻目に先に荷物をさげて蒸気船に乗つて上陸した。先づ荷物に早く検査をすませた。王雲五大辞典[1]を一冊

1　中国語の辞書で、一九三〇年に商務印書館により出版された。

とり上げられた。早速水上署に這入つて何事かと待つてゐると、自分の渡日証明書がとり上げられたさうである。その人はたゞ待てと言つて一時間待つても来ません。結局署長に数回呼ばれたことがあつて顔も覚えられたらしく、「まあ学生だから渡して####」と言ひわけをしてくれたのでとう〳〵無事に上陸といふ印を貰つて十時五十分発台北行八猪乗換の汽車に一時間もかゝつて台北着、正午一寸過ぎ学寮着、基隆から台北までの費用は六十銭なり。

九月二日(土)

一日一句　人が増せば水を増す。

今日から正式授業に這入る。三十五分授業だ。帰寮して間もないので身心共疲れが癒えてないので授業の時は頭がごんと鳴る。四時間の体操は金棒をやらされたら大変だと心配して居つたが幸ひ、体操は何もやらずに金棒の砂場の掘り返しと三段飛びの砂場を掘返した。今晩は外出十時まで許可されたので夕飯後早く、お土産、豚肉でんぶ一缶、果物(草仙査)缶詰一缶を保証人の家に差上げる。陳君は船で風をひいたさうで昨晩は熱が四十何度もあつたさうである。今日も学校を休んだ。思ふに自分は千里も故郷を離れて勉強に来てゐるのだから体を大切にするは勿論、飲食物にも注意をせねばならない。

九月三日(日)

一日一句　鹿を逐ふ猟師山を見ず。

家を考へれば考へるほど懐しくなり、最親に孝行を尽して来たらいゝなと今更の如くくゆる。父さんよ母さんよ安心して下さい。私は必ず立派な身体に鍛練して帰ります。午前中は手紙を書くのに色々と頭を悩ました。それは世の中がうるさくなつて来たからだ。今日は一寸ひまでも復習しようと思つてゐるが、事実はまだ疲れが癒えてないので思ふ通りに出来なかつた。然し無意義にすごしたとは考へられない。今晩の自習の時間に李大強さんから風薬りを貰つた。まづ友はこういふのでなければならない。自習二時間は勅諭の読み方を研究した。今晩は頑張らうと思つてゐるが、鼻水が出てまづ体を完全に健康状態になつてから勉強開始しよう。

**九月四日(月)**

**一日一句　一程、二金、三きれう。**

今朝の朝礼に校長先生曰く、欧州は今まで外交によつて平和を維持して来たが、はからずも、例へば物も腫れば膿が出る、現在は新聞にも報道した通り戦争状態にはいつてゐる。これについて日本の立場も簡単でないから諸君はしつかりとふんどしをしめよ。国語のダルマさんが云ふ、欧州はだん／＼面白くなつて来た。白色と白色が戦つて皆死んだ方がいゝ。学校の先生ていやだな、やめてくれれば俺は海賊になるからお前達を高い月給で子分にしてやらう。さう云ふ我々も祖先は実際海賊であつた。昔倭寇と云はれてゐるのがそれだ。』《ママ》明日は広東の女教員団が本校を見学に来るから美化作業は云ふまでもなく、我々の如きは、授業の製図の三時間を作業につくし別又合同的に一時間の作業をして身体極めて疲れり。

**九月五日(火)**

**一日一句　飽くを知らぬ鷹は爪を割く。**

午前十時より約一時間広東の初等教育の女教員団が一行六十七名本校を見学に来ると云ふの

で昨日来、校内を整頓して来たのであるが、今日は三年以上は科の方へ行つて特に実習してゐる所を見せようとしてゐる。生徒は冷かすし、先生はなめるし、然し私は黙つてゐる。今晩七時三十分営門を発して台北部隊の一部が出征するといふので七時までに三井物産の赤ポストに集合するといふことになつた。私は家から持つて来た皮靴を今晩始めてはいつて《ママ》見た。靴下もはいつたので実によく足に合ふ。はけないと困るな、と家から心配して来たが、先づ安心が出来た。友達は「ひゝ——」となめて来る。私は相手にしない。帰りは山田洋服店へ行つて布をこつちから出して制服一着製つて貰へば三円五十銭ださうだ。

**九月六日（水）**

**一日一句　仇は恩で報ぜよ。**

今朝の朝礼に校長先生が感慨深げにかう語つた。昨日は広東の女教員団八名本校を見学に来たがその帰りのお礼にかう云はれた。「かくもいそがしい所を見せて貰つて実に感謝に絶えない」此処はまづ定つた言葉として次に言ふのが非常に心を打たれた所がある。「こんなよく整備した学校をむしろ我々は羨しく思つてゐるが帰つたら今度の視察から得た体験を広東の教育につくす積りである」と何と彼の女《ヲンナ》ながら雄々しくではないか、彼の女教員団は女学校或は師範学校を出た程度であるが如何に彼の女《ヲンナ》が東亜といふ問題に熱心なることが分らう。ひよつとしたら我々がだらしのない生活をしたら、指導者があべこべに指導されるかも知れない。此れはよくあることであるから諸氏は深く考へなければならない。

## 九月七日(木)

**一日一句　習はぬ経は読めぬ。**

家を離れてから早や一週間となりぬ、友トプレイグラウンドニ坐ツテ僅かの無聊を慰め合ふ、教練はといへばいやだが、彼も人我も人やれば敗けるはずはない。先づ熱心にやつた。そしたらとても気持爽快になつて教練もすきになつた。三十五分授業であるから七時限は午後一時四十分ニ終る。それ以後部の練習に行く。私はバスケツト部なので下手くそに奮発しないので益々目立ツ。心身の鍛練だと思へば選手に出ないでもよし、熱心に運動すればよい。げに言ふ我を忘れてゐることが大切だ、我といふことを考へれば利己主義になり易い。空は泣きそう、我も身の疲れは未だ癒えない、無理に試合をして而も大雨の中で全身ずぶぬれになる。然し汗が出てゐるので洗ひさられる如く涼しい。

## 九月八日(金)

**一日一句　思ふ事寝言**

英語の先生も今日は冗談を言はずにまじめになつた。作文の時間は自己の文雅の狭いのを気にかゝる。体操は日本国民体操[1]と名称のつく一般向のをやつた。その外に一回やればみつしよりと汗のかく青年向の体操ともう一つ女子青年向の体操があるとのこと。此は今般指定された体操であつてほゞこれで定るとのことだ。挙動は今日のやるのは始めてで十四からなつてゐる。成程気持よく出来てゐる。製図の時間に隣の席へ見に行つてゐる瞬間戻つた時は物指がなくなつてゐる。若し誰か借りて行くとすれば放課の時は還すのが本当だが一向還して来ない。始めて級中の疑ひを抱くことになつた。ひよつとしたらとられてゐるかも知れない、然し何と

1　厚生省が国民の資質錬成を目的として、一九三九年七月に制定した体操。「大日本体操」「国民体操」とも呼んだ

人を馬鹿にすることよ。

**九月九日（土）**

**一日一句　重箱で味噌は摺れぬ。**

午前中から雨が降り続いたので課外運動は中止。体操の時間は休暇中キャンプに行つてゐる人、本級は五人あつた。佐藤、島野、古葉君の報告であまり滑稽すぎたので皆腹を抱へて笑つた。明日は本校の成立記念日なのでその行事として体位向上を測るべく、各種運動の対抗試合を月曜行ふことに決めた。一人一種目なので殆ど全級が出ることになる。私は籠球部にはいつてゐるので運動もそれと決つたわけである。今晩は外出十時半まで夕食後林文彬君を誘つてニュース映画を見に行つた。頗る多数の人が押しかけてゐる。それは欧州に展開してゐる大戦を見たいのである。成程科学兵器の力は偉大だが果して人類を滅亡に使ふのは何といふ愚策であらう。これを人類福祉の為に貢献したらどうかと思ふ。

**九月十日（日）**

**一日一句　人の花は赤い。**

今日は本校開校記念日、午前八時講堂に於て式あり、続いて勤続二十年、十年の各二名の先生に表彰する。式後は各級対抗試合の優勝カツプ返還、台湾神社参拝、ラツパ隊とクラスバンド《ママ》を交互に演奏する。一大盛観である。午後は野球対抗試合の一部を行つた。私は昼食後眼がとぢさう程に眠たいので昼寝をとつた。起きてすぐ手紙を書いた。今晩は勉強しようと張り切つてゐるが自習が一時間で終つたので、がつかりした。おまけ今晩はどうしたのか私の机の上の電球のタングステン線がきれて光がつかなかつたので一時間も暗い中で勉強した。精神は眠たくないが、眠[1]はやはりきついらしく開けるにもいやである、今晩はうんと休養しよう。

1 「眼」の誤記。

**九月十一日(月)**

**一日一句　天道人を殺さず。**

今日は体位向上をはかるべく各部運動の試合があつた。午前八時体操服にて裏校庭に朝礼をなす。それより前私は近藤先生に呼ばれてコートに石灰線を引いた。建国体操を持つて[1]準備運動をなし一斉に試合につく。私はバスケツト部に出ることになり同級からも森山君が出る。各科対抗なので五年は三人出すことになつてゐるが、一人は一種目に限定してゐるので五年生は三人とも他の種目に出てゐるのでばれて大騒ぎとり《ママ》、相手の応化もさうなので先生に呼ばれて叱られ、仕方なく土木科は他の人をさがすなりあわてて法則を知らぬ人ばかり呼んで来たので前半は一〇対〇で敗けがつかりして終りかと思つて選手は逃げ帰つたので又もや先生に叱られてとにかく今日は大のしくじりをした。これでも選手の度胸をまして来た。

1 「以て」の誤記。

**九月十二日(火)**

**一日一句　初物を食へば七十五日長命する。**

午後一時半より学校長は総督府に出かけて全島百二十四校に下賜せらる青少年学徒に下し奉りたる勅語謄写本の拝授をなし、本校教官生徒一同講堂に静坐してその帰りたるを待ちて静粛裡に厳として拝授式を行つた。校長の訓話はふるへてゐる。放課後は直ちに籠球の練習をした。足は非常に痛いが我慢した。練習する人は少ないが、体格向上であるから人数の多少に拘らず運動し得るのである。運動すると自習時間は少し眠むたいが、それは疑似であつて却つて体の都合がよく食事はよく消化し病魔を追ひ払へるのである。勉強は経済的方法をとつて頭に残らぬ又は不用な暗記は避けねばならない。健全なる精神は健全なる身体に宿る、人間は百五十歳まで生きられるのである。

**九月十三日（水）**

**一日一句　千の蔵より子は宝。**

今日は乃木祭[1]にして司法保護記念日である。午前八時十分機械科一年は全校を代表して三板橋の乃木大将の墓をお参りする。放課後は籠球の練習をしたが、足の踵がはれてゐるのでランリングシユート《ママ》はやらなかつた。近藤先生は久しぶりに来てゐる。今晩は公会堂に於て講演と映画の催しがあるので外出は十一時まで許可することになつたので今日廈門から帰校すべく基隆入港の序に台北に止つた早稲田と日大の二先輩を訪問すべく毛志隆さんを始め、一行五人は七時五分前バスに乗つて早稲田側の止る新富町に行つた。日大の李志剛さんを訪問するのが目的だがどうも二人が一緒に宿らなかつたので合へ《ママ》なかつた。帰りは公会堂によつたが外側に生徒が一杯うようよしてゐるので何かと聞けば招待券がないので入れないさうだ。

1　一九一二年、明治天皇の大葬の日に殉死した乃木希典を記念する祭り。

**九月十四日（木）**

**一日一句　藻に棲む虫の我から招く。**

足の踵の痛みがまだ癒らぬので、積極的運動はやれなかつた。先般急に遺失した物指は今日の製図の終りに尾上秀夫の手から渡された。ひよつとしてまた新しいのを買はうとしたが、我慢したのがよかつた。一本が四十銭といふのだから実に何と貨幣の無価値を物語ることよ。放課後は直ちにバスケツトの練習をして約四十分でやめた。その後十分立たずに雨が降りだした。眠たくてならないので六時五分前まで一気に睡眠をとつた。今日はつぐ〳〵陸士[1]に憧れた。或は一生の夢に終るかも知れないが人生は果してそんな不遇であらうか、最善の努力と希望に打ち克つのが大切である。自習二時間は受験旬報に無念だつた。未来の活躍を夢見てゐる。我は身を投げて国家に報ずる意志あり。

1 「陸軍士官学校」の略。

**九月十五日（金）**

**一日一句　老いたるを父母とせよ。**

放課後の籠球の練習は足首が腫れて未だ快癒せないので見学することに決したが、はからずも近藤先生がやつて来たので止むなく我慢して練習した。体の都合は誠によいが走れないのが大なる障害である。先生は二年の初心者を教へてゐるので楽にやることが出来た。極端な無理は避けることに決めた。試合もガードの方を選んだ、二三日走らないだけで今日一寸走つただけで踉はすぐ痛く、感ずるやうになつた。運動はすべて続いてやるのが最も効果的であることを発見した。これを学課の方面にあてはめることも出来る、例ば近頃は気の向いた時は十一時まで英文法をやるが向かないときは開けるのもいやだといふ始末、これは最も骨を折つて不遇だと言はねばならぬ。すべからく少しでいゝから続いてやるやうに。

**九月十六日（土）**

**一日一句　履新しと雖も冠とならず。**

**特別記事**　今日の射撃大会　工業優勝

跟がとてもだるくて階段を上下するにもあやふやである。第四時間は体操なので走らせては大へんだと恐れてゐたが果して走らせた。我慢した。五時限は課外運動大日本体操の一般向きを二回繰返してそれから徐走を始めようとする時に倒れさうになつた。早速バスケツト部に走つてバスケツトを練習するのがより益しだ。ランニングシュートだけは止めた。怠けるでなくて実は足が痛いのだ。サルメチールを必死にぬつたが効果は遅々たるものである。今晩は外出十時半まで許可されてゐるが、出る場所もないし、それに足も痛いので葉書を書いて校前のポストに出しただけである。今晩は李さんと有益な談話をかはした。私も方針は決つた。李さん有難う。

**九月十七日（日）**

**一日一句**　**雨降つて地固まる。**

**特別記事**　午前十時頃約十分水泳をとる。

午前中は代数と幾何の復習をやつた。昼食後は眠くなつたので昼寝をとつたが、目の覚めた時は大雨が降つてゐたのではつと蒲団を干してゐるのを思ひ出して吃驚して飛び起きた。折しも王泉忠君がはいつて来たので蒲団は彼が室の廊下にとり入れたさうである。これで大助かりで感謝を表すと共にかけ下りて蒲団を持ち上つた。幸一滴も雨にぬれなかつた。時間を尋ねば三時四十分寝すぎただとさとして起き上つた。顔を洗つて机に向ふ。測量学に眼を向けた。私も昨晩の決心でいよ〳〵精を出して専門学科を研究することに決めた。これには教科書が基底となつてゐるのでそれを熟読玩味して研究を益々深くすべきである。これによつて私は自分が幸福であることを感じた。

**九月十八日（月）**

**一日一句　世間は広いやうで狭いもの。**

武道で大分頑張つたがやはり胆が養はれてゐない。今も少し大胆素直にやるべきである。放課後は直ちに美化作業をやり、三十五分で終つた。自治会があるので一同製図室に集つて協議する、実際級長だけがまじめになつて外の生徒は遊び半分である。今日分けた部報[1]八月下旬号に夏休み前七月十六日に総督府情報部から日支親善の為にとつた実習姿の写真が一枚出てゐた。それから私の感想文も出て実に私を恥かしめた。一番癪にさはるのは李文福でいらんことをしやべつてゐやがる。生意気だ。今晩は第三種の防空演習即ち燈火管制を行つた、それが丁度自習時間に当つてゐるので室を密閉して空気はすこぶる汚濁したので眠気がしてならない。

1　台湾総督府臨時情報部が、一九三七年九月から発行した旬報。

**九月十九日（火）**

**一日一句　武士は相見互見。**

国語のダルマさんはよく冗談や雑談を言ふので生徒から親しまれてゐる。今日も軍機物語[1]の恋愛の一節を紹介して貰つた。生徒はにや〳〵と笑ひながら先生はうれしさうに語つてゐる。教練の時間は斥候の動作をやつた。斥候は軍の耳目となりて敵情や地形を探知し速かに上官に報告をなすものなり、と教練必携前篇術科之部[2]に書いてある。私の銃といつても実は六人の共有であるが今日取り出して見たところ、ネヂがなくなつてゐるのを発見した、私は青くなつてこれを先生に知らせるか知らせるまいか、随分苦心したが遂にこれを知らせた、尾崎

1　「軍記物語」の誤記。

2　陸軍省徴募課編『学校教練必携術科之部』前篇、帝国在郷軍人会本部一九三三年発行。

教官はにこ/\して小父さんからネヂがあるかないかはましてママもらひなさい。私はほつと一安心した。

**九月二十日(水)**

**一日一句　大声は俚耳に入らず。**

**特別記事**　野外教練　手榴弾のなげ方

午前八時半までに幸町広場に集合すべく校内を出ようとする時先頭に歩いてゐる十数人の寮生が引き帰つたので何かと聞けば教練教官室前に集合せよとのこと。然し乍ら集るのは学寮生だけで通学生の顔は一人も見えない。さては銃をかせげ[1]とも命ぜらるかなと愚問を抱いてゐる時にこらお前は近藤先生から旗を持つて来い、お前は大きい巻尺、お前はバレーボールを六つ位　もう一人ついて行け、そのもう一人といふのは私だ。いよいよ変だと思つてその通りにやつて来ると、今度始めて幸町広場に集合、他の人に命じて植物園のとこに集つてゐる通学生を呼んで来るらしく暫くして続々やつて来た。それは昨日朝会に言ふ集合場所で後に幸町広場と変行[2]したのを知らならしかつたママ。主として体力検査に処すべくその基楚的訓練を受けた。

**九月二十一日(木)**

**一日一句　人を呪はゞ穴二つ。**

教練は体操に変つてゐる。それは無理もないこと今度の査閲は主として体力検査を見ることと、厚生省では体力賞を体力検査に合格する十五才から二十五才までの青年にやる刺激である。教官は尾崎先生が受持だが大川先生がえらさうに裸になつて体操を教へる。土嚢かつぎ五十米

1　「かつげ」のことか。

2　「変更」の誤記。

疾走、走り幅飛び四米以上さんざんやらされてその威力にはまゐる。それに奮発して一級を貰ふ心持で体力の練磨に精を出した。不得手だと思はれてゐる幅飛びに全力を傾中する、籠球の練習後には更に物足りぬと思つて水泳をやつてやつと体力を出したやうな気がする。この数日は自分の写真が部報に出てゐるので気分が悪くてならない。それは生徒から常に軽蔑の目で見られてゐるのである。然し私は私の勉強に何も障りはない。

**九月二十二日（金）**

**一日一句　病を知れば癒ゆるに近し。**

英語の森口先生は実に心臓が弱いらしい。いや実力がないかも知れない、何しろ学校を出たばかりのがりがりであるから恐らくは教練に上つたのは始めてだらう。学校時代には大して有名でなかつたらしい。これぢや教はれる人は可憐さうだ。一時間中に結局何を習つたか分らない。体操はやはり金棒に一種の恐怖さを抱かせざるを得ない、それよりも最真実に苦心したのは如何にして腕を太くするかである。放課後は足はだるいが此処で見学をしたらだらしがないと思つて我慢してやつた所、実に調子がよく、私の予想を打拆いた[1]。少々の疲労は誰しも感ずることであるから其処を辛抱して行くことが或は技の上達の秘こつ[2]とも称すべくであらう。とにかく熟練が物を言ふ時代なのだ。

1 「打砕いた」の誤記か。
2 「秘訣」の誤記か。

**九月二十三日（土）**

**一日一句　怒つて乳を呑ますな。**

金棒に恐怖心を抱いてゐる私は今日体操で三百米走つて懸垂が六回も出来たのでやつと安心

した。五回以上で殆ど全部が出来たので体操先生も喜んで汝は体力ありとすぐ休憩を与へてくれた。つぎは課外運動、二年以下は運動場、三年以上は校外約二千米の距離を徐走した。前者は十三分、後者は凸凹な砂利道の為十五分かゝつた。然し私は尚馬力がありすぎつた(ママ)ので、昼食後は一人でに幅飛[1]の練習、五時半頃からは陸上部員と松山までまらそんをやつたので足は頗る痛めた。今晩は滑稽至極時間の観念に引きづられて走つたり問句[2]をこぼしたりして一行五人は松山からタクシーに乗つて帰つた。五十銭を浪費したのが何より惜しかつた。再びこんなことはくりかへすまい。

1 「幅跳び」の誤記。十月十八日にも同様の表記が見られる。
2 「文句」の誤記。十二月十九日にも同様の表記が見られる。

**九月二十四日(日)**

**一日一句　いわし網で鯨の大功。**

午前中は赤尾氏の英語単語熟語[1]の綜合的研究に没頭して、十時頃に一先づ休んだ。頭は急に錯綜として腹も空つて来たので弁当を食つた。まだ／＼食ひたいのである。然し正午は飯のないことを覚悟せねばならぬ。腹もどうにか飢を満したが瞼がだるくなつたので新聞を暫く観めて十一時頃に約一時間の予定で正午のサイレンの合図に起きようとしたが、私の目のさめた頃は今に変りなく寝る前と同じく庭球のラケットに打たれる音と戯れる生徒の声がはつきりと聞えてゐる。サイレンがならぬかなと思つて起きたが驚く勿れ二時頃だ。慌てて手紙を書いて家に送るべくポストにそれをなげ込んだ時は実にほつとしたやうな気がした。今晩の自習二時間は広東に奮戦する台湾軍に送る慰問文を書いた。

1 赤尾好夫氏の欧文社が一九三五年に発刊した『英語基本単語熟語集』のこと。

## 九月二十五日（月）

### 一日一句　知る者は言はず言ふ者は知らず。

今日から平常通りの五十分授業に這入る。学課の方はまだいゝが、柔道は疲い[1]のが何より時間の遅いのを感じた。どうにかこうにか我慢をして技術を磨いて行く。やはり注意深い態度と度胸とが必要なることを切実に感じた。英作は実に空費である。自分で自習する方が森口教授よりは余程分ると思ふ。美化作業の終へるや空いた腹に分けたばかりの間食をつめこむ実に美味い。風呂に這入り夕食の時は格別にうまい。然し大食はつゝしまればママならぬので九合目に食ふのが常であつた。自習は七時半から始まるので何となく遅い感じがする。それは無理もない今までは七時始りのだ。その間自習までの約半時間に林英雄君から借りた中支の風画写真に見とれてすつかり懐しくてならなかつた。

1　「辛い」の意か。あるいは「疲れた」の意か。

## 九月二十六日（火）

### 一日一句　蜘蛛のいに馬を繋ぐが如し。

学課に趣味ありやなきや要するにその熱心さがおそらくは九十％を占めるであらう。若し汝がいやな学課いや難しいと思はれる学課があればその学課の時間前に必ず理解するや否やに拘はらず復習を怠らずやつて行き、そは汝を理解に導く唯一の方法である。それは何よりも根気が必要と自然的刺激も必須であらうが要は自己の精神だ。この精神といふのは自己の希望や理想の確固たるをさす。今日やかましく受動的な精神修養とはまるで無縁である。三年以下は七時間授業なので帰つてすぐ風呂に這いつてよしとのこと、今日始めてきれいな風呂に這いることが出来た。李さんは八時間の授業はたまらぬと云つてふら／＼するさうだ。それは彼があまり夜遅くまで研究をつゞけた為エネルギーを消耗したにすぎない。

九月二十七日(水)

一日一句　花は盛りに月は隈なきをのみ見るものかは。

特別記事　月見。

楽しみにしてゐる八月十五夜は来た。家では中秋月餅を頂くのだが、学寮ではザボン一個、芋三つ、すしだんごを頂く。今朝の新聞は明月なしと断定されたので聊か無聊も感じたが何しろ月はいつも見てゐるので珍としない、それよりも食ひ物が一杯貰へるのが何よりの楽しみである。然しまんまるい月は雲間から現はしてゐた。一人じつと観めて何事かを思案しようとしたが、面白みがないのでとぼ/\と室に戻つて食ひ物を味はつた。今晩はうんと今までにない程一杯腹につめた。然し乍ら一杯だつたとは言へない。それは今日の放課後はよく運動したので腹が大分空つぽになつてゐるのだ。北岸部隊[1]を読む程度で今晩は大した勉強しなかつた。あまり食ひ物に念が走つてゐるからだ。

九月二十八日(木)

一日一句　病膏肓（かうくわう）に入る。

教練の時間は大分へたばつた。あまり気が引きしまつてゐないせいであらう。七時限から合同体操の練習あり、放課後は籠球の練習してラグビー部員から試合申し込みがあつたので出てやつたが向ふはラグビー式こつちはへたくそだから規則もそつち除けで大格闘をやつたので大分身体も疲れた。然し二点位勝つたので部員の名を恥かしめなかつた。今晩の自習時間は毛さ

1　林芙美子の従軍記録『北岸部隊』。中央公論社一九三九年発行。

んから面白い国支那[1]を見せて貰つてすつかり感心しちまつた。十二時まで大略を見た。やはり支那は偉いなと思つた、悠久五千年に鍛へられて来ただけあつて包含容が廣い。孜々として自立して行く。野心もなければ虚栄心もない。天を相手とし自然を友とする。あゝ懐しの故国支那。支那は永久に滅びないであらう。私は支那の一分子なのだ。

1　後藤朝太郎作『面白い国支那』。高陽書院一九三八年発行。

**九月二十九日(金)**

**一日一句　味噌の味噌臭きは上味噌ならず。**

午前は普通の通り学課の勉強をしたが、午後からは体育演習会の予行演習があつた。但し国体競技の極く簡単なのをやつただけでたゞ動作になれさせるのが目的であつた。三時頃に終つたが四五年は残つて準備をした。競技は記録破りには賞品がある。籠球の練習をしたが何より不愉快なのは佐伯の馬鹿野郎である、私を支那人と思つて馬鹿にされてゐる。畜生、然し奴が居るからと云つて決して恐れることも何もない。私は身体の鍛練が目的なのだ。今は相手になれないが、お前のやう《ママ》野蛮は相手にしないのだ。塵まみれに走つて充分に運動をして止めた。五時十五分風呂に這入つた。一歩先這入つたので風呂の湯は実にきれいだつた。さつぱりと洗つて書物に熱中する。又楽しからずや。

**九月三十日(土)**

**一日一句　仁者は命長し。**

**特別記事**　体育演習会。

午前八時裏校庭に集合、国旗掲揚、応科より優勝カツプ返還、楽しみにしてゐた運動会は始まる。私は何にも出されてゐないので人の奮闘をさながら自分がやつてる見たいに夢境に這入る。随分足の早い人も居つた。よし俺も一つ鍛へてから陸上部に這つて《ママ》華々しく活躍しようと云ふ心持も起つて来る。然し之は夢言でない、努力次第である。やれば記録を破るやうなことがあるかも知れない。それは今日からでもいゝから毎日少しづゝやつて行けばいゝのだ。やらぬのが最もいけない。天気は曇つてゐて少々寒いが、バスケツトをやつと《ママ》ので一日中体中は暖かつた。これで大分助かつた。でなければ七時間を体操服でゐちやたまらぬ。私の最も心配してゐるのは腕が力がないのだ。いやないのでなくそれを蔵して活躍しないのでまだその真価は見とめられなかつた。

## 十月一日(日)

**一日一句　時の花をかざしにせよ。**

**特別記事**　興亜記念日[1]。

今日は興亜記念日、昨日の校長の訓話のやうに七時以前にすべてが起床すべし、今日は丁度日曜に当るので、各自が家で定められた行事を行ふとのことである。それはその行事を印刷した紙が家に分けてあるとのことである。学寮は午前中大掃除をした、日光消毒も今日の曇天には手がつけられない。渡辺先生は哲学者で、神経過敏で話には何となく聞きぬるくて可笑しくなる。時々糸のやうな雨が風に吹かれて斜に降つて来る、吹く風も寒い気がしてならない。昼食時は非常に腹が空つて来たが、八合目に来た。まだ〳〵食ひたかつたが、外の人も食ひたからう。昼食後は瞼がだるくて眠むたかつたので二時半位昼寝をとり、家に手紙を書いた。ほつと目的を果した如くに安堵の息をつく。

1　「興亜奉公日」の誤り。一九三九年九月国民精神総動員の一環として、政府は毎月一日を興亜奉公日と決めた。「興亜記念日」は、一九三七年七月七日の「支那事変」開始を記念して制定され、一九三九年七月を第一回記念日とした。

**十月二日（月）**

**一日一句　内に居る時は蛤貝、外に出た時は蜆貝。**

武道の時間はあまり絞技に気をとられたので掛技に無頓着であつた。今少しおちついてやれば上達するだらうと思ふ。放課後は美化作業があつたので五時半に帰つたが、すぐ籠球の練習をやつた。佐伯の馬鹿野郎は自分がへたくそのくせに人を叱り飛ばすばかりしてえらさうにしてゐる。大体あゝいふ不徳の人がキヤプテンになるから部は堕落するのである。第一に彼は身体にないも《ママ》故障がないのに学校の体操の時間は見学をし、家が基隆にあるに拘はらず、夜遅くまで悪党と覚しきもの共と町をぶら〳〵してゐる。それを私は実際に見て居り且友人の話を聞いたので間違のないことである。いつも私を馬鹿にしてゐるので尚更不愉快でならない。

**十月三日（火）**

**一日一句　河童の河流れ。**

今日は級主任は欠席、昨日テニスの試合をやつたせいだらう。かくして身体の弱い人は人並に働けないわけだ。何よりも強壮なる身体と旺盛なる精神力が必要なのだ。今日から一週間軍人援護に関する週間[1]なので午後四時頃内部部長の講演を聞くことになつた。その話しぶりはとても分り易く日常生活とむすびつく点に特に趣味を引かれ終止[2]朗らかに聞き終つた。彼の現在の青年に要求されてゐる要点は（一）真面目、（二）責任感、（三）進んで難しいことをやるの三つである、成程小さいながら無意識に間却[3]されてゐるのである。今晩九時出征兵士の見送りに提灯行列があつた。近頃はどの組もふざけてばかりゐてゐる。提灯の持つて行くは全体の五％しかないであらう。先生も語らず生徒も平気だ。

1　三日から九日まで第二回「銃後後援強調週間」とされ、戦没兵士・傷痍軍人・出征兵士に感謝し、その遺家族を慰問するのを趣旨とした。

2　「終始」の誤記。

3　「閑却」の誤記。

## 十月四日（水）

**一日一句　渇しても盗泉の水を飲まず。**

今日から当分の間朝会を裏校庭で行ふ。そして僅かな時間を貰つて協同一致の精神動作を行ふべく一斉に速歩行進をやる。午前は英霊に参拝してお祭銭[1]として一銭を入れる。測量作図は熱心にやつたせいか却つてにくまれる結果となる。然しにくむ奴は偉くなれない人間屑であると思ふべし。何事も熱心言ひかへれば真面目であること、責任感であること進んで難を行ふことが青年に果す大事な使命である。裏校庭は大分整頓されて来てトラツクニ白線がきち〳〵と引いてある。それは今度の査閲には体育を主として見るので教練は体操と密接な関係に居かれる《ママ》に至つた。バスケツトの練習から帰つて飯のすんだ頃はもはや七時十五分急いで少しでもいゝから金棒の練習をしに行くときトラツクには一年生が一生懸命に走つてゐることに驚かれた。

1　「お賽銭」の誤記。

## 十月五日（木）

**一日一句　後悔先に立たず提灯持は後に立たず。**

近頃は体の疲労のせいか、精神の弛んでゐるせいか朝の頃から居睡りが始つて何を習つてゐるか、分らぬ位である。「昨日の広東方面の戦死者の発表に本校の卒業生川畑君戦死されました。三年生以上の人がよく知つてゐると思ふ」と校長先生の話は何となく力がぬけてゐて一同をして悲しみの情につられました。一分間黙祷中にははなをすうて《ママ》泣いてゐるではないから《ママ》思ふ者多数あり。級主任の顔はあいかはらずいやな面相で殺気満つて《ママ》ゐる。こういふ先生に出合つちやうつかりしてゐられない。機三[1]の鄭君が級の者と喧嘩して門歯が一個やられてぬ

1　「機械科三年」の略。

けさうになつてゐる。彼は悲壮な面持でにや／＼して医者の所に行くと云つてゐる。実に可憐さうだつた。彼の心配おして知るべきである。何事も短気は損気、あわてる必要はない。

**十月六日（金）**

**一日一句　喜は一生の宝、智は万代の宝。**

体操の時間に体力の検査を行つたが、私は三級に這入つてゐるとは言へ、級のものと比べば一番下の方に属してゐる。これぢやいけない、尤[1]体力を鍛らなければならんことをつぐ／＼感じた。今朝七時頃旧日之丸館前で凱旋の兵士を出迎へた。一個中隊位の人数で三十才前後と見えてひげをきれいにそつてある。血色はよくないが皆沈着とした顔つきをしてゐる。万歳と両側の生徒に声もさけんばかりに迎へたが兵士は何か考へに沈んでゐる面持である。「こら除け／＼」と帰りがけの生徒にこう言葉をかけながら一個小隊の出迎への兵士が後から原隊に歩調を止めの速歩で帰つて行く。籠球部は明日の第一回戦に工業対淡中[2]なので午後五時半までに部員は一高女の校内コートへ練習しに行く。私はユニオン、運動靴と共五年生に借りられてゐるので今更行く勇気もなかつた。

1　「もっと」の誤記。

2　「淡水中学校」の略。

**十月七日（土）**

**一日一句　衣は新しきに若くはなし、人は旧きに若くはなし。**

**特別記事**　薄謝と金二円貰ひ候。

午前六時建功神社に参拝、十時総督府の臨時情報部に行き、昨日科の所にかゝつて来た電話に何かくれ物があるとのことで朝礼後その理由を近藤生徒係に知らせて臨時外出を許して貰つた。行つたこともないので勇気を奮つて劉君から自転車を借りて乗つて行つた。裏門から這入つて三階の左かどにある。昨日も科長から精しく教へて貰つて何程[1]エレベター[ママ]の壊れてゐた。青山事務官を始め古田さん高崎さん、朝里さんの方々から非常に親切にして下さつて感極むるものがある。殊に古田さんと高崎さんは廈門で顔合せになつたことがあるので非常に此の度世話をしてくれたさうだ。午後は一高女に籠球の応援の序に古田さんのお宅を探し当てゝ明朝九時挨拶に参り候。

十月八日(日)

**一日一句　秋の日は釣瓶落し。**

　昨日古田さんに約束して置いた九時頃に参ることを実行すべく豪雨の中をモダンな皮靴をはいて一人雨外套をつけてとぼ〳〵と膝から下を雨にぬれながら東門町二条通に行く。あまりズボンがぬれてゐるので畳に上るのは失礼にあたるので門の外まで行つてちゆうちよしたが呼ばれてやつと上つたですが、非常に親切にしてくれました。奥さんもなか〳〵親切でした。古田さんは堂々とした体格の持主で成程支那に対して随分理解を持つてゐられる。私に上級学校に進めたが私は行く決心はありますが、何だか心に断乎とした決断は下せないので私は日本に対する理解力が足りないかも知れない、何しろ成績がものをいふですから立派成績をとつておくことが必要である。精神力で行きそして籠球を止めて柔道部に――。

十月九日(月)

**一日一句　人の事言はんより肘垢落せ。**

1 「なるほど」の誤記か。

武道の時間は山本君の強いことには参つた。これぢや顔は立たん。意を決して五年生の卒業後には柔道部に這入つてうんと体を鍛へようそして立派な体になるべきである。昨日古田さんは私に高工に這入ることを進めたので、この好意に報ふべく心身と共に立派にせねばならんことをつぐ〴〵感じた。「君の一挙一動は皆が注目して見てゐるからしつかりせよ」この有難きお言葉恐らく死んでも肺腑に刻まなければならない。眠むたいことは凡人だ。そこをきりぬけて行く所に偉人の区別がつくのだ。何ぞ恐れんや。昼はみつちりと肉体をきたへ夜はみつちりと精神を鍛へるやうにすればよいのだ。精神統一が必要だ。少くも一つの仕事をするに当つて他のことを考へてはならない。

**十月十日(火)**

**一日一句　犬の遠吠。**

国語の北村先生俗に云ふダルマさんは風邪したのであらう今日は休んで居つた。タヌキさんが補助教官にやつて来る。皆がタヌキさんの久しぶりのお話をうかゞひたいと口々に言ひ合つてゐるがタヌキさんは我々土木科に今頃に登山をやつた方がいゝ、何故なれば四年になればいそがしいからだ。殊に土木科は登山即ち実習なりと一挙両得一石二鳥の利がある。成程登山は確かに心身鍛練にいゝのだ。四時限の教練は六時限の道路と変更し七時限の力学は木曜に廻つて七時限も教練を実施する。昨夜来の物凄い風雨で運動場は水びたしになつてゐるが、査閲を前にして教練は是非とも熟練をつんで置く必要があるし、水びたしの校庭も物ともせず機、土、応三科[1]は中隊教練の諸動作をやつた。六時限の終り頃に雨勢益々はげしくなつたので中止になつた。

1 「機械科・土木科・応用化学科」の略。

十月十一日(水)

**一日一句　無くて七癖、有つて四十八癖。**

「夜来風雨声、花落知多少」[1]、廊下の藤の木は赤紫の綺麗な花を咲いてゐるのに可憐さうに暴風の為に一角が苦しさうに吹きたらされてゐる。朝は暴雨はぱつと止めて温い太陽は顔を現はしたかと見る中に又も引つ込んだ。修身は青少年学徒に下シ賜ハリタル勅語の暗写を行つたが、全力を注いで丁寧に謹書した。代数は教科書の分はもはや終つて附録の順列に這入つてゐる、今度の小学四年の改正本には乗つて[2]ゐるさうだから易いかと思へば公式はやはり頭をこなさなければ分りますまい。非常に実用的であり、頭の修養にもよいさうだ。しつかりと先生の講義を聴取すべきである。今日の当番はなまけの報酬だ、まあ一場の侮辱だが、人を馬鹿にするにも度があると思ふ。

1　「夜来風雨声、花落知多少」は中国唐代の詩人孟浩然の詩「春暁」の最後の二句。「昨夜は雨まじりの風が吹いていた。花がいったいどれくらい散っただろうか」の意味。

2　「載って」の誤記。

十月十二日(木)

**一日一句　死んだ子は賢い。**

夕べは十二時過ぎまで頑張つたので今朝は嘸し疲労するだらうと思つてゐたが、案外さうではなかつた。やはり精神がしつかりしてゐればいゝだな。道路は今日は少し趣味を覚えた。建築も同じだ。七桁対数の試験があつた。夕べのおかげで易々やり除けた。放課後は残つて製図をやつた。大分後れてゐる。然し正確さは忽せにすべからず課外の時間を費しても忠実にやらねばならず。点数を相手にしてはならない。試験は近づいて来てゐるので、今頃に試験前と同程度の勉強をすれば成績も断然上るに違ひない。

## 十月十三日（金）

**一日一句　細帯の女は万事締りなし。**

英語は夕べ張り切つて習べて行つたが、ちつとも当つてくれない。森口さんの講義は実に拙い。何しろ学校を出たばかりの学生で、然し学校時代には成績にはさう芳しいだとは思へない。何しろ説明も不確実で、さぼら〳〵といふ心がよく表面に現はれてゐる。彼も苦しからう。何しろこつちはちつとも英語の実力はつかない。一体大学まで何を勉強して来たか分らない。算術の位とりも出来ないだからよつぽどお里が知れる。今日の体操の時間は二千米を八分三十秒で走つた。（初級合格）急ママ走ったので足が痛くなるのを心配してゐたが、やつぱり日頃の運動がきいて数日も休息してもなほ満々たる闘力を持つてゐる。過激な運動は避けるべきだが適宜の運動は必要。

## 十月十四日（土）

**一日一句　馬鹿と鋏は使ひやう。**

久しぶり太陽が顔を表はしたので校長先生は頗る喜びの態で新聞には低気圧も去つたとのこと。査閲を前にして大に訓練を積まふといふのである。あまる時間も少く、厚生省指定の体力を各科は今日はよき日とばかり、四時限目に四五年をのぞいて皆体操体形[1]についてゐる。惜しいかな、私は百米疾走一五秒六、懸垂六回（以上初級合格）、手榴弾投げ二六米九（初級三十五米）四十粁[2]土嚢五十米疾走一五秒八（初級一五秒）以上でほゞ自己の体力も明瞭になつたが、手榴弾投げはいかも心細い。やはり腕が人並に弱いらしい。これぢいけないママと思つて少なからず発奮もした。これからひまある毎に金棒をやることに決めた。腕が弱いぢや話にならない。

1　「隊形」の誤記か。
2　「瓩（キログラム）」の誤字。

十月十五日(日)

**一日一句　芸は身の仇。**

朝食後直ちに実習製図に当つた。今日で仕上げてしまふ意気地である。山本君、古葉君、肖君も同じく続々と製図しに来た。私は色のぬり方はあまり濃く感ずるが、努力して書き上げて見るとさうでもなかつた。却つて魅力があるやうに思はれた。高橋君も製図、川岸君も製図に来た。殊に山本君と川岸君は話が好きだと見えていらんことを弁つて結局製図ははかどらないやうである。昼もぶつとほしてやつと出来上つた。今日は家に手紙を出さねばならないのに又もや時間をつぶしてしまつた。家からは二週間も手紙が来なかつたので益々思郷が募つて来る。何故かくも故郷が我等の心を引きつくか、言ふまでもなく自己の生長の土地であり、あらゆる分野に浄化されてゐる。

十月十六日(月)

**一日一句　金持の金使はず槍持の槍使はず。**

今日から教官一同は黒服に変つた。白服に比べて何となく上品さうに見えない。昨日の雨に拘らず今朝からがらりと晴れたので教練は査閲を前にしてこれこそチャンスを捕ふべく朝から体力検定に教練に先生方も大に張り切つた。校庭は十分にかはいてゐないので溜水は靴の半ばを浸たる。泥は足にくつついて動作には差支へはないが、犠牲的精神がよいのだ。尾崎先生は近頃、よく共同一致のことを「私を棄つる」の一言を以て包含してゐるのもその間の消息を物語るに違ひない。午後は全く授業の時間はなかつた。籠球部の五年生は実にだらしがなく、下級生に一人六十銭出させてばちを作らせるなんて大それたことをしやがる。誰があんなばか

〳〵しいことをするかと言ふんだ。

十月十七日（火）

一日一句　髪結の水髪。

　午前六時王さんに起されてマラソンをやつた。一行四人五粁の道路を僅か二十分で突破した。朝のすみきつた大気を吸ふのが何よりいゝのである。自分ながら不思議と思はれるのは足が疲れないのである。やはり緊張のせいと日頃の運動のおかげだと思ふ。今日は休暇なので午前九時二十分前古田さんのお宅へ遊びに行つた。氏は内地に行つたさうで十九日帰宅の予定である。小母さんも親切な方である。二十日の臨時大祭にまた参ると約束しておいた。序に西門市場まで歩いて行つて名物のお餅を二十銭買ひ、お土産に李君のお宅へ行つた。終点でバスに乗つて行つたがお宅についた所李君は昨晩彼のおばさんの家に泊つて未だ帰らないさうである。仕方なく何よりバス代とお餅代の浪費が如何にも心を痛めた。

十月十八日（水）

一日一句　物種は盗まるゝが人種は盗まれぬ。

　今日の天候を幸ひに査閲の予行演習をなす。皆熱心にやつたのですべての動作に見るべきものがあつたので上野大佐から非常なるおほめの言葉を戴いた。然し我々は満心を起さないでうんと努力せねばならぬ。丁度終りに天気は曇つて来た。これから美化作業をやるのであるが、突然機士応三科は、二千米と幅飛びの検定があつたので直ちに服装の用意をした。幅飛びをすむまではまだよかつたが、二千米を走るときは俄然雨の中を物とも思はずに頑張つて行つた。

トラクママは雨の為に泥がはママ前から軟くなつてゐるが、更にふみにじられてゐるのではげしい凸凹をなしてゐる。油断をすればすべりさうだ、難なく八分四十二秒で走つたが速い方ではなかつた。

**十月十九日（木）**

**一日一句　君子は器ならず。**

今日は待望の教練査閲日である。何しろ本校がトツプを切るのでそれに本年度は体力検査を主としてゐるので各学校から参観を申し込む数が八十数名に上つてゐる。四、五年は午前八時半から行軍九粁に出かけ、三年以下は九時から例の朝礼を終へて授業を始める。静かに自己の番を待つ、午前中はかくて授業で終つたが午後一時から教練が三年生の番に廻つて来た。機士応は、小隊教練、電建採[1]は体力検定、精神統一してしつかりとにらみつけ、足を踏みつけて全精神を注ぎ込む。あゝ幸ひにして最後の査閲官殿の批評を聞くと、概ね良好なり、あゝ何と情ないことを。而して上野大佐は成績良好なりと喜んで日頃の努力を認めてくれた。これで気づかはれてゐる査閲も無事に終了、光風霽月心は晴々としてゐる。

1　「電気科・建築科・採鉱科」の略。

**十月二十日（金）**

**一日一句　借り着より洗ひ着。**

**特別記事**　散髪。

今朝は古田さんのお宅へ遊びに行かうと思つたが、九時頃に全寮生の記念撮影をとるのでどうしても晩くなるしそれに試験前でもあるからとう〳〵行くことは取り止めだ。そして一日中机とにらめつこして化学と物理の大半をし上げた。最も愉快なるのは試験勉強だとは誰が断言し得よう。苦しいことは当然のこと、努力の大小により、成績が大小となる。苟しくも毎日不自由なく勉強に精励し得ることを有難く思ふべし。今日は急に寒く感じて来た。体をこわしては一大事と厚いシヤツを身に占めた。勉強は夜の二時間や三時間で能率の上れるもんぢやない、やはり、朝の早い中、夜中頃、人の少ないときがよく、又は日中の長時間を利用して心も閑かにやる方がよいかも知れない。

十月二十一日(土)

**一日一句　天を測り地を測りても人の心は測られず。**

物理はどんどんと進んで行く。試験があさつてであるのに何となくあわてるやらおちつくやらしてゐる。それは確固たる自信を持つてゐない為だ。英語の森口先生は実にずるい。問題を生徒にもらすなんて以ての外だ。それでも大学卒業の資格はあるのか。幾何は今日は自習だつた。内田先生の教へ方は実にうまい。先づ教師の資格は充分にそなへてゐると認める。而して尚傲漫ならず益々親切は望まないが真実でありたい。体操の近藤先生やつぱ近藤一派は冷淡である。近頃はいよ〳〵その本情[1]を現はして来た。こういふ先生に合ふと実に不愉快でならない。放課後は部の記念撮影があつた。この近藤もいやだ人の名前をよばず知らんふりで尊い人の故郷を侵すなんて以ての外だ。

1　「本性」の誤記か。

十月二十二日(日)

**一日一句　話が尻に廻れば終になる。**

試験の前晩、嬉しいやら悲しいやら気分が交錯する。連続三日間、先づ自己の体力を基準として続ける限り頑張らなければならない。成績は我の生命なりこれ程切実に感じられたことはない。若しがママ私が鈍才であったならば今日の地位はどんならうママ。今頃は丁稚小僧にやられて怒られてゐるかも知らない。さうだ自分は決して凡人とは少し違ふ。少なくとも凡人よりは勝れてゐる考へも凡人と離れてゐるのは当り前だ。あの偉人の境涯さうだ。やはり自分には一致した点がある。自刎れ[1]は避けねばならない。自己の超人的性格を一層光輝のある燦爛たるダイヤポンドママの如きものに磨かなければならない。さうだ青年は努力の旺盛な而も純真な批評心を持つてゐるのだ。革新は我々から叫ばなければならぬであらう。

1　「自惚れ」の誤記。

**十月二十三日(月)**

**一日一句**　**紺屋の白袴。**

**特別記事**　代数、国漢、化学、幾工。

試験第一日目である。心は純真に、卑しい心が微細もあつてはならない。試験は努力の検定だ、非努力の試験は試験ならず、成績は寧ろ二義的である。自己の心に安心がのうにママ心反応が起る程度に試験に悔を残さないやうにしなければならない。失敗は成功の基ではないか。少々な成功に酔はされてあはれ一生を失敗の基たらしめる逆効果も合せ考へるべく。思索は良心的苛斥[1]に活気をあたへ言へかへればママ更生をはかるものである。故に虚偽であつてはならない。あくまでも真実的でなければ更生ははかれない言へかへれば進歩は期せられない。然し漸もすれば試験は僅か三日間か五日間の如き短い時間であると心得違ひをしてならない。これを平常にとりいれるべくキャプテンたらしめねばならない。

1　「呵責」の誤記か。十月二十四日にも同様の表記が見られる。

十月二十四日（火）

**一日一句**　**恥を知る者は恥かゝず。**

**特別記事**　英訳、物理、道路、測量

かくて気遣ふ試験は三分の一すぎた。良心的苛斥を分析して見る、やはり平素の努力が足らぬことを痛切に感じさせられる。一体自分にはこんな力まで持つてゐるかと疑はる位、隠れてゐた力が不思議な程湧出して来る。さうだ試験は隠力を検査する利器に外ならない。それは意志が強ければ強い程、結果が明らかに現はれて来る。途中には障害があることを予想さねばならない。それを越して行けば障害の恐怖が強いだけに探究の心は一段と深いのである。未だ曾て一課目も完全な程に習べただとは心得ない。若しも満心を起れば実にあはれだと言はねばならない。今晩の努力は遂に夜を突破した。頭は益々冴えて来る。究理の心は益々深まつて来る。

十月二十五日（水）

**一日一句**　**置かぬ棚をも探せ。**

**特別記事**　幾何、英作、力学。

私は遂に徹夜せしめた。あゝ隠れたる力を表現した。偉人の境涯いさゝかも接触することが出来た。人間はやはり想像もつかぬ偉大な威力を持つてゐる。それは具憂の士であればある程切実に感じられるのである。何事も人間に終末をつけたがる人種は動物に勝るも人間には劣らなければならない。試験は遂に終つた。然し探究の心はまだ〳〵無限に包蔵してゐる。機をねらひ時を探がつて《ママ》それを達しようと努力する。あゝ釈迦、キリスト、孔子様の心持も嘸しかくべけんや。物質的歓喜が及んだ精神的なものを歓迎せねばならない。この試験で鍛へられた

心持をいつまでも〳〵思ひ起して修養につかりたい。求めてやまず心は清く碧空を我が胸とすべし。

十月二十六日(木)

一日一句　損をしなければ儲は無い。

試験の直後であるが、一層気をひきしめて今から試験準備をする気持で先生の講義も特別精神をこめて聞くことに決めた。なる程面白いもんだ。物は熱中すれば時間の観念は全く問題でなく、愉快なもんだ。金棒は相変らず不得手でならない、練習をすればいゝのにしないのはどういふわけだ怠けでなくてなんであらう。今晩は毛さんから電気通論[1]なる本を借りて読んだ。物理で大分頭脳を働らかしたので面白く簡易によめるやうになつた。電気で不可思議なものだ。この不可思議なものをとりあつかふ人間であるから人間はやはり偉ひに違ひない。偉のつくりと違ひのつくりは共通してゐるではないか、成程偉人は凡人と違ふ所はある。やはり静思して物事を考へ精神を集中して或る物事に熱中する、それがいゝのだ。

十月二十七日(金)

一日一句　打つも撫でるも親の恩。

明日は台湾神社祭なので雑費は一円出金するさうで皆楽しみに待つてゐる、今晩は十時半まで外出を許した。然し何だか無聊なので金棒の練習をした。金棒は実にいゝ運動なのだ。腕が太くなるので何より嬉しいのだ。これから休暇はずつと金棒の練習をすることに決めた。約十五分位でやめた。長時間でなくていゝ、十分や二十分で充分だから、怠らずやれば断然凄い腕

1　同書の詳細は不明。

になるに違ひない。論よりも実行、青年はやはり豊富な経験を持たなければならない。約三時間を読書に耽つた。過激のせいか、試験後間もないので頭は急に痛く感じた、体はだるい、少し熱はあるだが、何とも思はない。床についても約三十分経過してらうママと思はれる頃に安眠についたやうだ。神経衰弱なのかしら。

**十月二十八日(土)**

**一日一句　蟹は甲に似せて穴を掘る。**

午前五時起床、御成町天理教会堂の前に集合して六時頃参拝する。台北で最も生徒の多いのは何と云つても工業である。あのエン／＼と連なる様は何と云つてもいさましいではないか。午前九時林君と一緒に時局南支展を見に行く。高射砲・水陸両用タンクを始めて見た。榴弾砲・野炮[1]・機関銃・手榴弾・爆弾。[2]

**十月二十九日(日)**

**一日一句　石の上にも三年。**

七時三十分ガス会社に集合す。萬華河岸に於て代表弾の爆撃行はれたり。飛行機の旋回、体形変換、戦闘実習行はれたり。殊に驚いたのは二百米の斜めからの機関銃射撃が略精確を極めてゐる。つゞいて爆弾投下が行はれたが仮小屋の六軒が一軒黒く煙にまみつてゐるだけで五軒は依然としてなにも損害なしと見られる。前後二回、十機づゝの爆撃であらうと思はれる。昼頃に終つた。急いで学寮に着いた時は〇時半、弁当を開いて空腹を満す。午後はトムソンの化学物語[1]を読んでゐる中に睡むたくてならないので止めた。寝ようかと思つたが大切な昼の時

1　「野砲」の「砲」を「炮」と表記している。十一月六日にも「空炮」と表記している。

2　ここで文が中断している。

1　『トムソン科学物語』の誤記。松平道夫編集、大都書房一九三七年発行。

間を無駄に費すのは勿体ないと思つて宿題中の絵ハガキを書いた。六時十五分までに、やつと終つた。非常によく出来ただと自分ながらつぐ／＼感じる。やはり精をこめて書いたのが一番いゝと思つた。

**十月三十日（月）**　空白

**十月三十一日（火）**

**一日一句　うか／＼三十、きよろ／＼四十。**

午後から予餞会[1]があつた。送別の辞を述べる四年生の代表実に言々句々胸を打たれるものがある。講談の神田某専門家は愛嬌な声を張つてすつきりと隅までとゞく、面白い講演をする、私は肺結核のうたがひがあるのでレントゲン写真を撮るべく一時半に台北病院に出かけた。李君の自転車を借りて行く。アスファ《ママ》ルトの上を転回して行くタイヤ乗心地は実にいゝ、十分間で病院につく。各科共二名づゝはレントゲン写真をとねば《ママ》ならぬらしい。然し機三は一名だつた。裸の背中を向いて、胸を乾板にぴつたりくつゝけ息を十分すつてそれから止めるとぴしやと切つて終り、一分間も入らぬが、一時間も待たされた。自転車に乗つて来たのが助かつたとも思はれた。予餞会は四時頃に終了、我が六室は全部マラソンの練習に出かける。

**十一月一日（水）**

**一日一句　下司の逆怨み。**

第三回目の興亜奉公日である。朝礼の時から国旗掲揚を行ふた。正午のサイレンを合図に一

1　送別会のこと。

分間の黙祷をした。午後二時限の実習から三時間続いて美化作業をした。それは明日廈門の小学教員団が見学に参るとのことで特に七時限をさいて一せいに美化作業を行ふことに決した。団員は約二十名とのことである。ひよつとしたら私に知つてゐる人が這入つてゐるかも知れない。放課後はマラソンの練習をしようかと思つたが部の練習があるので部で練習することに決めた。寒い時はやはり何かの運動を定期的にやればいゝらしい。飯はおいしく戴けるのである。食事の後は不得手な金棒を練習しに行つた。空は方に暮れようとしてゐる。風は冷い然し筋肉はひきしめてゐる。だんだんと熱を出すやうになると都合が一段とよくなる。

十一月二日(木)

**一日一句　内で掃除せぬ馬は外で毛を振る。**

今日は実に不愉快だつた。学寮では予餞会があるのにどうしてこんなに不愉快だつたか、自分は非常に悔しかつた。梅崎の馬鹿野郎。[1]

1　ここで文が中断している。

十一月三日(金)

**一日一句　犬になるとも大所の犬になれ。**

式後例年通マラソンを行ふ。裏校庭から松山駅まで往復一万米だ。試験前から練習して来ただもの、得点は四百番以内少なくとも百番以内は這入らねばならぬと張り切つてゐたがやつぱり練習不充分のせいか怠け心が出て来て幾度か歩かう〳〵と歩きたくてならなかつたが、うんとおさへて全コースを休みなしに走り終ることが出来た。百番所か二百三十四番であつた。然し今日の新記録は林明雄。去年の記録を遥かに六分も突破して余悠綽々[1]として勇名を永久に

1　「余裕綽々」の誤記。

止めた。二着は王大川君、これも昨年の記録と接近してゐる。五番は王泉忠君かくて賞状五枚を三枚までも学寮に占められた。青野舎務主任は大の喜びで今日の三十七組の団体競争として学寮七組は一番悪い室でも十一番に這入つてゐる。今後の学期試験もかく競争して貰ひたひと。

## 十一月四日(土)

**一日一句　曲れる杖には曲れる影あり。**

月日の立つのは早いもの、今日は土曜でないか、而して考へて見よ、今週は如何なることをしたか反省して見るがよい。実にもう少しもう少しまじめになればいゝだがなとも思つたが、とう〳〵生意気なことをしてひどくなぐれた日もあつた。然しそれが自分を一層元気なさに陥いらしめてはならない。永久に心に刻み込むべしだ。馬鹿野郎梅崎、お前が偉くならうはずはない。今日の放課後は部の練習に汗だらけ、いや、雨だらけといふ方が適当かも知れない。砂だらけでもある。然しこんな露雨の中をよくもこれだけ運動をしただなと自分ながら感心する。今晩はいらん外出をして二十四銭費した、貧乏といふことを忘れるなよ、自粛自戒しなければならない。

## 十一月五日(日)

**一日一句　入るを量りて出づるを制す。**

**特別記事**　土と兵隊[1]を見学。

朝眼がさめた時にぱつと起きた。六時だつた。図書室にはいつて雑誌を見る。目がぼうーとなるので冷水を手のひらですくつて顔を洗ふさつぱりとした気分になるそれから約一時間ぶつ

1　火野葦平の従軍記『土と兵隊』をもとに、監督 田坂具隆により、日活多摩川会社で一九三九年に制作。

とほしに雑誌から目を離さなかつた。恰かも七時である。冷水摩擦をして皮膚を鍛練しそれから、蒲団を畳みに行く。今日の起床は八時なのでまだ〳〵大分時間がある。裏校庭へ出て金棒を練習する。少しでも腕を太くさせようと努力する。ほんの十分でもいゝ、心身に大に鍛練なのだと思ふ。正午は学校引率の下に台劇へ上映中の土と兵隊を見学する。三時間もかゝつたので頭がぼうーとなつた。昔はさうでもなかつたが、やはり今頃は頭脳生活であるからふら〳〵する、更に金棒の尻上りもやはり頭がふら〳〵する。

## 十一月六日（月）

**一日一句　人は一代、名は末代。**

**特別記事**　野外教練、始めて練兵場まで武装行進、空炮三発貰ひたり。

校長先生は明日から上海に向け視察旅行に出らる。今の度は北支から海南島まで行かれるさうだ。明日から国民精神作興週間[1]に這り、三四年、一二年は明朝から交互に寒稽古を実施する。今日は三年全部野外教練になつてゐる。始めて四年生の銃を受けついて尾崎教官の指揮に従つて十時十分、練兵場に向け武装行進を行ふ。学寮は弁当を作らなかつたので正午に練兵場に持つて行くさうだ。三発づゝの空炮を貰ふ。始めてのことで嬉しくもあり、恐しくもある。練兵場につくまでには肩も相当痛くなつた。散兵教練を行ふ。二中の生徒も戦闘教練をやつてゐたのでそのじやまにならぬように実施する。十二時五十分に午飯をいたゞいた。おいしくて飯が足らぬ位である。一時半から戦闘教練に這入る。この場に於て我々は自己の肉体では到底堪へられないことを知つて精神力で行くことを覚つた。帰寮後は部の練習をする。

1　昭和十三年（一九三八）十一月、大正十二年（一九二三）十一月に国民の精神刷新を求める「風教刷新の詔書」が出されて以来満十五年を経過したのを記念して、式典が開かれ、国民精神作興週間が設定された。その二年目の記念週間に当たっている。

十一月七日（火）

一日一句　海に千年、川に千年。

特別記事　国民精神作興週間第一日、七・三〇―八・三〇　武道稽古、慰問袋五銭

国民精神作興週間の初日目にして七・三〇―八・三〇まで武道の稽古あり。朝礼八・四十、校長先生は八・十五分台北をお立ちになつて一行七名国防色の防衛服をお召しなつて頗る元気にて上海に向け憧れの支那旅行に立つ。九時五分台北部隊の一部の凱旋があるので五年生は全部出迎へに出かけた。国旗掲揚国民体操を行ふ。

十一月八日（水）

一日一句　顔に似ぬは心。

特別記事　幾何ヲ複習す。

今月の二十五日頃に本試験が来る。臨時試験すんではや三週間目を迎ふ。胸中如何ぞや、最後の日にとうとう徹夜した苦しさを思へよ。運動はいゝが試験中でやたらに数箇月で鍛へ上げた体躯を水泡に帰すだよ。阿呆千万だ。今日から一科目主義で習べて行く。例へ相当の困難があつても我慢しろ。試験地獄を思ひ出せばこれ位の苦しさは平気だよ。生意気言ふな。近ちやん、名前があるのに地名を代用品にしちや馬鹿にも程がある。畜生今に見ろ、短気は損気だ、慎重に考へろ。おかげ様で左手の肘を傷しちやつた。明朝は稽古がある、武道だよ、何をぼや〳〵してゐるだ。恩知らずの糞たれ小僧王亜強、俺が何の為に教科書をやつたのだ、それをいゝ気にしてへつらふだと思ふ勿れ、畜生。

十一月九日（木）　空白

十一月十日（金）

**一日一句　夢と鷹とは合せがら。**

第一時限は国民精神作興に関する詔書の捧読式があつた。黒川教務主任の捧読の声の上げ下げが非常に尋常と異つてゐるので阿呆ものはそれを笑つたので式後笠原先生から、日本国民ではない人間だと叱られた。訓諭はこれ又精神異状ありやと思はれる程、突飛で言葉の修飾も常人とは違ふので自分ながら可憐に思ふた。先生は誠実にして常に黙々と自己の正しいと思ふことをしやべり実行してゐる。只言葉の表現が拙いと云はうか未練であらうことが彼に非常に不自由だと思はれた。さうだ人間は彼の如きありば《ママ》立派だ。どうかすると、チンバにしろ、多く先生はうぬぼりが強くてとるに足らない凡人である。我は真実であらねばならぬ。さりとて勇気がなくてはならない。やはりはき／＼とした気持がなければならない。

十一月十一日（土）

**一日一句　若い時の辛抱は乞うてしろ。**

**特別記事**　強行遠足コース。円山―士林―草山校―草山―竹子湖―大屯平―淡水―関渡―士林―円山（午後七時着の予定）。

午前三時起床。四時に冷い朝飯を頂いて出発円山神社前に集合。五時三十分に神社に最敬礼いよ／＼憧れの強行軍だ。全コース四十五粁、三四年一緒だつた。私としては始めてなので多大の楽しみを持つてゐる。皆足の裏に非常に注意してかね〴〵豆の出来ないように靴を選択する。私は自分の足にみつちり合つてはき心地のよいバスケツトボル《ママ》靴を穿いた。出発当初はまだ暗かつたので誰も靴に気を向けなかつたが、だん／＼明くなるに従つて漸く我に変つて[1]見ると自分だけが変つた靴を穿いてるなと恥かしく思つた。然して他人が足が痛いなとこぼしてゐるが、自分ながらちつとも感じてゐないのでやはりこの靴はよかつただと思つた。大屯平に休憩してゐる時に雨が益々ひどくなつたのでこの上は到底行けないといふので北投をまはつて帰つた。やはりきつかつたな、学寮着のは午後六時。

1　「我に返って」の誤記か。

## 十一月十二日(日)

**一日一句　売物に花を飾る。**

午前十時半頃毛さんと一緒に新高堂に行つた。毛さんは清水安三[1]の本を買ひたいと云ふだが私は月刊の受験指導を買ひたかつた。然、両方とも求める書物はなかつた。私は作文が下手なので服部氏の受験作文[2]とその認め方の研究、新刊本を一冊求めた。一円五十銭だつた。然し私は一円三十銭しか持つてゐないので、毛さんから予め二十銭借りたら彼は五十銭貸してくれた。帰つてすぐかへした。この本を開けることによつて私は一種の光明さへ考へられた。それは単なる作文のみにとゞまらず他科目と著しく関係をもつてゐるといふことを始めて分つたのだ。且つ筆頭の人格諮問でもあるから尚一層重要視せねばならない。私は自習二時間を費して出来るだけ読んだ。字々句々味はふに足るのが多かつた。

1　桜美林学園の創始者。受験参考書も多く刊行。
2　服部嘉香『受験作文の作り方と答案認め方』大修館書店一九二九年発行のことか。

## 十一月十三日(月)

**一日一句　目の寄る所へ球が寄る。**

国民精神作興の終りの日である。先頃台湾軍代表として明治神宮大会に庭球として出場した中島が今般団体並びに個人優勝をし昨晩学寮についた。今朝の朝礼は黒川先生は休席になつてゐるので青野先生がその代理をして訓話をなされた。そして盛に牛島をほめたゝへ、日本一を二回も重ねて言つた。午後三時、土田さんを招聘して塹壕の兵隊さんの講談をなされた。ほんとうのやうな実はうさ《ママ》八百をまじみくさってしやべつてゐるので無批判力の生徒はたゞ自惚れと面白さを覚える外に何か効果があるであらう。英語の森口先生は来年の四月早々応召になるので思ひば彼は若年にして英文科を卒業後直ちに教師となつたが一年も立たずとは何といふ人生のはかなさよ。

**十一月十四日（火）**

**一日一句**　**武士に二言無し。**

**特別記事**　楊君より写真を一枚貰ひたり。

　幾何、国語、化学、代数、幾工、応力、道路等と時間を繰つて行かが《ママ》精神の緊張してゐるせゐか、試験前の恐怖がそれは自己の心に訴へなければならない。

　我は云ふ、二者の混合なりと、然し平素は左程気にかけなかつた課目でもこの時ばかりは全精神をつぎ込んで聞いてゐるやうな気もする。又事実自分も先生の講義普通より一段と分り易く面白くも聞えるやうになる。そこに試験といふものの効果があるではないか、然してそれも逆用すれば無効果どころではない。甚だしくは試験前夜に徹夜をして神脛を衰弱せしめる。故に此処に我等は反省せねばならぬ、そしてその趣旨に努力せねばならぬ。かくして試験地獄として恐れられてゐたものが、試験極楽とも化さう。

## 十一月十五日(水)

**一日一句　頭が動けば尾も動く。**

教練の試験ありき、抑々教練は平素の熟練にしくはなし、然れども人各々生れつきにして性質異なりたるが故に技術を通じてその人物考査をなすはもとより不適なり、故に尾崎先生曰く「我は諸君の気分を主として見て採点す」なりと、蓋し先生は最も技術に勝れたるに拘はらず斯くの如き喝破するは実に一に見識の卓越せるにあり。又我等青年もよろしく天真爛漫にして純真無垢、たゞ学術に忠実のみ、かくすることに於て進歩発展あり、苟しくも虚栄に陶酔せずあくまでも正直に孜々営々として学業に精を出し人格向上を図るによつて我等は希望あり、進歩、生長を期して我等は元気あり、

## 十一月十六日(木)

**一日一句　梅干と友達は古い程よい。**

教練の密集隊形と両翼嚮導の任務と照準の三項目について筆記試験あり、而してもとより予記[1]せざることであり、且又週番の鉛筆持参の伝達の不徹底により一辛惨[2]をなめり、実に偉大なる精神打撃を蒙むたり《ママ》き、ろくに答案は半分も完全にかけずとんだ失敗をせり。よろしく今後細小注意して今日の不名誉をとりかへさゞるべからず。又何時までもこれを頭に残すべくにあらず。活発々地[3]に勉強を続けるべし。級主任は人相頓に悪しきに偏ず、その心中を察すべきや、彼は三尺の童児の口調で力学や測量を講義したりき。あまり個人的人を馬鹿にしへつらつたりするは紳士にあらず、最も賤しき根性と見るべし。彼又自覚に及ばざるや、可憐と云ふべし。にくむべし。

1　「予期」の誤記。
2　「辛酸」の誤記。
3　中国語、「活発に」の意味。

十一月十七日（金）　空白

十一月十八日（土）　空白

十一月十九日（日）

**一日一句**　**一人口は食へぬが二人口は食へる。**

**特別記事**　憧憬の大阪外語学校出版の支那及支那語[1]を買ふ。三時間にして全体一通りを理解し終つた、裨益少なからず。今後続読すべきだ。

今朝は修身の勉強ぶりを俄然今までと一大転換をなした。即ち今までは只軽佻浮薄な、その場に合ふだけ徒らに脳を疲労させていや〳〵ながら暗記して行つたのであるが、服部氏の受験作文を熟読して以来大に益する所があつて即ち、思案理解而して数学よりも難しい脳力[2]が必要なことを発見した。即ち数学は式で示すから、その秩序は如何にも整然としてゐるが、文学の論理に至つては誠に疲労がはげしく無形のものを有形ならしめて脳海に整理するのであるから並大抵のことではない。而しその趣きの尊いとする点は数学まさるともおとらない、数学も文学なくては説明が成立せんであるから、この一事を以てしても文学の素養の必要なことが分かる。されば文学は今後深究すべきである。

1　『支那及支那語』は、一九三九年大阪外語学校支那研究会により創刊された雑誌。

2　「能力」の誤記。

十一月二十日（月）

**一日一句**　**砂を絞りて漁を取る。**

**特別記事**　武道の試験あり、自分としては全力を尽したはずなり。

国語のダルマさん、愛嬌たつぷりの黄君、愉快なやつだ。「おはつ――おはつ」ダルマさんが聞えないと思つて黄君が重ねて叫ぶ、ちらつとにらむ、面白いもんだ。ダルマさんはおやぢの臨終の話をする。さびしくて気持が冷たくなつて来るやうだ。もつと発奮するやうな話をしてくれないかな。まあ夢想は止めたがいゝぞ、説誡されなけれや有難たく思へ。柔道はいやな、大体汗びつしよりのあの柔道着がいやなのだ、臭いぢやねいか、あゝ毎日こんな辛い日をくらしてゐる。馬鹿をいふな、柔道部員は尚更苦しいではないか、日頃人一倍努力せねばならぬくせにえらさうにしやべるなよ。苦は楽の種、楽しき未来よ、汝は何処にありよ、我は最後まで純真を守るよ。安心したまへ、成績は今年中に二番を目指してとるんだよ。努力の如何が物を云ふのだ。

十一月二十一日(火)

**一日一句　唇の薄い者はよくしやべる。**

今朝は皆と一緒に金棒をやつたが、何となく自分には腕力がない。少なからず恥をかいたもんだ。今からおそくない。体操の試験までに全力をつくして若し不出来であれば仕方がない。冬休みを利用してどうにかかうにへ《ママ》一人前まで追ひつかなければならない。第四時限以後は頭が非常に疲労した。級主任のあのいやな顔を見ると気持が悪くてならない。佐藤こいつは乙種の工業を出てないくせにえらせうに《ママ》試験範囲を広くする。「お前達の為」だ、馬鹿これだけの言葉ならお前から習ふ必要はない、毎時間中一体何をしやべつてゐるか、ちつとも本の参考にならないし労力を減少してくれるでもない放課後は昼寝をとつた。今晩は化学の基楚を築いた。もう一時間でしらべ終はらうと思ふ。毛さんからラヂオに関する豊富な知識を得た。

## 十一月二十二日（水）

**一日一句**　当つて砕けろ。

**特別記事**　頭をかる。戦闘教練に於ける小隊の任務。攻撃目標は射撃目[1]と一致する場合とせざる場合とがある。

今日の教練は戦闘教練に於ける小隊の任務の実習をやつた。先づ小隊長が、進撃方向の地形を確かめた上「分隊長集れ」の号令を下し、大要左の如き命令を下す。「命令、小隊は中隊の右小隊となり、遠くに見える幸住宅がトチ村その左方家屋の壁に白く布の垂れて見えるのがナナ村である。トチ村とナナ村を攻撃して事後遠くまる屋根の見える方向に進撃すべし、第一分隊はトチ村を第二分隊はナヽ村を攻撃す。第三分隊は第二分隊の左後方第四分隊は中央後を前進すべし、射撃の線は現在地敵までの距離六百、終り」第一分隊長立つて「複唱、第一分隊はトチ村を攻撃事故遠くに見えるまる屋根の方向に進撃します、射撃の線は現在地敵までの距離六百終り」次に第二分隊長立つ「複唱第二分隊はナヽ村を攻撃します。」次に第三第四と。

1　「射撃目標」か。

## 十一月二十三日（木）

**一日一句**　鳶が鷹を生む。

新嘗祭[1]午前九時から十一時までは自習時間、その間に建構を習べた。大分疲労したらしく昼飯は口に進まなかつた。辛うじて二杯食つて新聞を暫く観め、机に向つたが神経が無意識になつたので二時半まで昼寝をとつた。それから道路を習べたが、自習室に黄亜強の無邪気妨[2]が大声を出して修身を必死にまる暗記をしてゐるので騒がしくてならない。怒るに怒られない、此方こそは迷惑千万で神経異状あり、本に注がれてゐる心は一体何をしてゐるのか分らない。

1　天皇が新しく取り入れた穀物を天神・地祇にすすめ、また、みずからこれを食べる儀式。十一月二十三日に挙行。
2　「無邪気坊」の誤記。

漸く彼も声を静まつてから、五時半までやつた。今晩は道路を大体終つて英訳を一通りやり、就眠する積りである。それは明日は授業があり、体操のテストがあるので睡眠不足では体力低下を誘致するので十二時はすまい。然し明後日は試験極楽が廻つてくるから楽しく待てよ。

## 十一月二十四日(金)

**一日一句　時世時節。**

昨晩の熟睡のおかげで今日の自習時間を有効に利用し得た然し私の目的は体力の低下を恐れて安眠したわけだがはからずも学課の方に多大の功績を覚えた。こゝに於て吾人に教へられる所のものは、僅かに二三時間の夜の睡眠をさぼつて勉強するより、熟睡して昼間にうんと勉強した方が能率的であるかも知れない。只油断大敵はうぬぼれである。自己の腕を観めよ。確かに痩せてゐる。運動もせんし飯も充分に食へんのである。試験地獄よ、人間はそれによつてしばられずも阿呆千万と云はなければならぬ。普通実力をつけておくことが大切だ。運動せよ、若き肉体の躍るのを防害するなかれ、延びよ[1]、巨人に、而して頭脳を平行に発達せしめよ。今日の体操の試験は悪天候の為、自習にした。この期間を利用して蹴上りを出来上るまで練習せねばならぬ。

1　「伸びよ」の誤記か。

## 十一月二十五日(土)

**一日一句　虎の威を借る狐。**

**特別記事**　修身、英訳、道路

今日試験は自分としては全力を発揮した積りである。問題に悉く整然として頭の中につめ込んでゐる。やはり平素やつておくべきである。昨夜は熟睡した為、心身に疲労なく朝飯も普通通り三杯食つた。今日でをかしかつたのは道路の時間に佐藤先生が全部に左の掌を上に向けて答案を書けといふのであつた。我々には何とも感じないでむしろ先生の意気地ないことさへ覚えたのである。試験は正々堂々たるべきである。そこに人格の修養があり、試験勉強の価値も認められるのである。修身はあまり自信に頼みすぎて十五点損したやうである。十五点といへば平均点一点、大したもんだ今後はもう少し沈着して書くべきである。今日の試験で特筆大書すべきは時間を最も有効適切に使つたのである！これも時計帯用のおかげであると感謝する。

## 十一月二十六日（日）

**一日一句　伊達者の薄着風邪を引かず。**

ぴゅー／＼と物凄い風が吹く氷を洗ひ去つて来るやうな冷い風である。天候が急に変つて来たので一同をふるい上らせた。辛うじて午前中の自習時間を終へて十一時から約一時間バスケットボールの六室対四室の試合をする。やつてゐる間は寒といふことを気にかけないが、顔にあたる風は何と云つても冷い。昼頃に太陽が始めて出たが、やつぱり寒いにはかはりはない。室内温度計が摂氏十四度を指してゐる。水より冷たいぢやなう、無理もない。手足は赤くはれてゐる。寒さにはかてぬと思ふとくやしくてならない、雪の中を裸になつてスキーをやつてゐる人は一体どんなに皮膚をあれまでに鍛練したのだ、さうだ鍛練せぬのがそも／＼自分の寒さに対する恐怖心を抱かせるやうになつたのだ。

十一月二十七日（月）

一日一句　争ふ雀人を恐れず。

特別記事　物理、幾何、測量

　今日の試験は遺憾なく実力を発揮した積りである。今日は校長先生が視察旅行からお帰りになるので正午頃に各科長は皆出迎へに行つた。試験終了後、バスケツトの軽い運動をやつた。裏校庭には十数人体力検定試験を行つてゐる。今日は昨日にまけず風の冷いこと氷の如し、ぬれたタホルを手にとるも難し、今晩の自習時間中に林華雄さんのサイン帳に次の如き文句を書き入れた。「意気おのづから頓に爽かに、人誰か毅然として大に奮ひ、斬然として自ら新たにせんと欲はざらん。眼は遠きを見よ。千里を思ふものは百里に疲れず、よし、逝くものを流水に委ねて、起つたものを烈火に擬へん。希望の駒は既に断えていでいざ第一歩を。」然して明《ママ》の試験準備如何、油断ならず、充分に復習し置くべきである、満心大敵

十一月二十八日（火）

一日一句　有るにまかせよ。

特別記事　代数・化学・建構。昨日を最高調として寒さは去りにけり。

　代数は自信たつぷりだがあわてものめ、二十点をまる損じた。然し化学でとり返した。化学の勉強方法も成程と頷づかれた。臨時試験に比べると今度は余程能率がよかつた。然し建構は不充分な所がある。何しろ、数時間で数週間の課程を頭につめこむのであるから不完全のも無理はない。こゝで平素しつかりやつておくべきことだといふことをつぐ〳〵感じる。一体平素から三十分人より遅れて寝れば充分な準備が出来ると思ふ。然しその三十分は精神を集中して

何事も考へないやうにしなければならぬ。近頃は急に文人気質の多感に走つて実業家らしくない。科学的に探究して行けよ。汝を待つものは何処にありや曰く努力にあり。然して我は身を打つて祖国に報ひん、虚栄に感ぜず、千里を見るものは百里に疲れず。

## 十一月二十九日(水)

**一日一句**　**値切りての高買。**

**特別記事**　国漢、機工。

いよ〳〵二十七日を最高調としてこれ以上寒くならんとて新聞の報道を耀気[1]になつて昨日の日和を最もらしく思つた。然るにどうだらう。今朝は天に黒墨をぼかした如く露を満々と湛へて無気味な冷い風は腹をさす。何ぞそれ気ならずや、一旦しまひこんだ、冬シヤツを着替へる、風邪は大禁物だその上、鼻を害したらそれこそ一生の不幸と言はざるを得んや、今日の試験は先日の経験に鑑んみあはてずあせず《ママ》充分実力を発揮した積である。もう明一日の試験だ。而るに臨時試験の如し最後を得たりに全精神をこめて徹夜した結果却て芳ばしからんことを招致したに思ひ到らば、その心事果して如何んぞや、よろしく気をひきしめて熟睡を要す。

1 「躍起」の誤記。

## 十一月三十日(木)

**一日一句**　**聞くは一時の恥、聞かぬは末代の恥。**

**特別記事**　英作、力学

試験終日、頑張るのはこの時ばかり、嬉しさと恐怖さに却つて意識をふら〳〵する。英作なんかの試験は実力がありながら、あわてものめ、すつかり、苦心を泡に帰した。力学は平常先生からばかされて[ママ]ゐるのですつかり自信を失つて挙措を知らなかつた。今日で、英語の砂村先生と級主任の砂村先生が従兄弟関係であることを知つた。又ヤングは五十何歳と聞いて吃驚した。今日は日誌当番なので朝礼の時は熱心に校長先生並びに教務主任の訓話を聴取したのですら〳〵と自分の感想も入れて丁度一杯に納つた。「よーし」と声を大きく恫嚇する級主任の声私はそれを聞いて憤慨に絶えなかつた。かくまでは依頼心を去つて一路学術研鑽に全幅に力を捧げてこの恥辱をとらなければならない。

## 十二月一日(金)

**一日一句　急がば廻れ。**

**特別記事**　興亜奉公日

今朝は国旗掲揚するさうだが、雨天の為に新講堂に集合、式があつた。校長先生は遺骨の見送りに行つたので黒川先生が訓話なされた。「今日本は興亜の為長期建設の為に物資をどん〳〵大陸に送つてゐる、だから国内が少々物資の不足を来してもよく認識して皆が歩調を揃へてゐるのに大衆に反した行動をとつてはならない、若しも国民が協同一致にならなければ或はこの大事業が成し遂げられぬかも知れない。本日は防火デーである。かゝる物資不足の際に火の為に物資を焼かれては国家に対しても至大な損失であらねばならぬ。故によく注意するやうに、今日は日の丸の弁当[1]を持つて来るのであるから昨日お話しした通り梅干とそれから梅干のないものは胡麻塩を持つて来るべきであるから、今日は先生方に見せて貰つて一人も違反したもののないやうに。

1　白いご飯をつめた弁当箱の中央に、梅干しを一個のせた弁当。日の丸に似ているところから。

十二月二日（土）

**一日一句　芋頭でも頭は頭。**

物理の時間今日ほど感銘深い日はなからう。校長先生の訓話だ。成程自分の心にぴつたりとひらめくものがある。それを先生だからありがたい。私の理想に元気がづいたママ。神よ夢見る人の理想をはつきりしてくれと祈らずに居れない。人間は果して大衆を動かす熱情はあるはずだ、それには自分がまづ動される身にならなければならない。それはより多く真の師熱愛の溢るる師を求めてやまない。今日白宝蓮[1]の手記を読んで祖国愛が強くきらめいた。然し我は東亜の青年でなければならない。受けた恩だけはかへさなければならない。それには正しい自己を修養しなければならない。絶えず自己を勉励して行かなければならない。そしてあらゆる困苦と戦かなければならんママことを深く胆にめいじておくべきだ。

1　この人物の詳細は不明。

十二月三日（日）

**一日一句　乞食に氏なし。**

**特別記事**　古田の小父さんのお子さんに誠心こめたデッサン三枚を送りたり。

自習室の当番をすんで午前九時四十五分古田小父さんの家へ遊びに行く。久しぶりである。小母さんは非常にやさしママ方でいつも親切にしてくれてゐる。お子さんは十四才頃と見えて活発である。外の小学校同志[1]と一人室の中で相撲をとつてゐる。時々小父さんは這入つて一緒にとつてゐる風景は見えないが、音を聞いてゐるだけでも一家の和やかな風が見える。先日は林文彬君をつれて行つたが、小父さんは丁度役所にいらつしやつたので小母さんに簡単に挨拶して林君と一緒に時局展覧会を見に行つたのである。今日はその話が出たので先日簡単にたゞ

1　「同士」の誤記。

一年生だとはつきり名前はいはなかつたので今日は序に紹介した。小母さんは「さうか非常に可愛いので日本人の子供だと思ひ込んだ。」そしたら小父さんは潔癖で「それぢいかんといふのだ、可愛いつて日本人の子供にかぎるぢやない、向ふにも沢山あるのだ」とあゝこの偉人あり、我涙ぐむをせざるを得なかつた。

**十二月四日（月）**

**一日一句　王倹を知つて天下富む。**

今日の柔道はやるまへは寒さの為にぶる〳〵とふるへてゐたが組むとぽん〳〵なげ出したりなげられたり目がまわりさうで体に痛ささへ感じた。然し人も疲れる、自分だけで弱音を吐いてはいけないと自覚しつゝ、さんざん組んだ。頭はふら〳〵実に苦しかつた。然し一日一日とすく〳〵延びてゐるのを思へば健康なそして堂々と偉大な体格の持主とならねばならないと思つた。古田の小父さんは四十才越してゐるだとは思はれない程若々しい。お子様は十四才頃であるから、せいぜい三十八才頃であらうと思はれる。それに偉大な体格の持主である。人格も充分備へてゐる。滑稽な所があつてよろしい。確かに尋常と変つた所がある。また子供らしい所がうかがはれる。私には小父さんだとは思はれない程まるで私の兄貴見たいだ。

**十二月五日（火）**

**一日一句　賤の女はなりに似せてへそを捲く。**

**特別記事**　校長先生の中支視察談を聞く。

授業は五時限で持ち切つて[1]六時限から校長先生の中支視察談を聞く。「中国人を侮るべか

1　「打ち切って」のことか。

らず。共存共栄を目的とせよ」あゝかくも彼等がこれまで認識したかなと感心する。勿論一部の下等人には問題にならぬがこれだけでもその心持が察せられる。「我等はとかく日清戦争を連想するが、然し現在の支那の教育は随分発達してゐて、専門学校や大学が非常に多い。中には東洋一と思はれる立派大学がある。中の設備も中々充分で運動場にしろ室にしろ中々完備されてゐる。その中で支那の青年が勉強してゐるのである。上海・杭州・蘇州・南京、名所旧績[2]がなか〳〵多い」と三時間に渡つて根気よく疲れるのも忘れて講演して下さつた。尚本校の卒業生は維新政府の役人になつて月給三百二十円を持つてゐる偉い人もある。

**十二月六日（水）**

**一日一句**　**一口物で頬を焼く。**

**特別記事**　戦闘教練校外の空地を利用して運動及運動と射撃との連繫。

今朝は金棒の蹴上りを練習をして一回目から画期的進歩を表はし見事に上つたのである。此に多日[1]懸念してゐた金棒に一大勇気を鼓舞したわけである。然し僅かな成功によつてうぬぼれては今までの苦心は水泡と化し凡人とならざるを得ない。故にこれを基楚として学寮生として地位にめぐまれてゐる点を利用して耀進友人を凌駕すべきである。これによつて腕をうんと一人前に鍛へ上げるべきと#存するのである。然し最も大切なことは姿勢であるといふことをかね〴〵重ねて注意す。そして勉強と相待つて建全な身体を作り、建全な精神を養ふべきであることは言ふまでもない、ひるがへつて見れば日支両国は今や真に互に理解し合ふ時であり、我の使命のいよいよ大なるを痛感する。

1 「他日」の誤記。

2 「名所旧跡」の誤記。

十二月七日(木)

一日一句　楚辞に梅なく、万葉に菊なし。

今朝は、金棒をやつたが、上るには違ひないが、上がるばかりに焦つて胸を人知れず金棒にぶつつかれたのである。肋骨がまがりさうで痛さをこらへた。これぢや折角出来上つても却つて体位向上でなくて体位低下となつては申訳がない。最も熟練を用する[1]ことを発見したわけである。今でも肋骨に痛さを感ずる。放課さぼらうとばかりしてゐるので部の練習に半時間も遅れて行つた、そんな精神ぢやいかん。やるは一時の辛さであるとしても出来ねば一生の辛さだと心得よ。腕も自然と太るから心配御無用だ。近頃は飯もよく食ふやうになつた。乳もはれて来てゐる。勿論女性的にはれてゐない、ふくれてゐるといふよりも肥つて来てゐるのが当つてゐるかも知れない。

1　「要する」の誤記。

十二月八日(金)

一日一句　憎まるゝ所に居られても煙い所に居られぬ。

今日の英語の勉強はがらりと方法を替へた。先づ先生の訳を帳面に筆記して見た。成程よく分る。これぢや英語もいよ〳〵面白くなるばかりだ。習字の時間に北村先生に呼ばれて大字を清書することを使命された。あゝ私ははつと高邁な名誉を身に感じた。うんと努力を積んで立派に書いて先生の軽蔑を復しうせねばならない。下書だけを最初貰つた。紙はもう一時間立つたら即ち四時限のお休みに青野先生から貰へばいゝのだ。私は実習の終りに北村先生に出合つたのですぐ紙を貰ひに行つた。「青野先生李徳明に紙をやれ」「はい、李徳明は字がそんなにうまいのか、李徳明、紙は三枚やるが、今は紙は多くないからしつかり書いてこいよ」「先づ新聞紙に一辺書いてから」「はい」私は固く〳〵決心した。北村先生のお心にそふやうに青野先生の肝玉をぬかしてやれね《ママ》ばならぬ。

## 十二月九日(土)

**一日一句　大骨折つて鷹の餌食。**

今朝は十五分ばかし習字を練習した。今日は今月切つての日和日と云へよう。天朗らかに晴れて例日の寒さもいつしかどこかにかくれてしまふ。体操は三組もあり教練も一組加へて裏校庭はもはや自由を許さない、二年はバスケツト、四年はラグビー、残りの我等は金棒の外やる余地はない。然し四年は高鉄に集つてゐるのでラグビーはやらねーと思つて我等はラグビーをやつた。すくらむこいつは頭と頭を突き合ふのでたまらぬ、ごんとこりやふら〳〵するまではゆかないが、やつぱり痛い。課外運動はないので、部の練習をやつた。身体はごり〳〵疲れてゐるが、我慢した。出て来る人は僅か十二人にすぎない。その半数も足らないのだ。今晩は十時半まで外出を許してゐるが、私は習字の練習に精を出した。

## 十二月十日(日)

**一日一句　無理が通れば道理引込む。**

**特別記事**　一世義烈赤穂里三代忠勇楠氏門　牛島軍司令官出迎。

朝の点検後直ちに製図室に這入つて先日頼[1]書かされた習字をした。そして断食して全精神こめて書いた、遂に凱歌を上げた。私は暫く呆然として見とれてゐた。先生の心にそふであらうかと心配して見た。あゝもうこれで自分の最大の努力だとは思はれない。然し平生の腕は充

1　「先日来」の誤記。

分発揮してゐる積である。昼食後は金棒を少し練習した。蹴上りは少しづゝ上達しさうに見える。二時間日の丸館前に集合、新任軍司令官の出迎へをした。帰りは希望に燃えながら書方を想像した。果して先生を動し得るの腕があるであらうか、然先生が充分をかくまでも見とめてくれてゐるだけは有難く思ふべし。黄徳培君と無言に歩いて帰つた。

十二月十一日(月)

**一日一句**　**大海芥を択ばず。**

**特別記事**　慰問雑誌代として十銭献金。

国語の時間に北村先生の気分をうかゞつてそれから書かされた習字を持つて行つた。「土木科の方はまづいな」と批評されたが成る程、自分としてはなか／＼苦心した所である。これも平素の努力が物を云ふことをつぐ／＼感ぜられた。放課後は美化作業があつた。砂村先生は実に不愉快なやつである。人相は泥棒ひげをそつた後が黒点々と骨ばつたあご全体に跨つてゐる、その目は確かに殺気を帯びてゐる。力なささうに見えるが如何にも己れは強いぞと見せたがる表情は如何にもいやしい。すぐ人を疑ふ根情[1]は修養の足らぬ小人共の常であつて古今君子の大に恥とする所であつた。その馬鹿の為に秋葉先生までに信用されなくなつた。「ママあゝ言ひすぎたそれよりも自己の賤しい心を反省して見給へ、心の地を養つておくべきだ。

1 「根性」の誤記。

十二月十二日(火)

**一日一句**　**一程二金三きりやう。**

幾何は難しいやうであるが、一時間に僅かに一二題しか進まない。これを僅かに十分も費せば完全に復習が出来るのだ。昼食後、第四時限の三角の時間は睡魔が恐つて来た。眠たくて／＼仕様がない、目を無理矢理に開けると何時の間にく《ママ》又とぢて来る。とう／＼一時間をうやむやの中にすぎてしまつた。然し第五時限から眼が断[1]

1　ここで文が中断している。

## 十二月十三日（水）　空白

## 十二月十四日（木）

**一日一句　麻につるゝ蓬。**

今日の第二時限の中隊教練は非常に面白かつた。第一にあのにこ／＼好々爺の尾崎教官が我等に一種の親切さを与へてくれたやうである。稲刈の後なので田蒲[1]は乾稲の根本が頭を出してゐるだけである。土は所々に耕してゐるところもある。「第一第三小隊第一線、第二小隊第二線、距離間隔百米第三小隊基準、目標前方の三本煙突」と。時には柔い田薄[2]の上に折敷となつた場合は皆しやがんでゐるだけである。然し二線疎開の時の伏せは丁度耕やされた土の上に伏せたのでいゝ気持はしない。着物が汚れてゐるのは云ふまでもなく然し面白かつた。少し小雨が降つてゐる。武装にて固めた身であるから、何となく威風堂々と大地を踏んで行く。片目をしつぷしてゐる一人の乙女が、小さな沼の縁にしやがんで洗濯をしてゐる。ありし日の妹の面影を連思[3]させらる。何となく一抹の旅愁を感ずる。

1　「田圃」の誤記か。

2　「田圃」の誤記か。

3　「連想」の誤記か。

## 十二月十五日（金）

**一日一句　きたなく稼いで清く暮らせ。**

午前中から科の方へ行つて仕事をする。来る十六、十七両日の公開の準備なのだ。私は甘酒が飲みたい。一杯三銭といふさうだ。二杯位は飲みたいと思ふ。科の方の仕事は我が級を三つに分けて一組は製図紙のピン押し二組は飾り、三組は不信用揃ひで机運び雑役等に供する。僕はその三組に属してゐるのだ。机運びだけは腕力を鍛へるのに持つてこいので大好きだ。瞬く間に机も片附けたので勝手に仕事はもう終りだときめて運動場へ遊びに行く。先生に見付かればおいらは草刈をしてゐるのだとちやんと弁明すべきことを考へておく、さて二人組んでヂヤンケンで敗けた人が鎌をとりに行くことにしたが、負けをしみはそのまゝ一組と二組の所へ走つて行く。草刈は大きらひだ。あまり手が空いてゐるので面白くない。時には標本習べ、教官室掃除とやられたが大して功績のある仕事はなかつた。

## 十二月十六日(土)

**一日一句　魚心あれば水心。**

**特別記事**　公開看衆[1]四十人。

九時から公開致す、土曜の朝なのでさぞかし看衆は少なからうと思つたが、早い中に綺麗な服装にちよぼ〳〵と危なかしい歩を運んで来る若い女達もゐる。何となくその美しい服装に見惚れてしまふ。僕等は製図室の入口に腰かけてゐるが、何となく這入つて来る人達によく目がつく。殊に背中を円くふくらしてゐる貴婦人達が入口に這入る時に会釈して這つて来るには全く驚いてしまつた。私はつぐ〳〵と感じた。彼女等の挙動をいや心持が知りたいのだ、一見弱々しいで《ママ》しとやかであるが、一面礼儀をよく心得てゐる所は頼しい。自分の書い《ママ》字が一番うまいだらうと思つてながめてゐたが他人の方が断然上にあるやうな気がする。上には上がある。

1 「観衆」の誤記。十二月十七日にも同様の表記が見られる。

油断ならんはずだ、これを機会に奮発しなければならぬ。

十二月十七日（日）

**一日一句　穴の貉を直段する。**

**特別記事**　公開、看衆六千人。

公開二日目八時登校、朝礼を終へてそれぞれ指定の場所に坐つて監視する。いやお客さんに知らねーところを教てやるのが適当かも知らん。然しお客さんは我々のやうな青二才の人には尋ねもしない。殊に若い人はおいらのまじめに書いた画を製図をたゞざらつと看て通つてしまふ、何と情けないことぢやらう。僕くの番は十時半から〇時までこの間は最も看る人が多いと云ふ。二人連の女小学生が僕の前で製図をぺしや〳〵と批評してゐるので可愛くてちらつと見てやるとにこりと笑つて「平ぺたい類」と言はれて僕は思はず赤面した。昼飯後は運動場で蹴球をやる。森下、浅岡、砂村、浅沼、陳一飛、古葉諸君とやる。砂村君は右足のズツクを二つに蹴散らした。「今日は中学生はあまり来ないな。女学生も」と誰かが云ふ、彼の願ひたいことは後者だ。

十二月十八日（月）

**一日一句　二人口は世を渡れど一人は渡りかねる。**

九時登校、校長先生の訓話を聞く。「公開を無事に過したことを感謝する。実に皆よく働いたので今日は休みを与へるのが本当だが、御承知の通り四年は二十日から台中へ連合演習に行くので今日は午前中で後末《ママ》を終へて午後は休ませることにする。四年生はよく教官の指揮を受けて演習に遺憾なきやう期したい。」黒川先生の訓話「只今お話のあつたやうに午前中は後始末をする。三年以上は科の方へ行き、一、二年は十四日決めた通りの仕事の始末をする。」僕は今日は何となく嬉しく感じた。それは級主任の愉快さうな顔が嬉しいのだ。何もない、心晴やかな気がする。午後は何をして暮さうかと考へた末、いらぬ雑誌を漁るより製図の仕上げをする方が余程有意義である。今晩は毛志雄さんと共にラヂオを勉強した。鉱石受信機の方はやうやく原理が分つた。

## 十二月十九日（火）

**一日一句　あたらぬものは夢とちよぼいち。**

「明日四年生は台中へ連合演習に行くのであるが中部は寒いかも知れないから充分容易[1]して行くやうに」と校長先生は訓話なされた。先生も一緒に行くださうである。二夜三泊、さぞかし愉快であらうと思う。羨しく思つた。「現在の学校は大体間違つてゐる。生徒は勉強しないし、先生とは犬猿の間柄である。大体己れなんかのやうな年輩を先生にするからいかんのだ、尤[2]しつかりした年よりの人かさもなくば若い人を先生にしなければならん、我々は生徒を無理矢理にきめつけるし生徒はぷん／＼問句をいふ。中等学校がかやうであるから小公学校は知れたもんだ、あんな馬鹿らしい先生の商売を誰がしたいのだ。いくら師範学校の校長が宣伝した所で誰もはいりやしない。先づ此処十年間は君達を叱りもしない積りであるから自分でしつかりと勉強しなさい、さもなければ国家は発展しないぞ」とダルマさんは明言を吐いちやつた。

1　「用意して」の誤記。

2　「もっと」の意か。

## 十二月二十日（水）

**一日一句　一指目を蔽へば泰山も見えず。**

四年は五時出発台中の連合演習に行く。朝から雨は降つたがさぞかし寒いだらうと心配してゐると暫くして日が照り出した、久しぶりの日和である。三時間目の教練は自習なので裏校庭に出て金棒をやつた。今度は足を振らぬで蹴上りが出来るやうになつた。後で分つただが、この自習時間中に教室に居つて昼飯を食つてゐる人は青野先生に見つけられて近藤先生に云ひ、近藤は級主任に云つて為に十三人が級主任に顔つぺたを三十九個なぐられた。実習時間に級主任はおのゝいて云ふ、「《ママ》昼飯を早く食つたからと云つて決して悪いことであるとは云はないが、多人数を頼んで先生に叱られぬと思ふ悪意地がなぐられることになつた。私は土木科三年が一番可愛いと思つてゐる。故になぐるのである。

## 十二月二十一日（木）

**一日一句　己を忘れて人を怨む。**

教練の時は運動場に出て運動した。教練教官は皆演習に行つてゐるのだ。近頃趣味の運動は金棒だ。金棒は熱心なおれが好きらしい。おれも期待にそむかないよう立派な業を得たくと思ふ。大分腕の力も養つて来た。外の人はバスケツトやラグビーやらを練習してゐる。夕食後雑誌を読む為に図書室に這つた。戸をぐゝつた《ママ》とたんにラヂオの演説が聞えたので振向いて見ると右角の上には何時の間にかラヂオが安置してある。支那の産業を精しくのべてゐる。聞き終りに講演者は大阪高等商業学校の助教授であると放送局の人がつけ加へた。続いて英語のニユース、クワン弦楽[1]、子供の時間なか〳〵面白い。元気をつけられて今晩の自習時間はみつ

1　管弦楽のこと。

ちりと修養した。教科書をしつかり自習した。確かに夢中であつた。

十二月二十二日(金)

一日一句　泣く子は育つ。

「土木三年は二年の時はよかつたが近頃は校風が乱れて来てゐる。表面温順しいやうであるがその実蔭でどんな悪いことをしてゐるか知らない。それから皆が蹴球をやつてゐるのに自分だけ金棒をやるといふ不共同的なことをやつてはならない」と生長の口を伝つてまるで訓話見たいであるがその実は黒い心の結晶である。近藤の畜生飽くまでおれとにらむなら勝手にらめ、確かにこの訓話見たいな説誡はまるで自分一人を叱つてゐるやうに聞える。但し己れは成績簿をとるまでそれを我慢しておく、若し己れが努力して来た日支親善の心を打壊すなら己れの終生の敵に外ならず。己れとしては最大の恥辱であらねばならぬ、お前は表面幾何にも親切さうに見えるがかくれたる野蛮の心、それをどうして看破出来ないであらう。眼光炯々としてそれを射る。今に見てゐろ。　！！！

十二月二十三日(土)

一日一句　藪を突ついて蛇を出す。

物理は感応電気を習つてゐるので格別の趣味を持つてゐるので面白かつた。英語は森口先生の説明はよく分かるがちよいと間違つてゐる所を発見して質問しようかと思つたが可憐さうなので遠慮した。幾何は相かはらずつめこみ式なのでいやいやながら筆記してゐる気持が一般に見受らる。今晩は外出十時半まで僕は図書室にとぢこもつて雑誌を漁つた。非常に知識を増進したやうな気がする。昼は三時半ぶつつゞけ、今晩また三時半ぶつつゞけいやになる程頭がぼうーとなる程飽きる程読んだ。ラヂオも序でに聞いた。然し急激に頭を使つた弊害が起つて神経にならんとも限らない、然し今後はこれをよき経験として摂生をとることに務めなければ将来憂ふるべきことに違ひない。故に身心共に鍛へるべきだ。

十二月二十四日（日）

**一日一句　礼過ぐれば諂となる。**

九時登校、中沢、倉石両先生の二十五周年勤続の表彰式があつた。新講堂の壇上には大安工業倶楽部の祝両先生の両花輪が赤紫黄とまばゆい程の花がちりばめて両側に立つてゐる。両先生は右側、校長先生は左側の机に一口に向き合ってゐる。君が代の合唱続いて祝辞、祝電披露を行ふ、倉石先生の謝辞は声こそは聞えないがその感慨深げな表情はよく見うけらる。大分年はとつてゐるやうである。工場仕上場に働いてゐるさうである。中沢先生の謝辞はこれ又誠にユーモアたつぷりである。如何にも生徒全体を一室に集めてゐて講義してゐる見たいである。「年末ですね。かくも盛大な表部式[1]を挙行して下さつて有難う。自分はね、何も大したことはしてない。」とね、があつて如何にも情愛に満ちてゐる。

十二月二十五日（月）

**一日一句　十で神童、十五で才子、二十過ぎてのただの人。**

**特別記事**　休日。

午前中はラヂオに没頭した。昼飯後から机の整頓、きれいに雑巾をかけたので急に勉強気分

1　「表彰式」の誤記。

になつた。そして自分には何らか勉強すべきことが山積してゐるかと思はれる程どれから勉強してよいか迷ふ程である。これも整頓のおかげである。二時二十分消防詰所に集合して某上等兵の遺骨出迎へがあつた。冬の気分も濃厚になつて来た。寒さに弱い私は早くも手から冷たくなつて来てゐる、ミツションと向ひ合つてゐる。何となく可愛らしい。青春の止む得ない血の躍りのせいであらう。帰りは誰よりもとつぷ始めに帰つた。雑念を去つて一人縦貫道を闊歩する。それは偉人の心境に通ずべき何ものかを持つてゐる。確かに自分は如何にもきたならしい社会をはなれて修養に憧れてゐる。そこは何者をも味はへない闘争の心がひらめいてゐる。

## 十二月二十六日（火）

**一日一句　盲蛇に怯ぢず。**

**特別記事**　練兵場の草刈。

午前中は普通の授業をする。午後から練兵場へ草刈りに行く。それは新兵を訓練させるさうで草は一米位あり茎は拇指位もあるので到底我々が普通校庭の草刈に使ふ鎌口[1]は遅くて捗らない。故に先生方はなた斧やら鍬やらを用意して行く。それでも尚難工事なので火をつけてどん〳〵燃やして行く。幸ひ今日は快晴温いお日様が出てゐるので草は乾燥してゐるし風も強いのでぱち〳〵と音を立ててあわたゞしく燃えつたはつて行く様は正に雄壮であり我々を意気づける。この中に二つのロマンスな事柄がとび出した。それはもう〳〵とひろがる焔の為にさしもの今日の日和に居睡でも貪つてゐる野兎があわて出してゐる所を砂村君が追ひまくつて捕まへたり、驚きで飛び立つ鳩を建築三年の生徒が捕まへたり、実に和やかな気分だつた。

1　中国語「鎌刀」との混同か。

十二月二十七日（水）

**一日一句　ざんげは罪の半を滅す。**

**特別記事**　第二学期終業式。

午前中は授業通り、教練の時は銃剣術を始めて習つた。尾崎教官はなか〳〵愉快な方である。それをさもしい級主任に比べれば雲泥の差がある。午後から三時間の間大掃除をする。その前朝礼の時校長先生の訓話の中に正々堂々といふ言葉があつた。深く胸を打たれた。級主任の馬鹿野郎飽くまでも己れを馬鹿にしてゐる。確かに級主任は人のかげ口を云ふ悪い奴だ、だからあんな卑屈な体格と面持をしてゐるのだ。通信簿を貰つて始めて一層その悪どさに歯を食ひしばつて憤慨に絶えない。何と賤しい級主任だらう。人の点数までも勝手に減じて自己の腹を肥やさうといふ。だからいつまでもやせてゐるのだ。己れがあんな日支親善の為に働いて回数を上げれば自分の知つただけでも五回の新聞と一回の部報に名を現はしてゐる。

十二月二十八日（木）　空白

十二月二十九日（金）　空白

十二月三十日（土）

**一日一句　頭寒足熱。**

（十二月三十日のページと三十一日のページを使って一日分の日記が書かれている。特別記事は三十一日のみ。日記が三十日のものか三十一日のものか不明。　遠藤注）

十二月三十一日(日)

一日一句　うんだものは潰せ。

特別記事　年賀状。孫道明、楊友三、島田雄二郎、林少川、林天勝(父)、庄司先生、荒川先生、林木先生、小野寺久夫、青山事務官、高崎勇、浅里、劉朝民、王豪傑、雷国平、江文清。

午前九時半古田さんのお宅へ行く。古田さんは東京にいらつしやるので奥さんとお子さんがいらつしやる。奥さんは昨日一寸外出したので今朝は遅く起きて身体も疲れてゐるので丁度飯を戴いてゐる時である。古田さんのお母さん見たい人が非常に親切にして下さる。私は客間に坐つて待つ。奥さんは再三失礼と言つて飯を戴く、そして新年号の婦人雑誌と十二月号の新青年[1]をとり出して私に見せる。私は感極まつて世の中にはこんなに美しい心の持主もあるかと吃驚する。そしてその間にお子さんが解けない算術を私に解かした。そして甘い果子を溶かしたお湯と白い納豆を私にすゝめた。「工業の生徒は飲食店に這入つていゝかね」「学校は許しません」「ぢや家の人がつれて一緒に這入つたら許すでせうか」「はつ、それなら許してゐます」「正午は一緒に飲食店へ行つて飯を戴いてそれからニユース映画を見に行かう」私少々面くらつたが、学寮に帰つて飯を戴いてから又来ようかと言つたがあまり進めるので私もとう〳〵承諾した。奥さんは室に這いつて化装して[2]なさる。そして私を室に招いて談話した。一人の美しいお嬢さんが古田さんのお母さんの背中を軽く打いてゐる。私はどういふわけかちつとも可笑しくならない。お嬢さんもよくお話をする。先の算術はお嬢さんも一回解いて分らなかつたさうだ。女学校にも行つてゐるが算術はとう忘れちやつたさうだ。古田さんのお母さんはお嬢さんに一緒にニユース映画を見に行くことをすゝめたがお嬢さんは「私気分悪いの」となか

1　『新青年』は、一九二〇年博文館により創刊された総合娯楽雑誌。

2　「化粧して」の誤記。

〳〵承知しない。奥さんは貴婦人の姿をしてお子さんと私と三人で森永へ飯を戴きに行く。私は心臓強く歩いた。そして満員を呈する森永洋食店の二階へ上つた。一杯戴いた。奥さんは始終親切にして下さる。私は何とお礼を申していゝか分らない。公会堂へニユース映画を見に行く。私はこの恩情をどうして忘れませう。しつかり勉強しなければならない。

**参照文献**


市川孝編（二〇〇四）『三省堂現代新国語辞典三版』三省堂
上田萬年（一九一七）『大字典』啓成社
上田萬年・松井簡治共著（一九四一）『大日本国語辞典　修訂版』冨山房
大槻文彦編（一九五六）『新訂大言海』冨山房
貝塚茂樹他編（一九五九）『角川漢和中辞典』角川書店
金田一京助編（一九四三）『明解国語辞典』三省堂　復刻版一九九七
北原保雄編（二〇〇二）『明鏡国語辞典』大修館書店
下中邦彦（一九三五）『大辞典　上』平凡社　覆刻版一九七四
下中邦彦（一九三六）『大辞典　下』平凡社　覆刻版一九七四
新村出編（一九九八）『広辞苑五版』岩波書店
千田夏光（一九八八）『天皇の勅語と昭和史』汐文社
台湾経世新報社編『台湾大年表（明治二十八年～昭和十三年）』台北四版一九三八　南天書局一九九四復刻
日本映画研究会編（一九九六）『日本映画作品辞典』科学書院
日本大辞典刊行会編（二〇〇二）『日本国語大辞典　二版』小学館
林大監修（一九九二）『現代漢語例解辞典』小学館
北京・商務印書館・小学館編（一九九九）『中日辞典』小学館
松村明編（二〇〇六）『大辞林　三版』三省堂

三國一朗（一九八五）『戦中用語集』岩波書店
諸橋轍次編（一九八二）『廣漢和大辞典上・中・下』大修館書店
『中国方誌叢書　台湾省　台湾年鑑　昭和十四年版上（三十一）影印』成文出版社一九八五
『中国方誌叢書　台湾省　台湾年鑑　昭和十四年版下（三十二）影印』成文出版社一九八五
『中国方誌叢書　台湾省　台湾　日本昭和四年増補排印本　影印』成文出版社一九八五
『中国方誌叢書　台湾省　台湾地理大系　日本昭和五年排印本　影印』成文出版社一九八五
『中国方誌叢書　台湾市　台北市概況　日本昭和十三、十四年版　影印』成文出版社一九八五
『朝日新聞縮刷版[復刻版]』一九三九年一月・二月・三月・五月・六月・七月・九月・十月・十一月各号　日本図書センター　一九九三
『キネマ旬報』昭和十三年九月一日号～昭和十四年十月二十日号　キネマ旬報社　一九三八－一九三九
『読売新聞[電子資料]　昭和の読売新聞　戦前Ⅱ』読売新聞社　二〇〇二

①高砂ビール会社
②乃木家の墓
③日の丸旅館
④鉄道ホテル
⑤華南銀行
⑥三井物産
⑦第一消防詰所
⑧新高堂
⑨建功神社
⑩公会堂
⑪世界館
⑫大世界館
⑬瓦斯会社
淡水河
日新町
御成町
建成小学校
(宮ノ下)
台湾神社
(円山)
円山運動場
②

新高堂編集部「台北市街図」(昭和二年、新高堂書店発行)、「台北市街図」(昭和九年、船越慶亮発行）などを基に作製。

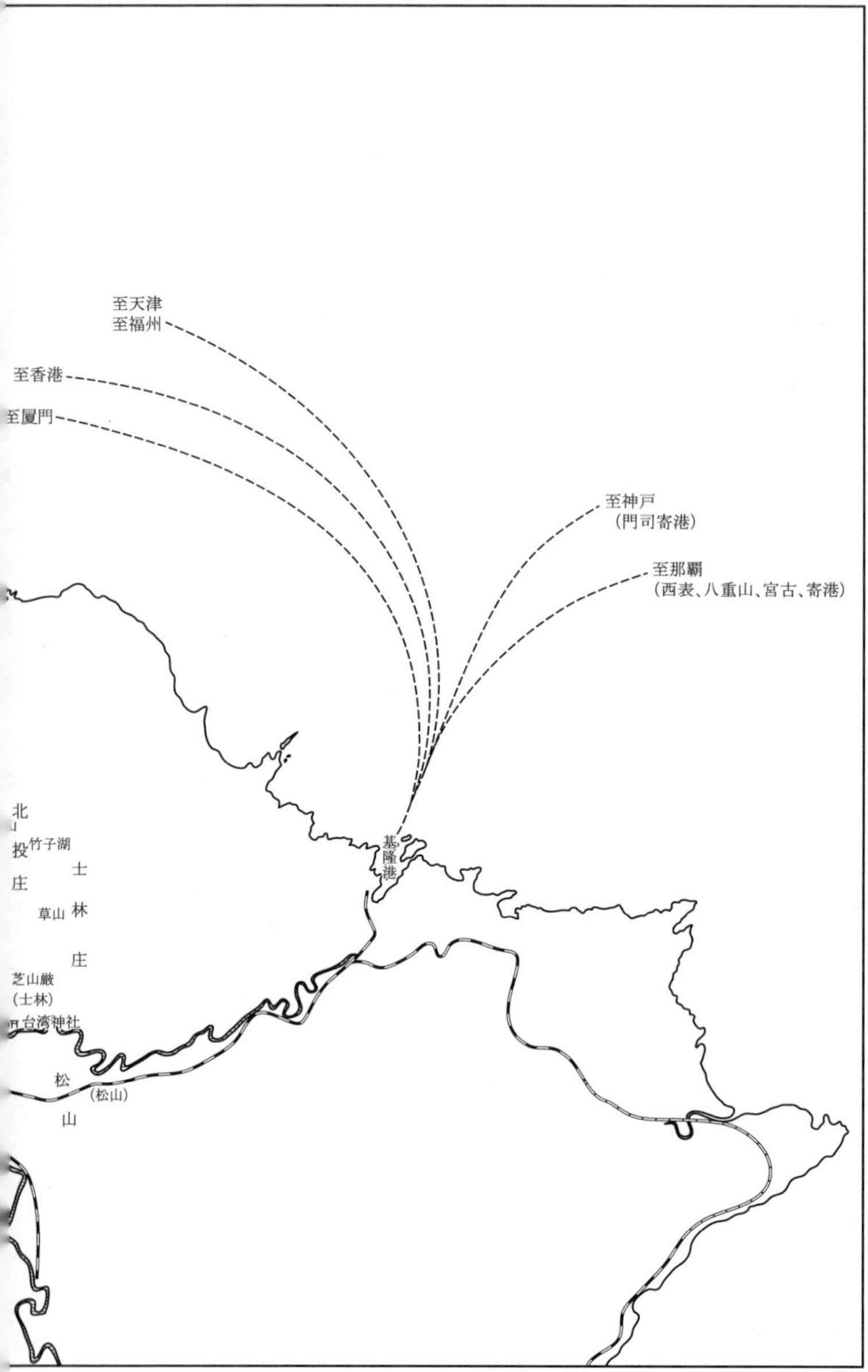
至天津
至福州
至香港
至厦門
至神戸
（門司寄港）
至那覇
（西表、八重山、宮古、寄港）
基隆港
北投庄
竹子湖
士林庄
草山
芝山巌
（士林）
台湾神社
松山
（松山）

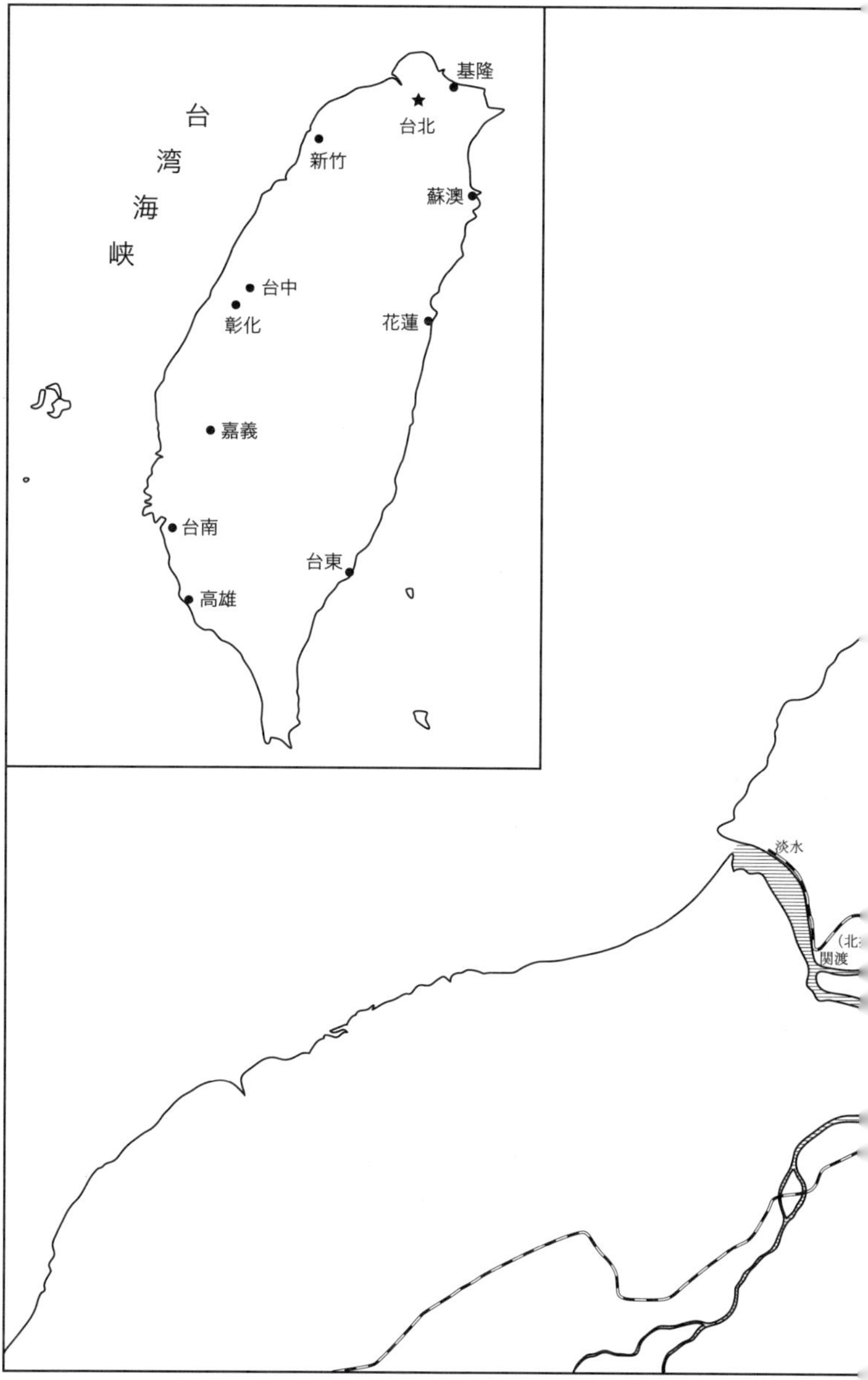


台湾総督府警務局「台湾全図」（大正十一年、台湾日々新報社発行）を基に作製。

# Ⅱ章　日記日本語の特徴

## ――ミスを忘れさせる、達者で生彩あふれる表現力――

この日記は、総体的にみて、きれいな文字・流ちょうな文章・ユーモアに富む表現・中国の故事成句や有名な詩の豊富な引用などなど、十八歳の青年が外国語である日本語で書いたとは信じられないほどの作品である。異国の支配下にある悲哀や屈辱感に苛まれる日々を、しかも希望を失わず若者らしい上昇志向を持ち続ける青年の姿が彷彿とさせられる記述に満ちている。

とはいえ、日本語として、一般の日本人が書くような、自然な日本語としては、じゅうぶんに習得しきれていない部分も多い。文法的に不安定な面もあるし、語彙面でも語の選択を誤っている部分が多い。誤用も多いが、誤用とは言えないまでも、日本語文として読むには抵抗があるもの、また、不確かな日本語のせいで筆者の意図がはっきりつかめないという文章もある。以下に、1表記、2文法・語の用法、3文体と表現、4オノマトペ、5外来語の五項目にわけて、この日記の日本語の特徴を把握しておきたい。

### Ⅱ－1　表記

漢字・平仮名・片仮名の文字種別に、その問題となる文字遣いを列挙してみる。

## 一 漢字表記

### 一・一 漢語熟語

#### 一・一・a 同音の漢字と間違えているもの（五十音順）（上が李の表記で（　）内はその表記のされている日付。↑の下が本来の表記）

愛驕ぶる（1／7）↑愛嬌ぶる

以外（7／14）↑意外

胃拡腸（3／26）↑胃拡張

嗟嗟（3／1）↑怨嗟

お祭銭（10／4）↑お賽銭

課目（3／11）、（4／20）、（5／17）、（10／24）、（11／14）↑科目　ただし、（1／22）、（11／2）など正用の「科目」が二十二例ある。

改決（1／4）↑解決　ただし、（2／9）、（7／28）の「解決」は正用。

（良心的）苛斥（10／13）（10／24）↑（良心的）呵責

間却（10／3）↑閑却

看衆（12／16）↑観衆

基楚（11／21）、基楚（12／6）、基楚工事（4／10）、基楚求学（4／12）、基楚的（4／17）、基楚的訓練（9／20）↑基礎

緊重（3／7）↑緊張　ただし、（4／12）、（6／22）など八例の「緊張」は正用。

軍機物語（9／19）↑軍記物語
決勝線（2／4）↑決勝戦
講和（2／10）軍事講和（3／16）↑講話　ただし、（5／4）の「講和」は正用
去避（5／15）↑拒否　ただし、（1／4）の「拒否」は正用。
空炮（11／6）↑空砲
構案（3／23）↑考案
構安（4／7）↑考案
根情（12／11）↑根性　ただし、（11／16）の「根性」は正用。
根棒（1／27）↑棍棒
自修（3／5）、（6／27）↑自習　ただし、正用の「自習」が54例ある。
終止（10／3）↑終始　ただし、（1／20）の「終始」は正用。
主裁者（8／4）↑主催者
象旗（1／14）↑象棋
小々（5／10）↑少々
心脛質（2／9）・神脛質（4／19）↑神経質　ただし、（6／14）の「神経質」は正用。
神脛的（4／4）↑神経的
辛惨（11／16）↑辛酸
正服（4／27）↑制服　ただし、（9／5）の「制服」は正用。

性名（4／26）↑姓名
接角（2／18）↑折角　ただし、（3／8）の「折角」は正用。
切線（3／19）↑接戦
接迫する（2／21）↑切迫する
説備（7／17）↑設備　ただし、（12／5）の「設備」は正用。
戦績（8／8）↑戦跡
雑斤（5／28）↑雑巾　ただし、（12／25）の「雑巾」は正用。
体度（2／27）↑態度　ただし、（2／17）、（9／25）、（12／17）の「態度」は正用。
多日（12／6）↑他日
徹定的（4／19）↑徹底的
同志（12／3）↑同士
鉄炮（7／4）↑鉄砲　ただし、（10／28）の「高射砲」の「砲」は正用。
度境（5／29）↑度胸　ただし、（6／19）、（8／3）など四例の「度胸」は正用。
熱叫（1／3）↑熱狂[1]
日試（1／18）↑日誌　ただし、正用の「日誌」も四例あり。
脳力（11／19）↑能力
復習（3／7）×2、（4／10）、（5／10）×2、（5／14）×2、（5／25）、（6／8）、（7／2）、（9／3）、（9／26）、（11／8）↑復習　ただし、正用の「復習」も七例あり。

複唱×2（11／22）↑復唱
変行（9／20）↑変更
変整（7／11）↑編成
本訳（4／12）↑翻訳
満心（3／16）×2、（6／29）、（6／30）、（10／18）、（10／24）、（11／27）↑慢心
無邪気妨（11／23）↑無邪気坊
名中率（7／4）↑命中率
問句（9／23）（12／19）↑文句
野炮（10／28）↑野砲
友義（3／14）↑友誼
裕余（6／12）↑猶予
容易して（12／9）↑用意して　ただし、（2／2）、（12／26）などの「用意する」は正用。
用する（12／7）↑要する　ただし、（9／26）の「要する」は正用。
予記（11／16）↑予期
余悠（5／2）（11／3）↑余裕
（先日）頼（12／10）↑（先日）来
瞭解（4／20）↑了解

「基礎」を「基楚」と書くのが六例、「慢心」を「満心」と書くのが七例と、これらは、しっかりと思い込んでしまって揺るぎがない。「復習」を「複習」と書くのは十三例と多いが、しかし、この語は本来の表記による「復習」も七例あり、揺れている。「講話」は「講和」と書かれるもの二例、本来の「講話」と書かれるものが一例と、揺れている。ほかの語については、正用の例の方が多いものもあり、それらは単なる思い違いによる誤記と考えられる。

**一・一・b　音の類似で混同しているもの**

意気づける（12／26）↑勇気づける
見迎（5／8）↑歓迎
事故（11／22）↑事後
遅緩（3／1）↑弛緩
卑却（1／16）↑卑怯
噴奮した（2／24）↑憤慨した？
黙頭（3／31）↑没頭

**一・一・c　文字の順序を間違えたもの**

斥排（4／4）↑排斥
天晴気朗（7／29）↑天気晴朗

**一・一・d　文字の形が似ているもの**

雨名（5／22）↑両名、活耀（9／14）↑活躍、三味境（4／9）↑三昧境、耀気に（11／29）↑躍起に、耀進（12／6）↑躍進、幸抱（5／11）↑辛抱

## 一．二　和語の漢字表記

### 一．二．ａ　同訓の漢字の混同

急しんだ（3／20）↑勤しんだ

徒ら坊（3／24）↑悪戯坊

押して知るべし（7／5）↑推して知るべし

（学寮に）於き（3／10）↑置き

（睡魔が）恐つて（4／27）、（12／12）、（眠気が）恐つて（6／29）↑襲つて　ただし、（2／27）、（6／9）の「襲う」は正用。

（その）変わり（6／30）↑（その）代わり

躁り返す（6／8）、（6／20）↑繰り返す

繰り帰す（4／1）↑繰り返す

坂上り（2／21）↑逆上がり

敷蒲（1／4）↑敷布

進め（1／7）、（4／29）、（6／11）、（10／8）、（10／9）、（12／30）↑勧め

田薄（12／14）↑田圃

（憤慨に）絶えない（5／26）、（6／1）、（6／16）、（9／6）、（11／30）、（12／27）↑に堪えない

就いた（3／28）↑着いた　ただし、（1／27）（4／23）などの「着いた」は正用。

務めて（7／17）↑勤めて

遂でに（7／9）↑序でに
（目を）透し（7／3）↑通し
（標本）習べ（12／15）↑並べ
（写真が）乗せられ（1／7）↑載せられ
幅飛（9／23）↑幅跳び
（鬱憤を）拂さうと思つた（1／13）↑晴らさうと
吹き出す（4／5）↑噴き出す
（腹が）空つて（4／2）、（9／24）、（10／1）↑減って
見とめてくれて（12／10）↑認めてくれて
持つて（9／11）↑以て
以て来い（6／10）↑持つて来い
最（1／7）（3／7）↑もつと
持らつた（1／12）↑貰つた・もらつた
呼んだ（3／18）↑読んだ

## 一・二・b　訓が似ている漢字の混同

勇しまう（4／20）、勇んだ（5／14）、勇しむ心（5／18）↑勤しまう・勤しんだ・勤しむ心

## 一・二・c　文字の形の似ているものの混同

自刎れ（10／22）↑自惚れ

雀耀り（2／25）、（3／12）、耀る（3／25）、耀り出す（3／27）、耀つて（5／31）、耀りながら（7／1）
↑躍る
幸じて（2／5）↑辛うじて
露雨（6／4）、（11／4）↑霧雨
手級（3／31）↑手紙

### 一．二．d 意味が似ている漢字の混同

可憐さう（6／26）、（9／22）、（10／5）、（10／11）、（12／23）↑可哀そう
習べて（1／9）、（1／18）、（3／8）、（6／20）、（6／21）、（10／13）、（10／24）、（11／8）、（11／23）×2↑調べる
喧いで（3／8）、（3／31）↑騒ぐ
打かれ（1／13）、（3／10）、（6／1）、打かせ（1／18）、打く（3／17）、打い（3／24）、（12／31）、
打け（3／26）↑叩く
（電信局に）務めて（7／17）↑勤めて
観めて（1／6）、（2／1）、（4／9）、（6／18）、（9／24）、（9／27）、（11／23）、（11／24）↑
眺めて
顔つぺた（3／10）、（3／17）、（12／20）↑頬つぺた

### ア．「習べる」と「調べる」について

「その訳は自分で習べて来たとがんばった」（1／9）のような「習べる」の表記が十例出てくる。文脈からみて、予習するの意の「調べて」のつもりで使われているようだ。なお、「調べて」という語も出てくる。「字典を引いて調べた」（4／10）「それは犯罪者を調べたところ」（4／11）のような調査の意味で使われている。予習で調べることを「習べる」と書く癖がついていたようである。

### イ．「打たれる」と「叩かれる」について

「ぴしやと顔面を打かれた」（6／1）のように「叩かれた」と書くべきところを「打かれた」と誤記している例も八例ある。思いちがいのまま書き続けているのである。「叩く」の漢字は使っていない。「たたく」と書く例もない。

以上、漢字表記の問題のあるものを取り出してみてきた。同音の漢字の用法を間違えているもの、類似の意味の漢字の混同が多いが、これらは日記の特徴といえるものかもしれない。すなわち、推敲など全くせずに書きなぐっている日記であるから、表記の正確さはあまり保証できない。漢字表記の誤りは、学習した日本語の中のものであるが、それと前後して李がマスターした中国語としての漢字との微妙な差異がある。それらは、よく注意しなければ見落としてしまうものも多かったであろう。それらを、書いたまま推敲もせずに放置されていたものとすれば、無理もないところといえよう。

字形・意味・音が類似する漢字による混同で、うっかり書いてしまって気がつかなかったと思われる類の誤記が多い。それらの中には、別のほとんどの箇所では適切な文字遣いをしていて「誤記」と言い切れない程度のものも含ま

れる。

「複←復」「楚←礎」など、間違った思いこみにより繰り返される誤記もいくつか見られるが、日記以外の場でそれらの誤記が指摘される場がなかったのか、厳しかったはずの国語教師は訂正させなかったのか、疑問と同時に当時の日本語教育の現場を想像してみたくなっている。

## 二．平仮名表記

降りらした（5／31）←降りだした

うぬぼり（11／10）←うぬぼれ、

ありば（11／10）←あれば

うさ八百（11／13）←うそ八百、

まじみくさつて（11／13）←まじめくさつて

ひじみを生じて（4／24）←ひずみ

最初の降りだすの「—だす」を「—なす」にしているのは、中国南方で、「だでど」音が、「られろ」に近く発音される誤用と一致するものである[2]。

## 三．カタカナ表記

エレベター（10／7）

ダイヤポンド（10／22）
チヤウス（1／30）↑チヤンス
正メンバン（4／21）　ただし、（4／22）には「メンバー」と書いている。
ユニオ（4／27）、ユニオン（10／6）↑ユニフォーム
ランリングシュート（9／13）　ただし、（9／16）には「ランニングシュート」と書いている。

「エレベーター」「メンバー」「ユニフォーム」の外来語のそれぞれ、長音符号が脱落している。長音符号の脱落は中国人学習者の一つの特徴の現れで、日本語では長音の語が、一拍とるのに対して、中国語では語気により、語の区別をしていることと関連している。

以上、適切でない表記ばかりを取り出して見ると、誤記誤用の多い日記のようにみえてくるが、これは、三三〇日分、十一万三千字の中においてみれば、特に多いわけでもないだろう。また、読み直しや推敲などをせず、書きなぐり、書き放しというのが日記の常であると考えるなら、これらの誤記誤用は想定内・許容範囲内のものとみていいのではなかろうか。

**注**

1　熱狂と絶叫とから李が造語したものか。
2　楊詘人（二〇〇一）『日語語音学』華南理工大学出版社

**参考文献**

市川孝編（二〇〇四）『三省堂現代新国語辞典』二版　三省堂

加藤彰彦編（一九八九）『講座　日本語と日本語教育　九巻日本語の文字表記（下）』
武部良明編（一九八九）『講座　日本語と日本語教育　八巻日本語の文字表記（上）』
林大監修（一九九二）『現代漢語例解辞典』小学館
松村明編（二〇〇六）『大辞林』三版　三省堂
諸橋轍次他著（一九八一）『廣漢和辞典　上・中・下巻』大修館書店

# Ⅱ－2　文法・語の用法

## 一．動詞の誤用

### 一．一　語の選び方

中島（二〇〇七）によると、中国語には日本語でいうところの、動詞の自動詞と他動詞の対応はなく、同一の動詞で日本語の自動詞他動詞に相当する行為を表すこともある[1]、という。そのためか、李の日本語日記にも、自動詞他動詞の混同が多く見られる。

**ア．自動詞であるべきところが他動詞になっている。**

［1］全身温めたやうな感じで、遂寝てしまつた。（1／21）
［2］汗もすつかり出してしまつて口が喝いて来た。（3／26）
［3］なげられてぽとんと畳につけた時、やゝもすれば手や足を折つたり、（5／29）
［4］私も一心不乱にお心に副へたいと思つて、（6／12）
［5］実習室なり寝室なりをかけ廻してやつと荷造を終つた。（7／14）

［6］一人室の中にとぢこめて蒲団を被つてゐる。（7／24）
［7］漸次に頭が静めて来た。（7／24）
［8］日は次第に西に傾けた。（7／25）
［9］右側には金門島が横たへてゐる。（8／8）
［10］然しまんまるい月は雲間から現はしてゐた。（9／27）
［11］暴雨はぱつと止めて温い太陽は顔を現はしたかと見る中に、（10／11）

「声を静まって」（11／23）と、「頭が静めて」のように、「静まる」が「が」格、「静める」が「を」格をとるという対応が、ちょうど逆になっている。一方で、「現す」「現れる」でも、「論説が昨日から新聞に現はれて」（1／27）「実に醜体を現した」（1／17）など、的確な使い方のものもある。

**イ．他動詞であるべきところが自動詞になっている。**

［12］パンツもう一枚を重なつて運動に出た。（2／2）
［13］早くかたついて出て来た。（2／2）
［14］我は奮然と立つて着物を整ひ寮に帰つた。（2／7）
［15］血が出るのを見えたくない。（2／14）
［16］前月から勉強と考へつゞいたが、（2／27）
［17］どつと悲し涙がこみ上りました。（3／10）
［18］一行は厳粛に頭を十五度にかゞんで注目の敬礼をした。（3／21）
［19］予習を続かなかつたので又あわて出した。（4／7）

［20］九時練兵場に集合すべく九時半と聞き違ひてゆつくりしてゐたので、（5／9）
［21］約半時間理解を続いてゐる間に突然睡魔が襲つて来り、（6／9）
［22］日が強い光線を遠慮なしに身体にぶつかる。（7／8）
［23］涼しい気分で作業を続くことが出来た。（7／13）
［24］唯受験に行く心持で勉強して行き万一の時に備ふのである。（7／25）
［25］運動はすべて続いてやるのが最も効果的であることを発見した。（9／15）
［26］張り切つて習べて行つたが、ちつとも当つてくれない。（10／13）
［27］何故かくも故郷が我等の心を引きつくか。（10／15）
［28］校庭は十分にかはいてゐないので溜水は靴の半ばを浸たる。（10／16）

「続ける」のところに自動詞の「続く」を選んでいる例が五例もある。ただし、「必死の勉学を続ける」（6／14）のように、他動詞として的確に使用している例もある。

［26］では「当てる」が使えていないが、「二十円を書物代に当てた」（3／24）のように、的確に使っている例もある。［24］では「備へる」が使えていないが、「資格を備へて」（4／15）と使っている例もある。

## ウ．語形がにているための誤用

［29］まだ早いかなとさつさと引き帰つた。（4／25）

のような、「引き帰った」はほかにも三例使われている。「引き返す」という動詞はあるが、「引き帰る」という動詞はない。類似の語形による混同であろう。なお動詞「引き返す」は一度も使われていない。

［30］自己の不達を悔ひながら虐待をこらし走つた。（2／7）

は、「こらへる」と「こらす」の混同である。ここでは「こらへる」が使えていないが、他では「痛さをこらへた」（12／7）のように的確に使われている。

このほかにも「ひげをはやつて」（2／8）と書いて、「はやす」と混同したもの、「月給三百二十円を持つている偉い人」（12／5）と書いて、「もらっている」と混同したものなどあるが、いずれも的確な使用例もあるので、不注意ミスと思われる。

### エ．不確実な記憶による語形の混同

［31］S君にひきられて足を運ぶ（1／12）↑ひきずられて・ひきいられて
［32］恥辱を加はられる（3／10）↑加へられる
［33］支那民俗の展望を借れて貪り呼んだ。（3／18）↑借りて
［34］この恥辱をぬぎ去らねば（6／1）↑ぬぐい去らねば
［35］吃驚して跳び起つた（5／28）↑跳び起きた
［36］レントゲン写真をとらはれた（6／20）↑とられた
［37］畜生蝉なんか捕みたつて何が面白からう（6／21）↑捕まえたつて
［38］胸を人知れず金棒にぶつかれたのである（12／7）↑ぶつけられた

この種の誤用は、［31］［32］［36］［38］は受動態との関連がある。受動態にする際の動詞の活用形が不的確なものと、類似の他の動詞を援用している場合とがある。［33］は明らかに書き間違いで、ほかに十五例も「借りる」を正しく使っている。［34］［35］は、複合動詞として使用しているもので、単独の語に比べると誤用の起こりやすい環境と言える。

## 一・二　活用形の誤用

「競技規則を買ようと」（2／18）「一旦とりやめらうと」（2／27）「朝食後もう一度ねむようと（3／26）」「出来らうはずもなし（4／26）」など、推量形・意志形の活用に不確実な例がある。「よう」と「らう」が混同しているのである。下一段動詞の「とりやめる」上一段動詞「できる」が「とりやめよう」「できよう」となり、ラ行五段動詞「ねむる」が「ねむらう」となる意志形がちょうど逆になっている。ワ行五段動詞「買う」までもが「買よう」（2／18）になっている。しかし、「出来る」の意志形は三回出てくるが、他の二例は「できよう」と正用である。「出来らう」の方がうっかりミスといえる。また、他のラ行五段動詞でも「入らう」「眈らう」「終らう」など的確な活用形が使われている。

「死物狂にかじりつけようか」（1／17）という意志形の例も見られたが、これは、五段動詞「かじりつく」の活用を、下一段動詞「かじりつける」と誤解し、その意志形にしたものである。

下一段動詞の仮定形でも、不確実な使用例があり、「はれば」（6／20）↑はれれば、「時間を尋ねば」（9／17）↑尋ねればのようなミスもみられた。

また、「腹も空つて」（9／24）は、「空く」のて形の誤用なのか、「減つて」の誤記なのかわからない。とはいえ、「減る」は「腹が（は）減る」として四例使われているので、ここでも「減る」のつもりであればそのように表記されるはずである。そう考えると、この例は、「空く」のて形の誤用であろうということになる。

## 二、名詞

### 二、一 「趣味」と「興味」

中国人日本語学習者の作文の中で「趣味」と「興味」を混同して使う例を多く見かける。「私は、平安文学史に趣味があります」のように「興味」を「趣味」で表現することが多いのである。これは、中国語の「趣味」の意味範囲と日本語の「趣味」の意味範囲が少しずれているからである。

『中日辞典』(小学館)で両語を引いてみる。

【興味】xingwei　興味。おもしろみ。

【趣味】quwei　おもしろみ。興趣。興味。

と記される。「趣味」に「興味」とあるので、興味の意味で「趣味」を使ってしまうことが多いということらしい。目白大学教授陳力衛氏からの私信(二〇〇七年五月十四日)によると、最近の中国語では「興味」はあまり使われない語だともいう。そのため、「趣味」が使われると言うことらしい。

李も盛んに「趣味」の語を使っている。一年間に二十回使用している。その中には、本来の「趣味」の意味のものもあるが、多くは「興味」の意味で使っている。

[39]文学面に趣味を寄せようと、(1/26)

[40]趣味は更々に湧いて来た。(2/26)

[41]特に趣味を引かれて、(10/3)

などである。李の使う二十例の「趣味」は、「趣味がある」「趣味を覚える」「趣味を感じる」のように使われているが、それらはみな、「興味がある」「興味を覚える」「興味を感じる」となるところである。こうした例が十八例

ある。後の二例は

［42］自己の趣味に取り入れたい。（2／25）

［43］近頃の趣味の運動は金棒だ。（12／11）

で、これらは日本語の「趣味」と同じ意味で使われている。

なお、「興味」も二例見られるが、それらは以下のように的確な用法である。

［44］私に大なる興味を与へてくれた。（3／14）

［45］むしろ遊ぶに多大の興味を引く時なので水泳は正に一挙両得である。（7／27）

この「趣味」と「興味」の混同は、昨今の中国語母語話者への日本語教育で類義語指導の重要性を主張する際に、例に出される語であるが、七十年前にも同じ誤用が盛んに行われていた事実を知る。当時の日本語教育の現場の実態がほとんど伝わっていないために、教授法の継承がなされてきていないという、教育史の一側面を示しているともいえる。

## 二．二 名詞の造語

### ア．接尾辞「さ」による派生語

［46］青年の憂鬱、苦悩さが泌々と思ひあたる。（2／1）

［47］疲れさが増して来る（2／28）

［48］嬉しさと恐怖さに却つて意識をふら〳〵する。（11／30）

［49］涼風戦き、一抹の軽々さを感ずる。（4／16）

［50］一種の親切さを与へてくれた。（12／14）

接尾辞「さ」をつけて、名詞化しているが、「苦悩」・「疲れ」・「恐怖」は本来が名詞であるから、「さ」をつける必要はない。［50］の「親切」は名詞と形容動詞があり、「親切さ」になることもある。「あの駅員の親切さには頭が下がる」のような親切の度合いを問題にする場合は「親切さ」という派生語にすることにも意味があるが、李の使用法では名詞だからあえて「さ」をつける必要はない。「軽々さ」は「軽々しい」の名詞化であるなら「軽々しさ」としなければいけない。

**イ．接尾辞「中」による派生語**

［51］脚が疲労中なるも我慢した。（2／2）

「～の最中」の意味の接尾辞「中」で、「会議中・食事中・営業中」のように使われるものだが、「疲労中」は言わない。「疲労」は歩きすぎたり、働きすぎたりした結果の状態である。だから、目下何かをしている最中を意味する「中」は使えない。

**ウ．接頭辞「大《おお》」による造語**

［52］やっと気づいて見ると電燈がついてゐる。大吃驚で夕食をとつた。（1／24）

「大慌て」（5／28）「大騒ぎ」（9／11）「大喜び」（6／21）「大助かり」（9／17）「大間違い」（1／27）（7／2）「大急ぎ」（2／18）「大違い」（7／10）など、この日記の中では、接頭辞「大《おお》」を加えた派生語が多く使われている。いずれも動詞連用形について、その行為の程度が大きいことを表す語になっている。しかし「びっくり」は副詞であるから、以上のような動詞連用形と同じようには使えない。「大吃一驚」という中国語表現はあるので[2]、それを持ち込んだものかもしれない。

**エ．「くれ物」**

［53］昨日科の所にかゝつて来た電話に何かくれ物があるとのことで、（10／7）

として使っている語だが、「くれ物」は、現行辞書で最も語数の多い『日本国語大辞典　二版』（小学館）には採録されていない。「与え物」「ちょうだいもの」などからの類推であろうか。

**オ．「待受場」**

［54］バスの待受場の所で黄徳煕君に出会つた。（6／11）

と、使われているが、この語も前掲の辞書にはない。停留所・乗り場のことだからわかるが、この語はない。待ち受けるという動詞もあるのだから、待つ場所をこのように言ってもいいだろうと考えた末の造語と思われる。なお、当日記では類義語として「乗場」（1／1）、「停留場」（4／23）・（5／9）が使われている。

**カ．「和心」**

［55］あゝかくては如何に和心出来ようか。（1／29）

中国語にも日本語にもない語だが、文脈から「安心」の意味で使っていると思われる。

**キ．「一朝一時」**

［56］然しこれは一朝一時にふとくなれるはずはないので絶えずの努力が必要だ。（1／30）

「一朝一夕」に由来していることは明らかだが、その誤用と見るべきか、あるいは、それに擬して李が造語したのか判断は難しい。しかし、李の自在で豊富な用語法とユーモア感覚から考えると、李が楽しみながら造った熟語と見ることもできるかもしれない。

**ク．「一瞬千金」**

［57］試験は今日が最後だ。と思ふと実に一瞬千金。（3／14）

「一瞬」と「一攫千金」あるいは、「春宵値千金」を組み合わせて造った四字熟語と考えられるが、筆者が日本語の世界を奔放に駆けめぐっている姿を彷彿とさせる例である。

### 二．三　名詞の誤用

#### ア．「小春日和」

［58］今日のやうな小春日和何となく踏み出したい気がする。（3／14）

［59］小春日和で微風そよぎ五月の野は静かなり。（5／7）

のように、三月と五月の温かないい天気に「小春日和」を使っている。この語は、春ではなくて、晩秋の冷えた日々の中で暖かい日を言うことばであり、当時の辞書でもたとえば『明解国語辞典』（以下『明解』）では、「陰暦十月の暖かい日和」[3]と記述されているのであるから、誤解して使っていることになる。

#### イ．「手当」

［60］今日の寒稽古は大分手当があつた。先づこの調子で行けばいやな気持はしない。（1／29）

と使われるが、この文脈に「手当」はそぐわない。「手応え」のことを言いたかったのではないだろうか。

#### ウ．「顔負け」

［61］赤い血が爪の側にそまつてゐる。これには顔まけした。

「顔負け」は「づうづうしいのに呆れること」（『明解』）[4]の意味だが、ここでは、怪我をしたことに気づいて、それにショックを受けている場面である。現代語なら「これには参った」とでもいうところである。あるいは、「根負け」から類推した誤用かも知れない。

#### エ．「消息不明」

［62］代数、漢文は先生は一言も口に出してない。うまく行つてゐるかどうか、消息不明だ。（5／24）

試験の結果を心配しているときの日記で、が良くできたかできなかったか、その発表がないので全くわからない、と言おうとしている文章である。「消息不明」はどこかへ行った人や物について、それらのその後のなりゆきが全くわからない、という場合に使う語である。試験の結果というような抽象的なものの情報が得られないというときには使わない。

### オ．「着物」

［63］伏せは丁度耕やされた土の上に伏せたのでいゝ気持はしない。着物が汚れてゐるのは云ふまでもなく、（12／14）

「着物」は『明解』によれば、「身体に着るもの。衣服」[5]となっていて、現在の「和服」に限定するような語釈にはなっていない。つまり、戦前は、「着物」といっても、和服とは限らなくて、身につけるもの全体をさしていた。その当時の意味からいうと、この文章の「着物」の用法はおかしくはない。誤用ではないのだが、七十年後の今日の語義で考えると誤用かと考えてしまうわけだ。ことばの意味の変遷の好い例である。

## 三．副詞と副詞句

副詞と副詞句の使用上でも、語形や使い方がが本来のものと微妙にずれていたり、勘違いしているらしいものが見られる。

### 三．一　語形の記憶違い

#### ア．「つぐ〳〵」

「つぐ〳〵」という副詞が十一回使われているが、これは「つくづく」の記憶違いと思われる。「つくづく」という本来の語形の語は使用されていない。

**イ．「まんまと」**

［64］グラウンドにはまんまと肥つた彼女等がバレーボールをやつてゐる。（4／25）

「まんまと」は、丸いようすの修飾語ではなく、「うまうまと。首尾よく。うまく。」（『明解』）の意味の副詞である[6]。「肥る」を修飾する語としては、「まるまると」がよく使われるので、その「ま」音が共通するための勘違いであろう。

**ウ．「何程」**

［65］昨日も科長から精しく教へて貰つて何程エレベターの壊れてゐた。（10／7）

の「何程」は、「なるほど」の誤用であろう。なお、「なるほど」は李の日記では「成程」一五例、「なる程」六例が出現する。「成」を「何」とした誤記である。

**エ．「少なく」**

［66］少なく五番以内に這入ることは易々である。（7／9）

の「少なく」は、この文脈からは「少なくとも」の誤用であろう。なお、「少なくとも」は「少なくとも人の二倍やる積りだ」（1／6）のように、的確な使用が六例見られる。

**オ．「かへりて」**

［67］昨日が雨なので今日も波及するかと待ちこがれてゐたがかへりて一層の晴天を示した。（5／23）

の「かへりて」は「かえって」の古い語形が使われていると考えられる。ただし、これ以外には「かへりて」も「か

へつて」も使用例はない

### 三．二　副詞の用法の違い

#### カ．「こぞつて」

［68］之からこぞつてにこにこ顔をしよう。（1／22）

では、「こぞって」の意味を誤解しているようだ。「こぞって」は人が「のこらず。みな。」（『明解』）の意味であるが[7]、ここでは時が「みな」である「いつも」の意味で使われている。あるいは、「つとめて」の意味で使っているのかも知れない。

#### キ．「とうとう」

［69］まあ学生だから渡して＃＃＃と言ひわけをしてくれたのでとう／＼無事に上陸といふ印を貰つて、（9／1）

［70］待てどとう／＼おいでなかつた。（2／27）

［71］会ひたかつたがとう／＼会へなかつた（3／25）

など、この日記中で七例の「とうとう」が使われている。そのうちの［69］の使い方は、少しおかしい。「とうとう」は、［70］［71］のように前に時間を費やした過程があって、そのいきついた結果を言うときに使うが、［69］では「上陸」という希望が実現した結果に重点が置かれているので、「ついに」「やっと」の方がふさわしくなる例と言える。

### 四．助詞の問題

助詞の誤用は、日本語学習の初歩の段階から始まって、かなり進歩したのちも、さまざまな形で現れる。まず、自他の対応がある動詞で、それぞれの動詞に対応する助詞が使えていない例を集めてみる。

## 四・一 「が」と「を」

### 四・一・a 自動詞の「すむ・ゆるむ・進む・静まる・募る・分かる」などの主格の助詞に「を」を用いている。

[72]気をゆるめば、（1／13）

[73]飯をすむ。（3／25）

[74]私に求学の念を募ってきた。（5／30）

[75]話を進んでいる中に、（6／11）

[76]狭いのを気にかかる。（9／8）

[77]幅飛びをすむまではまだよかつたが、（10／18）

[78]慢心を起れば、（10／24）

[79]関係を持っているということを始めて分かったのだ。（11／12）

[80]声を静まってから、（11／23）

これらは、いずれも、「飯がすむ、気がゆるむ」などのように、助詞は「が」になるところである。

### 四・一・b 他動詞の目的を示す語に、助詞「が」を用いている。

[81]運動パンツが置き忘れた。（2／2）

[82]腹が立ちたかった。（2／6）

[83]疲労させぬことが痛切に感じた。（3／6）

[84]心持が尊ぶべきだ。（4／13）

[85]電話がかけてきたそうだ。（4／22）

〔86〕気分が起さずにいられない。（4／24）
〔87〕かくも授業が嫌ふのか、（5／8）
〔88〕今日は籠球の練習がし始めた。（6／2）
〔89〕悪が発見すれば打消して行く。（6／3）
〔90〕映画が見物することを許可された。（6／13）
〔91〕雄大さがしみじみと感じた。（6／18）

これらは、いずれも「気分を起さずにいられない」「雄大さをしみじみと感じた」のように、「を」になるところである。

四．一．aと四．一．bを合わせて考えると、「慢心を起れば」「気分が起さずに」と、「起る」を他動詞として、「起す」を自動詞として、それぞれ理解し、本来の自他動詞を逆に理解していることがわかる。もっともこの二語の使用法については、「下等人が居るから今次の事変が起るのだ」（1／11）「そういふことが一中や二中との間に起る」（2／12）「陳さんを起してやりたいと」（1／2）など、「起る」を自動詞として、「起す」を他動詞として適切な使い方をしている場合も多い。

四．二　「に」

四．二．a　「を」になるべきところが「に」になっている。

〔92〕好学心にたどる。（4／19）
〔93〕皆に笑はせた。（6／22）
〔94〕上級生に恥ずかしめないよう、（7／11）

［95］先生に表彰する。（9／10）

「笑わせる・たどる」など他動詞だから「皆を笑はせた」、「先生を表彰する」となるところを「に」にしている。他動詞という意識がないのかもしれない。「笑わせる」「恥ずかしめる」など使役形になっていることと関係があるかもしれない。使役の文型には「～に～を（さ）せる」というのがあるから、この使役の対象の「皆・上級生」＋「に」と考えたのかもしれない。

**四．二．b　助詞「に」が必要なところに助詞を使っていない。**

［96］大陸出なければ（2／13）↑大陸に出なければ

［97］数学まさるとも（11／19）↑数学にまさるとも

話し言葉では、助詞なしで表現されることが多いので、日記も話しことばのような気安さで書いた結果なのかもしれない。

**四．二．c　助詞「の」を使うべきところに、「に」を用いている。**

［98］私に脳裏にきらめいてきたのは（6／5）

［99］彼に家についたとき（4／9）

**四．二．d　助詞「で」を使うべきところに、「に」を用いている。**

［100］手に扇をあふつて（6／23）

［101］無言に歩いて帰った（12／10）

**四．三　「を」**

**四．三．a　助詞「に」を使うべきところに、「を」を用いている。**

〔102〕家を飛び帰りたい（5／3）
〔103〕光線をぶつかる（7／8）
〔104〕冬シャツを着替える（11／29）
〔105〕社会を踏み出して（4／28）

### 四．三．b　助詞「で」をつかうべきところに、「を」を用いている。

〔106〕ラグビーを遊んでいると（3／3）
〔107〕足を踏めば草履まで沁み透る（3／27）
〔108〕草原の上に足を踏めば（4／30）
〔109〕汗だく体を風呂に這入ることができなかっ（6／5）

### 四．四　「で」

助詞「で」を使うべきところに、ほかの助詞を用いている。
〔110〕デッサンが自由に腕がふるまえる。（3／5）
〔111〕裏校庭へ新鮮な空気を吸ふ。（1／28）
〔112〕無我夢中にかぢりついた。（1／24）

### 五．助動詞「だ」の使いすぎ

「あるだが」「いいだが」などの「だ」が、中国語母語話者の日本語によく現れる誤用であることは、現在の日本語教育でもよく知られている。日本語には述部の末尾が敬体の「です」と常体の「だ」と両方あるが、中国語にはその区別がないため、混乱すると思われる。名詞述語文では、「日曜日です／日曜日だ」となるので、形容詞文でも「いいです／いいだ」と勘違いしてしまうのである。動詞文でも同じように「あります／あるだ」と類推してしまうのであろう。この日記でも、その傾向は強く見られる。「だ」に接続する語を動詞・補助動詞、形容詞、助動詞分けて整理すると以下のようになる。

### 五．一　動詞・補助動詞＋「だ」

する**だ**と思ふと（1／8）・思ふ**だ**った（1／26）・順調に行く**だ**ったら（5／5）・試験がある**だ**が（6／1）・だれが尊敬する**だ**（6／14）・心が腐っている**だ**と言わねばならぬ（6／15）・わかる**だ**（6／24）・ある**だ**が（7／8）・勉強している**だ**が（7／27）・少し熱はある**だ**が（10／27）四〇歳越している**だ**と思われない（12／4）先生も一緒に行く**だ**さうである（12／19）

ただし、「明日は試験だと思ふと」（1／20）、「出金するさうで」（1／27）、「行くのであるが」（12／21）など、無用の「だ」を用いない正用の例も多い。

### 五．二　形容詞＋「だ」

遅い**だ**と（2／27）・遠い**だ**が（4／22）・ない**だ**と予想する（5／13）・楽しい**だ**けど（5／26）・もう少しまじめになればいい**だ**がなと（11／4）

ただし、「見たことはないが」（3／17）、「運動はいゝが」（11／8）などのように、無用の「だ」を使わない例も多い。

### 五．三　助動詞＋「だ」

話にならぬ**だ**（1／29）・この前はやれぬ**だ**が（5／13）・要しない**だ**と思ったら（7／2）・調べた**だ**とは（10

／24）・よく出来ただと（10／29）・練習してきただもの（11／3）・よくもこれだけ運動しただなと（11／4）・よかつただと思つた（11／11）・後でわかっただが（12／20）

ただし、「寝すぎたと思つた」（5／28）、「一分間も入らぬが」（10／31）、「練習せねばならぬ」（11／24）など、助動詞の前の無用の「だ」を入れない用法の例も多い。

## 六．使役文と発想法の違い

日記では以下のような、日本語として不自然に思われる使役文型が現れる。

［113］今日私に一種の恐怖心を抱かせた。（2／19）

［114］気分が何だか窒息させられた。（2／19）

［115］体操はやはり金棒に一種の恐怖さを抱かせざるを得ない。（9／22）

これらは、直訳調でぎこちなく、日本語としては不自然に思われる。普通の場合、「私は一種の恐怖心を抱いた」か、「恐怖に陥った」、「気分がなんだか詰まりそうだった」、「金棒に一種の恐怖を抱かざるを得ない」のようにするだろう。

上記のような不自然な使役の文型の使用は、中島（二〇〇七）に詳述されているとおり[8]、中国語の発想と日本語の発想の違いでもある。上記の文型は、日本語の文型であれば、自分のことなら、結果としてどうなったかをいう発想が強く、自動詞的表現にする。教師が「我々を何回も走らせた」（2／7）という例もあるが、その場合は、それを受身にして「何回も走らされた」とするだろう。

発想の違いからとしては、

［116］運動の出来ないのは何より気を弱めた。（5／2）

［117］今日の練習は私に大自覚をうながした。（2／24）

のように使役表現ではなく、他動詞を使って、同じような意図を表明するものもある。日本語的に表現するとしたら「運動が出来なくて気が弱くなった」「今日の練習で大いに自覚した」のように、自分にひきつけて自動詞的に表現するはずである。

使役では「せる」「させる」の助動詞のほかに「しむ」「せしむ」の古語の助動詞も多く使われている。

一しほ我を不安ならしめた（1／19）・恥かしめ（1／22）・沈黙に陥らしめ（1／22）・思はしめた（2／14）・一層私を不安ならしめた（3／9）・私を不愉快ならしめた（3／10）・一層不快ならしめた（3／15）不人情を痛く不愉快ならしめた（3／22）不愉快ならしめた（3／23）・他人に恥かしめない位（5／13）・暑さ皮膚をして憂鬱せしむ（6／25）

これらは古文の教育が徹底していた時代背景を思わせる。李は教師に殴られたり、侮辱的なことばを使われたりすることが多くて、「不愉快ならしめた」はたびたび出てくるが、李にとっては自然に「不愉快になった」のではないので、「私を不愉快ならしめた」とあえて使役型にし、しかも古語を使うことで、その理不尽さを際立たせたかったのかもしれない。日本語として被害を強調したければ、「私は不愉快にさせられた」と使役受身にして、「不愉快になった」とは違う被害者の立場を示すことになろう。

使役の使いすぎの傾向があるが、一方では、受身との混同で、使役型を使っていないものもある。

［118］晩に入つた。一層私を不安ならしめた。頭を悩まれた。（3／9）

［119］時には標本習べ、教官室掃除とやられたが、（12／15）

のようなものは、受身だけでは意図が伝わらないから「悩まされた」「やらされたが」のように、使役を加えなければいけない。

## 七．受身の文型

受身形にしたほうがいいのにそれをしない、また、逆に受身形にしないほうがいいのにしている、というのもある。

［120］時間表は今日発表した。（6／19）

［121］外出を許しているが、（12／9）

のように、「発表する」「許す」は、学校当局の行為として記しているが、その文脈は、生徒側がそれによりどういう影響を受けているかが主眼であるから、そこだけ、当局が主体となる動詞の使い方では、文脈がねじれてしまう。こういう場合は、自分の側に受けた情報や許可として、「時間表は／が今日発表された」「外出が許されているが」とするであろう。

［122］種々想が私をかき乱した。（3／9）

という例もあるが、これは「○○が私を～する」という自分を第三者のようにした文型である。日本語ではふつうこの種の文型は使わない。自分のことを言う場合は自分がそうなったと自動詞的表現をする。「かき乱す」のような他動詞の場合は「かき乱される」と受身にして、「種々の想いにかき乱された」とする。

また、

［123］白い納豆をすすめた。（12／31）

という例もあるが、自分とその行為者との関係がわからないとして不安定な表現となる。相手が自分に勧めたことを、

「○○は私に～を勧めた」とすると、○○の「勧めた」行為を事実として伝えるにすぎない。相手の好意として評価したり受け止めたりする場合には、受身か授受表現にして相手との関係を表明する言い方になる。だから、ここでは「白い納豆をすすめられた」と受身にするのが普通であろう。さらに、好意として受け取ったことを示したければ「すすめてくれた」となる。

受身形にしないほうがいいのは、

［124］しめられてある教室の窓側に、（5／7）
［125］ゴミ箱か（ら：脱字）拾われた雑誌、（7／2）
［126］夕べの苦心に実を結ばれて、（7／3）

のようなものである。これらは、「しめてある／しまっている窓」「拾った雑誌」「夕べの苦心が実を結んで」として、受身形にする必要はない。「しめられた窓」や「拾われた雑誌」として、視点を「窓」や「雑誌」に移す必要はないし、「実を結ぶ」は、そのまま慣用句としての用法を生かすべきであろう。

## 八．可能表現

［127］風呂にはいれることが出来た。（3／8）

は可能の二重使用である。

［128］手にとるように見えられ、山々も見えらる。（8／9）

は可能の助動詞が不要な例である。自動詞「見える」は、すでに、視野に入ってきて見ることができている状態である。

五段動詞に可能の助動詞をつけた用法もある。「思はれない」（12／10）、「怒るに怒られない」（11／23）などで、現在では五段動詞に助動詞がつく語形は衰退して、「思える」「怒れる」のような可能動詞が主流になっているものである。「思われる」のような語形の使用は、七十年前の可能表現の実際を示している。

「運動しないですめる」（6／24）は、「すむことができる」か「すませる」となるところ。「能率の上れるもんちやない（10／20）」は「上げられる」となるところ。次はラ抜きの例である。

［129］熱も減じて来る次第で夕方頃には散歩に起きれた。（7／24）

七十年前の日本語学習者の逸はやいラ抜き使用例は、文法史研究や教授法を中心とする日本語教育史研究に貴重な資料を提供してくれている。

なお、可能表現ではないが、動詞の語形でゆれているものの七十年前の姿もわかっておもしろい。「感じる／感ずる」「念じる／念ずる」など、現在では「感じる・念じる」の「じる」系が主流になってきているが、李は「感ぜられた（12／11）」「命ぜられる（9／20）」を使っていて、当時は「ずる」系がまだ力を持っていたことがわかる。

以上、日記の文法面での誤用・不的確な用法や語の選択をみてきた。不的確な側面に焦点を当てると、どうしても、そうした例ばかり取り上げることになって、この日記の日本語の習熟度がかなり低いものであるかの印象になるが、日記を通して読むとき、こうした誤用・不的確な使用があっても、十分に筆者の真意は伝わってくる。筆力・文章力は、文法的正確さを超えるものだということもわかる。こうした事実は現在の日本語教育の作文・小論文指導にも示唆するところが大きい。

**注**

1　中島悦子（二〇〇七）『日中対照研究　ヴォイス―自・他の対応・受け身・使役・可能・自発―』おうふう　15

2　北京・商務印書館・小学館共同編集（一九九九）『中日辞典』小学館　194
3　金田一京助編（一九四三）『明解国語辞典』三省堂　復刻版一九九三・363
4　同右　137
5　同右　215
6　同右　976
7　同右　356
8　中島（二〇〇七）前掲書27－32

**参考文献**

石剛（二〇〇三）『植民地支配と日本語』三元社
遠藤織枝他編（一九九四）『使い方の分かる類語例解辞典』小学館
北原保雄編（一九八九）『講座　日本語と日本語教育　1巻日本語の文法・文体（上）』
佐治圭三教授古稀記念論文集編集委員会編（二〇〇〇）『日本と中国　ことばの梯』くろしお出版
柴田武・山田進編（二〇〇二）『類語大辞典』講談社
中村明他編（二〇〇五）『三省堂類語新辞典』三省堂
日本大辞典刊行会（二〇〇一）『日本国語大辞典』第二版　小学館
北京・商務印書館・小学館共同編集（一九九九）『中日辞典』小学館
劉徳有（二〇〇六）『日本語と中国語』講談社

# Ⅱ－3　文体と表現

## 一．文末表現

文末や句末の述部を「です・ます」の敬体で終えるか、「活用語の終止形・である」の常体で終えるかだが、日本語教育では話しことばから指導するため、先に敬体を教え、後で友人間などくだけた話し方として、常体を教える。この常体がそのまま書き言葉に移行していく。厦門旭瀛書院で一九三〇年から日本語学習を始めて、十年にもわたって日本の教育を受けている李徳明は、自在に文体を操って楽しんでいる感がある。李の日記の文体は常体が主流を占めているが、時に以下のような敬体が混じることがある。

ありませう（1／8）・書きました（1／8）・燃えてゐます（1／8）・勝ちました（2／4）・へるでせう（2／20）・こみあがりました（3／10）・されました（4／16）・困るですね（5／20）・のであります（6／15）・誓ひました（6／15）・上つてゐます（7／20）・来られませんから（7／22）・出しました（7／22）・囲んでゐました（7／22）・来ません（9／1）・どうしてわすれませう（12／31）

原則的に「だ」「である」体で書かれた日記に混ざって使われるのだが、その混ざり方としては、以下のように常体の文章の中に、一文だけ敬体が紛れ込んだようになっているものが多い。（傍線 遠藤。直線は敬体、点線は常体）

［1］最初は十人ばかりなげられたので失望したが、生長の佐藤君がよく頑張つてくれて六人を倒し、危機一髪の所で勝ちました。その対は決勝戦にはいる。先づ優勝の採・建に挑戦する。（2／4）

［2］私が「はい名前を忘れました」と言ふといきなりパチ／＼と顔つぺたを二つ打かれた。私は一時にどつと悲し涙がこみ上りました。その時は級主任ももう一人の幾何の内田先生が居合せしかも生徒が百何人の前でかゝる恥辱を加はられたことは留学生として実に面目なき次第と言はざるを得ない。（3／10）

このように、急に敬体に変わるのは、その書こうとする内容と関係がありそうである。つまり、感情的に激したとき、話し言葉として最初に習い、日常使い慣れている敬体が、つい、出てしまうのではないかということである。［1］では危ないところやっと勝ったという喜びの気持ちが噴き出て、話し言葉になり、［2］では、「一時にどっと涙がこみ上りました」とあまりの屈辱に抑えきれなかった涙を伝えるのに、つい、話し言葉になってしまったのである。そして、冷静にもどった次の文章では「面目なき次第と言はざるを得ない」と常体に戻っているのである。

## 二．日常用語

この日記は、方言や縮約表現など、日常の話し言葉、またその影響を受けていると思われる表現が多く使われ、変化に富んだ文体で書かれている。

### a．方言らしいもの

起きれよ（1／3）・志望しとつたが（1／7）・言ふている（2／25）・言つとつたが（3／26）・寒いぢやなう（11／26）・何と情けないことぢやらう（12／17）

国立国語研究所『全国方言文法地図』によれば、「起きれ」は、一段活用の命令形の「ろ」が「れ」に変化した形で、九州や西日本の各地に使われる方言である。「…とった」も、富山・京都・愛知・三重などで使われる方言、「…なう（のう）」は、山口・広島・大分などの方言で、おそらく台湾の工業学校の教師たちも日本の各地から赴任していたであろうから、そうした教師たちの方言混じりの日本語の影響も受けていたと思われる。さらに、それ以前に、李が厦門で教わった旭瀛書院の教師のことばの影響もあるかも知れない。

### b．否定形の「ん」

行かんかつた（2／12）・いらんことを（10／15）・いらん外出をして（11／4）・成立せんであるから（11／19）・運動もせんし、飯も十分に食へんのである（11／24）・そんな精神ぢやいかん（12／7）

これらも、方言的な要素が含まれているともみることができる。

### c．縮約形

ア．ぢゃ↑では

ゐるぢやない（3／16）・これぢや（5／9）・それぢや効果がないぢやねーか（6／10）・弱いぢや話にならない（10／14）

イ．りや↑れは

こりや大失敗（6／25）

ウ．ちやう↑てしまう

とじちやつた（1／2）・五時におきちやつた（1／2）・風を引いちやつた（3／7）・やめちやつた（4／1）・眠ちやつた（4／2）・寝ちやつた（6／30）・明言をはいちやつた（12／19）・わすれちやつたさうだ（12／31）

エ．ちまう↑てしまう

忘れちまつた（5／2）・やめちまつた（5／2）・いやになつちまふ（5／4）・感心しちまつた（9／28）

オ．ん↑の

なまやさしいもんでない（1／8）・言ふんだ（5／10）・来たんだ（7／17）・家は台北にあるんだが（8／5）

こうした縮約形は、本来の日本語を習得した上に、より日本語らしく話したり書いたりしようとするときに使用される。つまり、習熟度に比例するものと言える。それだけ、李の日本語のレベルが高かったことの証左であろう。

### d．ぞんざい・乱暴な言い方

後戻をしやがる（3／28）・食はなかつた（3／29）・きやがる（4／19）・いらんことをしやべつてゐやがる

（9／18）・こいつ等（7／25）・やってやら（9／21）・こいつ、馬鹿（11／21）

「〜やがる」は、授業中にみんなの前で、軽蔑されたり、侮辱的な教師の発言があったりしたとき、その教師の行為につけて貶め、受けた屈辱を跳ね返そうと勢い込んでいる日記の中で使われている。

**e．やや尊大な言い方**

ならして居つた（3／29）・教室に居つて（12／20）・やつが居つた（3／24）

「いて」ではなくて「居《お》つて」を使うところに、やや尊大さを表そうとしているようすが窺われる。

**f．強調の言い方**

満員ばっかしで（5／6）・つまらぬばつかし（6／4）・ちつとも（6／25）・腹がもの凄く空っぽになつて（7／5）・滅茶に空いたので（7／13）

こうした用語も、習熟度を示している。

**g．終助詞**

表現だよ（1／10）・人間が陰険に見えるかしら（1／22）・後がひどいだよ（2／8）・躍り出すよ（3／27）・明日の試験は四科目だよ・辛抱だぜ（5／11）・こんなに努力してゐるだな（5／14）・短気は損気だぜ（6／8）・挨拶するんだよ（7／22）・幸福だな（7／31）・神経衰弱なのかしら（10／27）

話しことばの終助詞を書き言葉の日記に取り入れている。自問自答しながら書いていたのであろう。「ぜ」「なあ」など、強く伝えたり、強く感動したりする時に使われる終助詞が日記に現れている。また、「かしら」は女性専用の終助詞とされるが、若い男性が書き言葉の中で使っている例として興味深い。戦時中は女性専用語ではなく、若い男性も日常つかっていた事実は遠藤（二〇〇四）でも報告している。戦後の文法書などで「女性専用語」と記述されるようになったのは、こうした実際の使用例を把握していなかったせいではないか、という疑義も生まれるのである。

## h．候文

［3］明朝九時挨拶に参り候。（10／7）

尊敬し、心酔する古田さんのお宅に行こうと決めて書いている文章が候文になっている。文語の得意な筆者であるが、候文まで出てくるのは、それだけ古田さん宅訪問を重要に考えていることの表れであろう。

以上のように、候文から、乱暴な日常のおしゃべりまで、豊富な文体が駆使されている。李の文末表現は実に多様で生き生きしている。「それぢや効果がないぢやねーか」（6／10）は、「ぢやねーか」と極度にくだいて乱暴な言い方をしているが、その直前の「ない」はそのままで「ねー」とはなっていない。

教師に叱られ、自尊心をひどく傷つけられる経験が多いが、それを書くときは、叱られた事実はそのまま認めるしかないが、日記はその教師に対する恨みや反発のはけ口として大きな役割を果たしていたはずである。教師に対する罵倒、非難、批判、また、それを言った後反省したり発奮したりする自分向けの文章で文体が変わる。こうした感情のはけ口として書かれた日記だからこそ、その表現は多彩で生気に満ちていると言える。

「ばかやらう、お前のやうな人類に似合ぬ下等人が居るから今次の事変が起るのだ」（1／11）と教師を罵倒したり、「こんな精神ぢやいかん」（1／20）と自分を戒めたり、「口先だけでだましちや後がひどいだよ」（2／8）とまた、教師に向けたり、「大馬鹿者の田中源太郎なめてゐやがる」（2／21）と教師を脅す口調で書いたり、「私がこんな小さいことで屈伏するもんか。私が敗者追従だと思ったら大違ひだぜ」（7／10）と、また自分を励まし、自分の本心を訴えようとしたり、さまざまな心の動きを文末で言い分ける。上級生に対しても、「下級生に一人六十銭出させてばちを作らせるなんて大それたことをしやがる」（10／16）とその行為に批判の眼を向ける。しかも、「誰があんなばか〳〵しいことをするかと言ふんだ」（10／16）と、それに追随しないことを宣言する。

こうして、教師や上級生を恨みを込めて語るときは、極めて過激な強い表現も多く使われるが、校長のことを書くときは、最上級の敬語を駆使して荘重体ともいうべき、厳かな文体で書き上げる。

## 三．古田さんへの敬語・文語文の使用

校長先生のこととなると、文体が変わる。

［4］校長先生は八・十五分台北をお立ちになつて一行七名国防色の防衛服をお召しなつて頗る元気にて上海に向け憧れの支那旅行に立つ。（11／7）

［5］校長先生の中支視察談を聞く。「中国人を侮るべからず。共存共栄を目的とせよ」あゝかくも彼等がこれまで認識したかなと感心する。勿論一部の下等人には問題にならぬがこれだけでもその心持が察せられる。（12／5）

「お召しなつて」は「に」が脱落しているが、直前の「お立ちになつて」は、正しく敬語が使われている。

古田さんの家族についても文体は変わる。［3］のような候文まで出てくる。

当時の中学校では漢文や文語文の教育も盛んで、生徒たちの日常生活中で口に上るほど一般的であったことも、李の文体から窺われる。漢文口調は中国由来の故事成句を文中に用いるときに、散見される。

［6］今日の天候を幸ひに査閲の予行演習をなす。（10／18）

［7］求めてやまず心は清く碧空を我が胸とすべし。（10／25）

のような文語文も見られる。
これらは、一日の日記の中での一文か二文の部分的な使用であるが、十一月十五日と十六日はどういうわけか、全部が文語文で書かれる。

［8］教練の試験ありき、抑々教練は平素の熟練にしくはなし、然れども人各々生れつきにして性質異なりたるが故に技術を通じてその人物考査をなすはもとより不適なり、故に尾崎先生曰く「我は諸君の気分を主として見て採点す」なりと、蓋し先生は最も技術に勝れたるに拘はらず斯くの如き喝破するのは実に一口見識の卓越せるにあり。又我等青年もよろしく天真爛漫にして純真無垢、たゞ学術に忠実のみ、かくすることに於て進歩発展あり、苟しくも虚栄に陶酔せずあくまでも正直に孜々営々として学業に精を出し人格向上を図るによつて我等は希望あり、進歩、生長を期して我等は元気あり、（11／15）

一貫して文語調を崩さず、それにふさわしい語彙を選んでいて、格調高い日記になっている。「私は作文が下手なので」（11／12）と、李は書いているが、それは当たっていない。文体の自在な使い分けができて、それに合った語彙を選択して自己の心情や感情を思うままに描写できた李は、作文力が大いにあったと明言できる。

## 四．ユーモア・教養

李の日記にはユーモアもあふれている。

［9］殊に若い人はおいらのまじめに書いた画を製図をたゞざらつと看て通つてしまふ。何と情けないことぢやらう。（12／17）

は、自分の作品をじっくりと見ていってほしいと緊張し、期待して待っているのにさっさと通り過ぎていく若い人たちを見送っての自嘲的ともいえる感慨だが、「おいら」と言い、「何と情けないことぢやらう」と言い、ユーモラスに書ききって、明るさを保つ余裕のあるところを見せている。

［10］それぢや効果がないぢやねーか。（6／10）

も、教師の場当たり的な指導に、憤慨しているのであるが、それをくだけた表現で笑い飛ばして、教師を揶揄するのである。

また、故事成句や、日本の名言なども巧みに引用して、日記に豊富な広がりを見せている。

［11］精神一到何事不成。（1／22）

［12］少年易老学難成、一寸光陰一寸金といふ我国の古言を沁々考へさせられる。（2／7）

［13］天は自ら助くるものを助くといふのは自己が努力すれさへ天は自然と見測つて来れると言ふ真理に外ならない。（2／28）

［14］杜甫の詩：播手作雲覆手雨の一節のはかなさを連想させる（3／27）

（注「播手」は、「翻手」の間違いではあるが）

［15］手の舞ひ足の踏むを知らずとは古人の形容だ。（6／14）

［16］「夜来風雨声、花落知多少」、廊下の藤の木は赤紫の綺麗な花を咲いてゐるのに可憐さうに暴風の為に一角が苦しさうに吹きたらされてゐる。（10／11）

古今東西の名言や名句だけでなく、李自身も友人のサイン帳に立派な文章を寄せている。

［17］意気おのづから頓に爽かに、人誰か毅然として大に奮ひ、斬然として自ら新たにせんと欲はざらん。眼は遠きを見よ。千里を思ふものは百里に疲れず、よし、逝くものを流水に委ねて、起つたものを烈火に擬へん。

希望の駒は既に断えていでいざ第一歩を。（11／27）

## 五．多様な自称詞使用

李は、同じ日記の中で自分のことを「私・僕・おれ（俺・己れ）・わらわ・おいら」などとさまざまな人称詞で表現して、表現力の豊かさを見せている。ここで「己れ」という語が十例使用されているが、

［18］　但し己れは成績簿をとるまでそれを我慢しておく、（12／22）

のような使われ方から、「おのれ」ではなく「おれ」の意味で使われていると判断して、「俺」と同じ自称詞として扱う。その他の自称詞の使用例を挙げる。

「私」はもっとも多く二百九十七例使われ、書き言葉としての日記の文章にごく一般的に使われている。

［19］もはやこゝまで言はれては私も少々恥かしくなつて来た。（1／5）

「僕」は二十二例で、

［20］　元来無口の僕は友人と一緒に歩くのもきらひなのだ。（1／4）

のように、「元来・無口・友人」などやや硬い語が使われる文章の中で使われる。

「俺・己れ」は十八例で、［18］や、

［21］　李のやつ俺を軽蔑してゐる。（4／19）

など、少し力んで、強がっている文章の中で使われる。

「おいら」は二例だが、くだけた言い方で、［9］や、

［22］　先生に見付かればおいらは草刈をしてゐるのだとちやんと弁明すべきことを考へておく。（12／15）

のように使われ、［9］では、丁寧に見てもらうことを期待していたのに、ほとんど無視されてしまった、その口惜しさを冗談めいた言い方で紛らし、［22］では、先生に見つかったときの口実を考えておくといういたずら心で使われている。そうしたユーモア精神が「おいら」という普通の書き言葉で使われることのないことばを選ばせたのであろう。

「わらわ」は一例のみだが、

［23］暫くして体操の教師を務めてゐる三中の阿部先生がやつて来て、こら挨拶も何もせんに黙つて練習していゝか、と叱られてわらわは青くなつた。（4／22）

のように使われている。「わらわ」は辞書では、「（文）婦人の自称代名詞」（金田一編『明解国語辞典』一〇八九）、「［文章語］むかし、武家の女性が自分をへりくだってさしたことば。わたくし。」（市川編『三省堂現代新国語辞典二版』一三九二）と記述されるように、日常的に使われる語ではない。

例のように、あえて、この語を使ったのは、武家の女性の使った自称詞が突然の叱責に恐懼するさまを表すために効果的と考えられたからであろう。あるいは、こうした重々しい古語を使うことで、李は、自分にそれほど非がないのに、高圧的に叱られた悔しさを訴え、抗議したい意志をそれとなく表明したかったのかもしれない。

これだけの多様な自称詞を文脈に合わせて使いこなす力量は、熟達の日本語話者のものといってよいだろう。

## 六．首尾の不一致

主語に対する述語が示されなかったり、途中で主語が変わったりする、ねじれた文章もいくつかある。以下のようなものである。

［24］私の心配しているのは体力がないのだ。（9／30）

［25］裏校庭は大分整頓されて来てトラツクニ白線がきち／＼と引いてある。それは今度の査閲には体育を主として見るので教練は体操と密接な関係に居かれるに至つた。（10／4）
［26］何故かくも故郷が我等の心を引きつくか、言ふまでもなく自己の生長の土地であり、あらゆる分野に浄化されてゐる。（10／15）

［24］は、［…のは…のだ］という文型の誤用、［19］は、［…それは］と理由をいいながら、その文末が呼応していない。［26］は、「何故かくも」と、自問し自答する文でありながら、その文末が呼応していない。

この種の誤用は、日本語教育では頻繁にみられるものである。日本人の日本語表現法でも留意項目の一つとされる。それほど、誤用が多い分野であるから、李の誤用はそれほど目立たない。

## 七．慣用表現の誤用

慣用句の知識も豊富だが、類似の慣用表現と混同している例がいくつかある。

［27］もと気持よかつた級も現在は悪雲に積まれてゐたさうだ。（1／29）
［28］明日は芝山巌祭、さまざまな思ひが頭を走らせた。（1／31）
［29］種々の旅愁が頭をかきまはる。（2／1）
［30］彼の語る所をじつと耳をするゐると私の弟の徒ら坊とは全然変つてゐる。（3／24）
［31］寝室へ行つてうたゝねをとつた。（5／28）
［32］俗に云ふダルマさんは風邪したのであらう今日は休んで居つた。（10／10）
［33］これをよき経験として摂生をとることに務めなければ（12／23）

[27]の「悪雲」は、辞書には「悪運」は熟語として採録されているが、「悪雲」という熟語は採録されていない。「黒雲」のことであろうか。あるいは李の比喩表現としての造語と見るべきかもしれない。クラスが「悪雲」にたちこめられているのであれば、動詞は「積まれる」ではなく「包まれる」か「覆われる」であろう。

[28]の「思いが走る」でもだめだとはいえないが、このような文脈では「思いが駆け巡る」というのではないだろうか。

[29]の「頭をかきまはる」も、種々の想いが、頭の中を交錯するのであれば、「頭を駆け巡る」のではないだろうか。

[30]の「耳をするゑる」はじっと落ち着いて聞いているという意図で使われている。一般の辞書の慣用句の中にはみられないが、「腹をすえる」からの類推で、耳を動かさずに集中して聞くという意味で造語されたらしいことがわかる。「耳をすます」とは少し違う意味の慣用句として捉えることができよう。

[31]本来の「うたたねをする」と「睡眠をとる」との混同による合成表現ではないかと思われる。

[32]は「風邪を引く」の代用である。なお、日記中で[風邪]は三回出現するが、この例以外は名詞用法で、動詞をどう捉えていたかはわからない。当時すでに、昨今の「お茶する」と同様の「する動詞」の用法を取り入れていたのかもしれないと考えると、別の興味が湧く。「下痢する」「咳する」などとの類推で「風邪する」と言ったのかもしれない。

以上文体と表現技法の面から日記の日本語の特徴をみてきた。日本語として的確でない語の選択や用法もかなりあるが、それらは、レベルが上がっていろいろな語彙や表現をしようとすれば避けられないことである。しかも、夜遅くまで勉強して、寝る前に急いで書く毎日の日記である。そうした中でさえ、ユーモアを忘れないで精彩ある表現や描写法を駆使して書かれた日記からは多少のミスは捨象される。絶えざる向学心と植民地支配下にある祖国への熱い思いを持ち続けた十八歳の青年の心情のはけ口としての日記にあっては、誤用はそれほどの妨げにはなっていない。

**参考文献**


市川孝編（二〇〇四）『三省堂　現代新国語辞典』二版　三省堂
遠藤織枝（一九八八）「話しことばと書きことば」『日本語学　三月号　明治書院　27-42
遠藤織枝（一九九三）「話しことばと書きことば—その文体レベルでの異同を考える」『東京大学留学生センター紀要』三号　東京大学留学生センター　93-114
遠藤織枝（二〇〇四）「戦時中の話しことばの概観—現代語と比較しながら—」（『戦時中の話しことば』ひつじ書房27-64）
国立国語研究所（二〇〇二）『全国方言文法地図』
中村明他編（二〇〇五）『表現と文体』明治書院
三牧陽子（二〇〇七）「文体差と日本語教育」『日本語教育』134号　日本語教育学会58-67


## Ⅱ-4　オノマトペ

この日記ではオノマトペ[1]が多用されている。十二月四日の記事などは、三三〇文字の中に「ぽんぽん・さんざん・ぶるぶる・せいぜい・すくすく」と五語も使っている。日本語の中でオノマトペの習得は、感覚的な面があるため日本語学習者にとって習得が困難とされている[2]。それが、このように多用されるということは、当時の日本語教育の成果の一つといえるかもしれない。当時の日本語教育が情動・感覚面に力を入れて、自然なオノマトペ使用を促していたということだろうか。もちろん、これは一般化できるだけの根拠はない。当時の日本語学習者に共通することなのか、李徳明が特にオノマトペの習得に長けていたからなのかわからない。いずれにせよ、中国人学習者にとって、オノマトペ習得が必ずしも困難ではないという見本を提供してくれているのはありがたい。

全体では延べ語数で二八一語、異なり語数で一一五語を使用している。なお、現在の日本語能力試験の語彙の範囲として示される語の中で、オノマトペは三・四級では七語、一・二級では八十九語が含まれている[3]。すなわち、李の使用語彙としてのオノマトペは、一級能力試験の理解語彙をはるかに超えていたと言えるのである。

三三〇日分の日記に二八一語使用していたのだから約一・二日に一語ずつ使っていることになる。

以下に使用頻度が高く五回以上使用しているものを順に並べる。表記が異なっても同じ意味で使われているものは一語としている（表1）。

また、オノマトペの最初の音を五十音図の中で見ると、以下のようになっていて、ハ行が最も多くカ行、タ行と続いている。

ハ行：35語　カ行：28語　タ行：18語　サ行：16語　ア行：7語　ナ行：4語　マ行：4語　ワ行：2語　ヤ行：1語

次にまた、オノマトペの型では、①ＡＢＡＢ型、②ＡＢＣＢ型、③〇〇＋り型、④〇っ〇＋り型、⑤〇ん〇＋り型、⑥〇ん＋と型、⑦〇〇ん＋と型、⑧〇っ＋と型、⑨〇〇っと型、⑩〇っ〇と型、⑪その他　が見られた[4]が、それぞれの使用頻度は次表のとおりである（表2）。

表1　使用頻度5以上のオノマトペ

| | | | |
|---|---|---|---|
| うんと | 17 | カンカン・かんかん | 9 |
| さつぱり | 13 | ふらふら | 8 |
| しつかり | 12 | じつと・ぢつと | 7 |
| はつと | 11 | たつぷり | 5 |
| ぼうーと・ぼうつと・ぼおと | 11 | ひよつと | 5 |
| つぐつぐ・つかづか | 10 | | |

表2　オノマトペの型別頻度数

| 型 | 語　例 | 語数 |
|---|---|---|
| ①　ＡＢＡＢ型 | いらいら | 62 |
| ②　ＡＢＣＢ型 | ガヤワヤ | 2 |
| ③　○○＋り型 | がらり | 4 |
| ④　○つ○＋り型 | うつかり | 17 |
| ⑤　○ん○＋り型 | ぼんやり | 1 |
| ⑥　○ん＋と型 | うんと | 4 |
| ⑦　○○ん＋と型 | ぽとんと | 1 |
| ⑧　○っ＋と型 | あつと | 12 |
| ⑨　○○っと型 | だらつと | 7 |
| ⑩　○っ○と型 | さつさと | 2 |
| その他 | ぷうと・ぴしやと・ちよいと | 3 |

**造語と誤用**

李は既成の語を多用しているだけでなく、いくつか組み合わせた独自の使用法も生み出している。

［1］今は一時だからゆつくり歩いて行けば二時始るから丁度間に合ふ。早速下駄を突いてかちこち〳〵と出かけ

る。（3／30）

［2］帰りにはやはり一人でガタ〳〵ゴタ〳〵と我一人楽しく歩いた。（3／31）

厦門には下駄と同じものがあり、台湾で初めての経験ではないはずだが、その音の表現の仕方は日本語式である。それを従来の下駄の音のオノマトペである「カラコロ」ではなく、別の要素である「カチ」「コチ」「ガタ」「ゴタ」を組み合わせて、下駄の音として楽しんでいる。

新しく造語もしているが、オノマトペに関する限り造語と誤用とは、厳密には区別できない。全く新しい発想で従来にない語を作って使うとすれば造語になるし、従来の語を使おうとして不正確な記憶で使ってしまうと誤用ということになる。そうした例がいくつかみられる。

**a．「さぼら〳〵」**

［3］森口さんの講義は実に拙い。［……］何しろ説明も不確実で、さぼら〳〵といふ心がよく表面に現はれてゐる。彼も苦しからう。（10／13）

ここで使われる「さぼら〳〵」の意味がつかみにくいが、さぼろうさぼろうとしているということであろうか。「さぼる」は、加茂正一（一九四四）には、「外国語を本として、特別な動詞の形をとらせたものである」として、

コンパる　ダブる　サボる　アヂる　ハイカる　ヘビる[5]

が示され、一九四〇年代の新語であったことがわかる。その新語を李は日記の中で五回も使っている。その結果として「さぼら〳〵」のようなオノマトペも作ったのではなかろうか。

**b．「ごり〳〵」**

［4］課外運動はないので、部の練習をやつた。身体はごり〳〵疲れてゐるが、我慢した。（12／9）

「ごり‐ごり」は、『日本国語大辞典二版』には「強い音硬く厚い織物などのごわごわした感じを表わす語」などと記述され、「ごりごりした袴」「ごりごりと霜柱を踏みつける」などの例あげられているが[6]、「ごり／＼疲れる」のような用法の記述はない。しかし青年が運動して、骨まで疲れきったようすとして、理解できなくもない。

c．「ガヤワヤ」

［5］堂内は生徒で一杯だ。ガヤワヤ喧いでるし、思へば三年前この人ごみの中でサイフと共に七円五十銭すられたことがあつた。（3／31）

騒いでいるようすであるから、一般には「がやがや」「わいわい」を使うであろうところであるが、そのガ音とワ音を両方取り入れて作ったのだとしたら、すごい創造力ではないか。

d．「ごんごん」

［6］やつぱり病気だ、と思つたがすでに頭がごん／＼ふら／＼する。（7／24）

これは、「がんがん」の誤用と見るべきであろう。

e．「ざらっと」

［7］殊に若い人はおいらのまじめに書いた画を製図をたゞざらつと看て通つてしまふ。（12／17）

「ざっと」でもいいところだが、「見て通る」のような継続する事態を書いているときなので「ずらっと」と混ぜ合わせて「ざらっと」にしたのかもしれない。「ざっと」よりも「ざらっと」のほうが、歩きながら大まかに見ているようすを訴えてくるものがある。

f．「みっしょり」

［8］私は眠れなかつた。全身にみつしよりと汗を掻いてしまつた。（3／9）

[9]その外に一回やればみつしよりと汗のかく青年向の体操ともう一つ女子青年向の体操があるとのこと。(9/8)

と同じ文脈で二回使用しているが、これはひどく汗をかくようすをいう「びっしょり」の書き間違いであろう。なお、

[10]汗がびつしより出た後は体がさつぱりして気持がよかつた。(3/20)

のように、「びっしょり」と正しく表記している例も二例存在する。

誤用に類するものとしては、語形は本来の語を使っているが、従来の語では使わないような使い方をするものも一緒に考えておきたい。

## g.「ぞろ〳〵」

[11]やがて万歳の声が起つたと同時に凱旋の軍夫がぞろ〳〵と威風堂々やつて来た。(1/3)

「ぞろ〳〵」が正しいのか、「威風堂々」が正しいのか実際がわからないので、判断しにくいが、凱旋兵士たちが「威風堂々」行進してきたのであれば、「ぞろぞろ」はおかしい。

逆に兵士たちが「ぞろぞろ」やってきたのなら、それは規律のないただの群衆のそぞろ歩きであって「威風堂々」ではない。兵士たちが市民達の歓迎を受けてするのであるから、おそらく「威風堂々」の方が正しいのであろう。

## h.「つか〴〵・つぐ〳〵」

[12]我と言へどもつか〴〵反省し、頗る有益だつた。(3/18)

[13]人間一時なりとも満足は出来ぬ。とつぐ〳〵考へさせられたのであつた。(3/16)

など、「つぐ〳〵」の使用が多い。実に十例も出てくる。「つか〴〵」と同様、「つくづく」の誤表記である。

i．「ぴつたり」

［14］校長先生の訓話だ。成程自分の心にぴつたりとひらめくものがある。（12／2）

「ぴったり」は二つのものが、すきまなく、またくいちがいなく合うようすを言う語であるから、「ひらめく」を修飾する用法は正しくない。校長先生の訓話を聞いて自分の考えていることと全く同じと共鳴するというなら、「ぴったり」は残して、「ひらめく」を別の動詞に変えるほうがいいかもしれない。

「ぴったり」は他にも使われていて、それらは［15］のように適切に使われている。

［15］その経営事業は水道、電燈、自動車《タクシー》、バス、市民の需要にぴつたり合つてゐる。（8／5）

j．「ぷかぷか」

［16］ついでにこの前余つた氷砂糖をとり出して薬缶にお湯を溶して二人でぷか〳〵と飲んぢやつた。（3／26）

剣道の練習をして、汗をかいた、友達の陳君は水を飲もうといったが、腹を壊すといけないのでお湯を沸かして氷砂糖を入れて飲んだのである。そういう状況下だから、勢いよく飲んだのであろう。だとすれば、「がぶがぶ」飲んだわけで、その「ガブ」を反対にし「ガ」を清音にして「ブカ」、濁音の「ブ」と半濁音の「プ」を混同して「ぷか〳〵」と言ったのであろう。

k．「ぺしゃ〳〵」

［17］女学生等が沢山、工業の上級生が数人かたまつてぺしや〳〵と漫談をつゞけてバスを待つてゐる。（1／1）

［18］二人連の女小学生が僕くの前で製図をぺしや〳〵と批評してゐるので、（12／17）

の二例あるが、どちらもさかんにしゃべっているようすを表している語であるから、「ぺちゃぺちゃ」の誤用であろう。

## Ⅰ．語形の誤用

「ほんと」「わって」「ごちや」「はつて」

［19］夕方頃、飯の少憩後に一通り終つたのでほんと安心した。（3／19）

［20］わつて驚愕の声はり上げたものがあるかと思ふと火事だ。（2／14）

［21］二年の機械科も水泳だつたのでせまいプールでごちやになつて時々衝突する。（6／24）

［22］黒運動パンツが昨日風呂屋に置き忘れのをはつて思つたが、まさかいまとりに行くわけにはいかぬから（2／2）

などが、語形の誤用である。

以上、語の選択、語の使用法、語形の表記の面から李の日記を見たが、これだけ多くのオノマトペを使っていることを考えれば、誤用や誤解は少ないといえよう。それよりも、問題なくごく自然に使っているオノマトペがはるかに多いということは、想像以上のものがあった。

李の教師に対する観察の鋭さや細かさから類推して、また、どこかひょうきんなユーモラスな日記の書き方から想像して、李は日本人の日本語を意識裡、無意識裡にかかわらず常に細かに観察していたのではなかっただろうか。その結果、日本人の使うオノマトペを体で自然体で体得したのではなかったのだろうか。

**注**

1　一般にオノマトペとは、擬音語擬態語をまとめたもの、また音象徴語とされるが、ここでのオノマトペはそれらに状態副詞も加えたものとし、「すくすく」「せいぜい」「つくづく」なども含めている。

2　彭飛（二〇〇七）「ノンネイティブから見た日本語のオノマトペの特徴」（『日本語学』vol. 26　48－56）
3　『日本語能力試験　出題基準（改訂版）』凡人社　二〇〇六
4　『大辞林』三版　付録「擬声語・擬態語『（16）の分類を参考にした。
5　加茂正一（一九四四）『新語の考察』三省堂　103
6　日本大辞典刊行会（二〇〇一）『日本国語大辞典』第二版　小学館

# Ⅱ－5　外来語

## 一．日記の外来語の概観

この日記には外来語がかなり使われている。かなりというのは、一九三九年当時日本語の中で外来語の使用禁止や見直しが進んできた時期だったからである[1]。

李の外来語使用が、当時の日本語文章の中で、多かったのか、少なかったのか、また、使用される外来語の内容などについては、他の作品の使用状況と比較する必要がある。遠藤は当時の家庭雑誌『家の光』のグラビアの日本語を調べているので、その調査で得た外来語使用の実際と比較してみる[2]。

まず、使用頻度である。『家の光』の一九三九年分の文字数は二万八千九百十三字、日記一年分の文字数は十一万三千四百七十三字である。語種としては外来語と混種語で、混種語に含まれる要素としての外来語も加えて数えると、『家の光』の中に使われる外来語の延べ語数は百六十九語で異なり語数八十四語である。日記の中の外来語の延べ語数は二百九十五語で異なり語数九十四語である。

異なり語数と延べ語数の関係でわかることは、日記では二百九十五語中の異なり語数が九十四語で、同じ語を平均して、三・一五回使っていることになる。『家の光』は百六十九語中で異なり語数が八十四語だから、平均して各語が約二回使われている。使用される語のバリエーションは、『家の光』の方が多い。逆に言うと、李は同じ語を何度も使っているということになる。

文字数あたりの頻度を見ると、雑誌は一七一・一字に対して一語の外来語、日記は三八四・七文字当たり一語の外来語使用となっている。雑誌の方が約二・二倍になっている。中国人の日本語学習者李の外来語使用頻度は、同じ時期の雑誌グラビアに比べると半数以下ということになる。李の日記を読んでいると、予想以上に外来語が使われている気がするが、グラビアの使用の半数にすぎないということになる。一年間のうちの三百三十日分の日記なので、一日平均の使用頻度は、約〇・九語ということになる。

グラビアは外国事情などの紹介も多く、一般の文章よりも外来語の使用は多いと考えられるが、グラビアで使われる外来語では、国名・地名が多く八十六語出現している。一年間の外来語数の中の五〇・九％を占めている。日記の外来語では、国名・地名はほとんど出現しない。工業学校生の日常生活に関係のある外来語が使われるわけで、その主なものは教科目にも、課外活動にも出てくるスポーツ関係の語彙である。百十語使われていて、全体では三七・三％を占めている。

スポーツ関係の語で使われるのは、運動種目名で「バスケツトボール」二十回、「ラグビー」十一回、また、道具や施設で「プール」十一回、「ボール」六回、「コート」七回などである。スポーツ関係の語に限らず、五回以上登場する語を多い順に並べると以下のようになる。

「バス」二十二回、「シヤツ」十六回、「エネルギー」・「ラヂオ」各七回、「コンクリート」六回、「ゲートル」・「サイレン」・「サロメチール」・「マラソン」各五回（表記が多少異なるものも同一語として数えている）

## 二．表記の問題点

李の使う外来語では、同一の語でありながら複数の表記をするものがある。それらは表記力が不安定な語ということになる。

それらの語を誤記の原因ごとに分類して例示する。上の語が李の表記のもの。

## 二・一　長音の脱落

エネルギ（6／24）↑エネルギー、バスケツトボル（2／14）↑バスケツトボール

## 二・二　長音と二重母音・撥音の混同

サルメチイル（2／19）↑サロメチール、ラグビイ（1／10）↑ラグビー、フアーバー（1／15）↑フアイバー、

メンバン（4／21）↑メンバー

## 二・三　撥音の誤記

チヤウス（1／30）↑チヤンス

## 二・四　促音の脱落

トラク（10／18）↑トラツク

## 二・五　濁音と半濁音の混同

バス（4／26）↑パス

## 二・六　ナ行とラ行の混同

ランリングシユート（9／13）↑ランニングシユート（9／16）

## 二・七　ハ行とア行の混同

ユニオン（10／8）ユニホン（4／22）↑ユニホーム、タホル（7／24）、（11／27）↑タオル

## 二．八　カ行とバ行の混同

クラスバンド（9／10）↑ブラスバンド

長音が正しく書き表せないのは、Ⅲ-1 三 で述べたとおり、中国全般の学習者によく見られる傾向だが、ランニングシュートをランリングシュートと誤記するのは、李の出身のアモイ地区の音韻体系との関係がある。この地では、日本語の「ナ」行が発音できないことは、多くの研究書に記されている[3]。

これら誤記されたものを取り上げてみると、筆者李は誤記が多いと誤解されそうだが、実際には李の外来語の表記能力はすぐれているといえる。

すなわち、長音が正確に書き表されている語も多く、「ベートーベン・テニスコート・バレーボール」など大半の語は誤りがない。撥音・促音についても「デッサン・ストップ・ミッション・サイレン・ポケット」など正確に書かれている語が多い。九月十六日の「ランニングシュート」はナ行も長音も拗音も正確に書いている。

なお、李は外来語を平仮名で書くこともある。「まらそん（9／23）・ぷらん（7／4）・すくらむ（12／9）・とつぷ（12／25）」などである。これらのうち片仮名表記使用との関係は、「マラソン4・まらそん1」「プラン0・ぷらん1」「スクラム0・すくらむ1」「トツプ1・とつぷ1」で「ぷらん・すくらむ」は平仮名表記のもののみである。どのような意識で平仮名書きにしたのかわからないが、昨今のあえて外来語を平仮名書きする風潮と共通する心理が働いていたのだろうか。片仮名とは違う思いを込めて書いたのだろうか。

## 三．外来語の選択

類義の語を外来語で書いたり、漢語や和語で書いたりしているものもある。「雨ガツパ」（3／20）と「雨外套」（3／25）（10／8）は同じ物だが、以下のような両方の語を使っている。

［1］雨ガツパをかぶつて第三高女の切手売店のある所まで買ひに行つた。（3／20）

［2］飯をすむや、私は早速雨外套を用意して郵便局に行つた。（3／25）

五日間のうちのことであるから、同じ物をさしているはずである。李にとってはどちらの語も全く同じ語として使っていたと思われる。

「チャンス」と「好機」「機会」の使い方を見てみる

［3］絶対のチヤウスを（1／30）

［4］チヤンスを逸した（3／13）

［5］チヤンスをみて立ち上がる（4／14）

［6］チヤンスを捕ふべく（10／16）

［7］好機逸すべからず（2／6）

［8］その後の機会を待つことにした（3／18）

［9］これを機会に奮発しなければならない（12／16）

などと、「好機」「機会」の使い分けがあるのだろうか。これらの語は、［4］と［7］はどちらも、「逸する」という動詞を伴っているが、［7］の方は、助詞もとらず文語動詞である。「チャンス」にはこのような、助詞を伴わない用法は考えにくい。また、「チャンス」のとる助詞は、みな「を」である。「機会」でも、［8］のような「機会を待つ」は、「チャンスを待つ」に置き換えることも可能である。［9］のような「に」格の場合は「これをチャンスに」とは置き換えられない。

「プレイグラウンド」のように、普段はあまり使わない語も出てくる。

［10］友トプレイグラウンドニ坐ツテ僅かの無聊を慰め合ふ。（9／7）

「校庭」か「運動場」ですむところを、聞き慣れない語を敢えて使うことで、無聊を慰め合う高揚した気分を表しているのであろう。英語の教科書でも習った語であったのかもしれない。英語は李の得意科目で、授業中も活発に答えたりしている。日記にもときどき英語が出てくる。

［11］今次の事変は出征者を想像しても百五十万は戦場に出て行くさうである。あゝ如何なるワメカーにかゝるつまらぬことをしありや。（4／4）

「ワメカー」とは「war maker」のことと思われるので、ここでは外来語ではなく英語と考える。英語をそのまま使って

［12］Work while you work pley while you pleyの心持で行きたし（4／20）

のようにも書く。pleyはplayの誤りである。

また、ストップした（4／24）・スタート（4／20）・トップ（10／19）・ヤング（11／30）などは、従来の日本語でも表現できる語だが、あえて、外来語を選んでいる。筆者が時代を先取りするという、進取の気性に富んだ人物だったことの表われと言えよう。

注

1 東條操（一九三七）『国語学新講』刀江書院「国語の純正をといふ動機から外来語を排斥する企は起るものである」197や一九四一年発行の「『外来語辞典』（荒川）惣兵衛・冨山房」の序文に市河三喜が書いている「〔……〕外来語の如きも駆逐せんとする風潮が〔……〕」5-6など。

2 遠藤織枝（二〇〇六）「戦時中の外来語は敵性語だったか」北京大学・文教大学日本語教育実習十五周年記念シンポジウム口頭発表。

3 楊詘人（二〇〇一）『日語語音学』華南理工大学出版社。

# Ⅲ章　日記の訴えるもの
## ――さまよい、恥じらい、憤りつつ向上を誓う青年の声――

李徳明の日記が、現代の我々に改めて教えてくれ、訴えかけてくるものは多い。当時の教育の目的が若者たちの人間形成、人格陶冶などにはなく、戦争遂行一色であったこと、そのためにさまざまな式典・行事・講演が行われていたこと、それらに抵抗感を抱きながらも従わざるをえなかった青年がいたことなどを具体的に生の声を通して聞くことができる。その日記李の心の動きをつぶさに分析していくと、教育学・心理学・政治学などの分野に寄与できる部分は多いと思う。しかし、それらは編者の担いうる範囲をこえている。ここでは、李の日記からよみとれる四つのトピックスにしぼってまとめてみることにする。（引用文中の誤用、不適切な用法については日記本文のところで注記したり、Ⅱ章の「日記日本語の特徴」で触れたりしているので、ここでは日記本文のまま掲載する。ただし誤読・誤解のおそれのある場合は（↑〇〇〇）のように補うことにする。）

### Ⅲ―1　「日中親善」への疑問

ここで特に取り上げたいのは、当時日本側が掲げていた「日中親善」について李徳明が疑念を持っていたことである。

この日記が書かれた、一九三九年当時、李が在住していた台湾は日本植民地支配下にあった。また、日記本文にも述べられているとおり、彼の故郷である厦門も一九三八年五月から日本軍に占領されていた。したがって、当然のことながら、日記の中には、日本軍が中国大陸に対して起こした戦争について随所で触れられている。

最初に戦争について触れているのは一月十一日の日記である。この日、山下という英語教師の中国人をばかにした発言があった。これに対して、李徳明は、「此処で私は遂に暴発せざるを得ない、ばかやらう、お前のやうな人類に似合ぬ下等人が居るから今次の事変が起るのだ」（1／11）と、極度な怒りを表明している。「今次の事変」とは、一九三七年七月七日の蘆溝橋事件以来、日本軍が中国大陸にしかけた侵略戦争であることは間違いない。しかも、戦争を起こしたのは「お前のやうな人類に似合ぬ下等人」と言い切っているところから見れば、李は正確に「今次の戦争」の性質を認識していたことが分かる。

一月十四日に、李は『聖戦』という映画を見ている。しかし、その感想は、「映画としての技術は先づいゝと言っていゝだらう。所々いやな気は起ったがまあ順調に見て行くことが出来た。実際各個人の胸の奥に一体この現実に合つてゐるかは疑問である。そこが私のなぞだつた。これから私もこういふことは一際無頓着にしよう。勉強してうんと努力するのが私の務めだ」（1／14）というものであった。こうした感想の吐露に、李の戦争への疑念が読み取れる。

二月八日には、李徳明は「午後一時半講堂に集合。砂原中佐の講演を聞く」。しかし、講演の「内容は想像にすぎないもので、「私は物思ひに沈んだ（「。」脱落）数々に志士に対してすまぬ気がした。我が身は益々責任が重きを感ずる。今後しばらくまづ互ににらみ合ふ状態といふよりも一方は軽蔑の目つきで虐だつし一方は民族奮発によつて自決を、求む。そこには面白からぬ現象が起る。これを解決するのは前者を改まなければならず、口先だけでだましちや後がひどいだよ」と続ける。にらみ合うのは言うまでもなく日本と中国であり、一方の日本は軽蔑の目付きでにらんでいるのに対し、もう一方の中国は民族自決を求めているのであった。しかし、李はそれをはっきりと口にすることができなかった。ここに、中国青年である李の苦悩がうかがえる。

一九三九年二月十日、日本軍は中国本土南方の海南島に上陸し、占領した。翌日の二月十一日夜、台湾では「海南島占領」を「祝う」提灯行列があった。祖国の国土を占領されたことは李にとって、たいへん辛いことであっただろう。日本が起こした戦争に、考え込んでしまったのであろう。「日中親善」には程遠いので、ついにさまよってしまったのであろう。その気持ちを次のように表していた。「遂に私はさまよふた、さまよふた。今晩の海南島占領の提灯行列も私はさま（「よ」脱落）ふた。床についてもさま（「よ」脱落）ふた」（2／11）。

「さまよふた」を四回も繰り返しているところに、ほかの、より直截的な言葉では言いたくても言い表せない口惜しさと、やりきれなさが強く訴えられている。

六月十三日、李徳明は『上海陸戦隊』という映画を見ている。「午後三時十分大世界館に上海陸戦隊といふ映画が見物することを許可されたので折しきり煙る雨の中を文彬君と一緒に二時に学寮を出発徒歩で行つた。この映画は先生が断然よいとほめてゐたが、見ると何ださうよいでもない。やつぱりこつちを――だね」（6／13）と、肝心のところは書かずに「――」で表している。ここの「――」には李の気持ちがよく表われている。「こつちをばかにしてゐる」「こつちを侮辱してゐる」とでも書きたいところを、あえてぼかしている。先生の言う「断然よい」とは、李にとっては、ばかにされたというしかないのであろう。

李徳明は第Ⅴ章のインタビューで語っているとおり、一九三七年夏休みに厦門に帰郷したまま台湾にもどれなくなっていたが、一九三八年九月に台北工業学校へ復学できた。「日支親善の機関であり、且文化の促進機関」である共栄会から、奨学金をもらって勉強している。彼自身も「共栄会の恩恵を蒙つてゐる」（7／21）と、認めていたのである。

しかし、一月五日の日記には、「何故自分がそれを貰ふ資格があるであらうか、と感じるといよ〳〵自己の双肩にかゝる責任が重大であることに気がつく」と書く。李にとって、その責任の重大さはどんなものであったのか。「日支親善」とはどんなものだったのであろうか。

一月八日には、李の写真とその関連記事が新聞に掲載されたので、その感想を述べている。「その新聞紙上に現はれたる記事は表面こそきれいだが実質に這入ると却つて不安さを覚えざるを得ない」（1／8）。李徳明は、日本側が掲げている「日支親善」や「平和」に、不安と疑いの目を向けていた。そうしながらも、彼は少しでも自分の力を果したいと言っている。中国青年の李は、こうしたジレンマにおちいっていたのである。

七月十五日には、「早速飛び出して行けば只今総督府の情報部から電話がかゝつて来て日支親善の為の写真をとりたいさうだ。まづ感想文を書いた」と記し、七月一六日には、「午前九時情報部の写真技師が来た。実習してゐる姿をとるさうだ。最初の二枚は寮生五人と一緒に砂の大小粒を分ける機械に手を廻つてゐる所とコンクリートを円筒形にしたものを秤にかけてゐる所。次は模型室にはいつて橋梁組立の模形の横に立つてゐる姿、測量姿、計算器に夢中なる姿、製図をしてゐる姿、七枚撮つたがその間科長、下川先生は熱心に案をこらした。何しろ之を新聞とか雑誌に出されるさうで幾分恥しく感じた。然し日支親善の為に少しでも力を果せばこれ以上は望まない」と書く。

そして、十二月二十七日の日記には、「己れがあんな日支親善の為に働いて回数を上げれば自分の知つただけでも五回の新聞と一回の部報に名を現はしてゐる」と、李徳明は日本側のプロパガンダと知りながら、「日支親善」のために協力していたのである。

## Ⅲ－2　「支那」ということば――中国の呼称について

ここでは、李徳明が中国人でありながら、日記の中では自分の祖国である中国のことを「支那」と呼んでいたことについて考えてみる。

李徳明の日記には、中国についていうとき「中国」「支那」「チャンコロ」と三種類の語が使われている。その出現回数は「中国」三回、「支那」三十二回、「チャンコロ」七回である。

### A．中国

まず「中国」について見ることにしよう。この三回は次のよう使われる。（傍線・黄慶法、以下同様）

［1］〔……〕あきらめて新高堂へでも本を読まうと引き帰ると、文明書店まで来て何げなくはいつて一円八十銭払つて中国報紙研究法を買つた。（3／30）『中国報紙研究法』は（4／2）にも登場。

［2］授業は五時限で持ち切つて六時限から校長先生の中支視察談を聞く。「中国人を侮るべからず。共存共栄を目的とせよ」あゝかくも彼等がこれまで認識したかなと感心する。勿論一部の下等人には問題にならぬがこれだけでもその心持が察せられる。〔……〕（12／5）

［1］の『中国報紙研究法』は入江啓四郎の『支那新聞の読み方』の別名である。［2］の「中国人」は台北工業学校長の言葉である。「中国」、「中国人」は、書名の一部と校長の使った語の引用として使われている。それ以外にいっさい使っていない。つまり、「中国」ということばは李徳明の日本語生活の語彙ではなかったのである。

### B．「チャンコロ」

「チャンコロ」という語が、中国人に対する蔑称であることは、よく知られている。李徳明の日記の中には、「チャンコロ」が七回出てくる。日本人教師と学生がそれを口に出したため、彼は極度な怒りを覚えている。

［3］〔……〕放課後、新聞を見てゐると、ふと級友から自治会という伝達を受けた。早速教室にはせ参ずると級長は黄長生君を叱つてゐた。一時は実に我が級は平和ならと考へたが、浅岡といふ落第生がどういふはずみかチヤンコロと吹き出したから、私は再び暗い気持ちに帰つた。あゝこゝで気をゆるめば、我も再度の授業が続けんかと思ふと一面人生はやつぱりこういふ所が修養だ。〔……〕（1／13）

［4］民族的観念の強すぎる山下先生はいやだ。時にふれすぐチヤンコロとどばす。一体このチヤンコロといふのはどういふ意味であらうか、おそらく彼自身も分らないのであらう。（1／16）

これに続けて、彼は次のような解釈を与える。

［5］もと〳〵チヤンコロは清国奴のことで清国のやつといふ相手を軽蔑するところの言葉にすぎない（「。」脱落）然して清国はすでに滅亡してゐたのも拘はらず尚もこの言葉を使つて支那人を馬鹿にするといふことは何と卑却なことであらう。然も現在清国の面影をたゝへてゐるのは満洲国であり、これが日本の生命線と云はれる程の土地の人民であるから若しこのチヤンコロを使へば明らかに満州国民を軽蔑してゐるのも甚だしいではないか。（1／16）

「チヤンコロ」の語源については諸説があるが、李の解釈も「清国奴」の発音の聞こえ方によっては荒唐無稽のものとはいえないだろう。この語については、李は心底から嫌悪し、それを使う人物を認めたり許したりすることは決してしていない。

## C．「支那」

支那という語は今は死語になっている。戦前日本人が頻繁に使っていたこのことばが中国に対する蔑称であることは、実藤恵秀や佐藤三郎の研究でよく指摘されている。

中国作家で日本留学経験者の郁達夫や郭沫若の作品を見てもわかるように、「支那」は中国人にとって明らかに差別語であった。

郁達夫は『雪之夜』に、次のように書いている。

「小石川の植物園や井の頭公園へゆけば、容易に日本の良家の子女とちかずきになれるけれども、彼女らの口から『支那人』ということばがもれると、たちまち歓楽の頂上から絶望の沈淵へつきおとされる。」[1]

「支那、あるいは支那人というこの名称は、東隣の日本民族においては、ことに妙齢な少女の口から出るとき、聞くものの脳裏に、どのような屈辱・絶望・悲憤・苦痛をひきおこすのであるかは、日本にいったことのない同胞には絶対に想像できないことである。」[2]

また、小説『沈淪』にも、同じような表現が見られる。

「元来日本人が中国人をばかにしているのは、まるでわれわれが犬や豚をばかにしているのと同じだ。日本人はみんな、中国人を『支那人』というが、この『支那人』ということばは、日本では、われわれが人をののしるときの『泥棒』よりも人聞きの悪いものである。いま花のような娘のまえで、彼は自身で『俺は支那人だ』とみとめなければならなくなったのだ。中国よ、中国よ、おまえはなぜ強くならないのか。かれの全身はワナワナとふるえ、ハラハラと涙さえながれた。」[3]

郭沫若は『日本人の中国人に対する態度について』(雑誌『宇宙風』一九三六年九月所載)という文章の中で、次のように述べている。

「日本人は中国を『支那』という。もとはわるい意味ではなく『秦』の音がかわったのだ、ということだ。ところで、これを日本人の口からきくと、まるでヨーロッパ人のいうユダヤというのよりもわるい。そういう日本人の態度が、国際関係の文字によくあらわれている。

英支　仏支　独支　米支　露支　鮮支　満支

中国はいつも最劣等の地位になっている。すこしくかれらの新聞紙に注意すれば、かかる表現はすぐにわかる。それにかんしんなことには、かれらは判でおしたようにこう書いている。」[4]

このように、「支那」ということばは中国人に忌避されていたのである。

一方、一九三〇年に、当時の中華民国政府外交部は日本政府に対し、「支那」という呼称を改め「中華民国」と呼ぶようにと求めている。日本政府もそれに対応して、中国の正式称呼を従来の「支那」から「中華民国」に変更することを閣議決定した[5]。しかし、佐藤三郎が指摘しているように、日本政府の方針と違って、一般には依然として「支那」という呼び方が多く用いられていたのである[6]。

李徳明の日記には、「支那」が三十二回現われる。一月十一日と九月二十八日の用例を見ると、次の三種類に分けることができる。［6］のものはすべて、日本人が用いた「支那」である。［7］の最初は書名の一部、それ以降は李自身の使用例である。

［6］今日英語の時間に山下先生はばかな支那大衆を相手にするには支那語を修得するよりも英語の方が少しでも分れば所謂大人格となつて尊敬されるのである。それは現地支那へ行く人の常に経験する所であると。〔……〕恐らく支那認識の不足だと言はなければならぬ。彼が又言ふには英語が間違つてもいゝ何故なれば支那人だつて使ひ方が出たらめである。一体先生は何を根拠にしてこの言葉を披露したであらうか、これが支那の学生達に若し知れば実に先生のおさとが知れるとでも内心考へてるに違ひない。尚頭の記憶の新たなるも

のに現在の日本に於ける漢文は支那よりむしろ発達してゐる位であると如何にも謙遜加味な言ひ方である。〔……〕。（1／11）

［7］〔……〕今晩の自習時間は毛さんから面白い国支那を見せて貰ってすつかり感心しちまつた。十二時まで大略を見た。やはり支那は偉いなと思つた。悠久五千年に鍛へられて来ただけあつて包含容が廣い。孜々として自立して行く。野心もなければ虚栄心もない。天を相手とし自然を友とする。あゝ懐しの故国支那。支那は永久に滅びないであらう。私は支那の一分子なのだ。（9／28）

以上のように、李徳明がみずから用いた「支那」には、差別的な意味は見られない。時には、ほこりをもって使っている。支那という言葉は、李徳明の日本語生活語彙になっていたのである。李徳明は日本語習得を通してこの「支那」を身につけたのであろう。

ここで、日本語習得の過程で李徳明が使用した日本語教科書に、中国に関することがどのように表現されていたかを調べておく必要がある。台湾総督府編纂の「国語」教科書の中国の呼称にも深い関係があると思われる。第四章で述べるように、いわゆる第三期「国語」教科書『公学校用国語読本 全十二巻』が一九二三年～一九二六年に出版されたものであるため、李徳明が厦門旭瀛書院本科在学中にこの第三期の教科書を使っていたと思われる。この教科書を調べた結果、教科書巻九～巻十二の本文で中国を指し示す語が十三例採収できたが、「清国」が二例の他は、すべて「支那」で、十二例使われていた。

**D．「清国」の例**

［8］或日のこと、総督官邸の一室に通された異様の男があった。この男は劉徳杓といって清国の武将であったが、手痛く我が軍に反抗してさんざん敗北したあげく、野に臥し山にかくれて、ひそかに土匪と通じてゐた。そ

れが先頃我が軍の手に捕へられ、今こゝへ召出されたのである。大将は面を和らげて、「御身は清国武官だといふが、階級は何だつたか。」（巻12、第15課）

### E．「支那」

[9]我ガ大日本帝国ヲ始メ、支那・印度・シャム等ハアジヤ洲に在リ。（巻9、第3課）

今から三百年ばかり前に、支那では明がおとろへて清が起つた。（巻9、第23課）

今我が機は何処を飛んでゐるのか、全く見当がつかない。ともかくかたむく太陽の後を追つて、西へ西へと飛んで見よう。運よくば支那大陸へ着くかも知れない。何にしてもあと三時間の運命だ。（巻9、第26課）

[10]地図の表示（支那）（巻10、第3課）

[11]横に赤・黄・藍・白・黒の五色を並べたのは支那の国旗である。これは支那民族を表はしたもので、赤は漢人、黄は満州人、藍は蒙古人、白は回彊人、黒は西蔵人を代表したのださうである。（巻11、第1課）

[12]昔支那に楊震といふ学者があつた。（巻11、第13課）

[13]これに似た話は支那にもある。（巻12、第11課）

のように「清国」は[8]の文中に二度使われ、「支那」は巻9から巻12にかけて十三例使われている。

以上のように、厦門旭瀛書院本科の「国語」教科書には中国の呼称として主として「支那」が用いられていたことから、李徳明が日本語習得においてその影響を受けていたことが推測できるのである。

ところで、一九四〇年厦門旭瀛書院が出版した『支那事変と旭瀛書院』には、旭瀛書院の生徒の作文二十三篇が掲載されている。その中で「中国」は一回だけ、ほかはすべて「支那」で、七十五例も使われている。その作文例の一つを以下に示す。

## 皇軍の爆撃を見る（五年蘇釗忠）

支那事変が起つたのは丁度夏休中でした。登校日に院長先生が事変の成行をお話して下さいましたが、両国の関係は益々悪化して行くばかりでした。

八月二十一日、私達の学校はとうとう閉鎖することになり、学友は殆んど台湾に引揚げてしまひました。私は中国人ですから厦門に残りました。

街の辻々には支那兵がめつきりふえ、壮丁は隊を組んで大きな声で排日歌を歌つて往来し、大へんさうざうしくなり、私達の学校も支那兵に取られてしまひました。私は泣きたい様な残念な気持で毎日暮して居りました。

最初日本の飛行機が厦門の上空に現れたのは九月三日でした。私が望遠鏡で見ると三台で、はつきり日の丸の印が見えたので、思はず声をあげて喜ぶと、隣りの人が注意をしてくれました。しばらくすると飛行場の方で「ドガン」と爆音がしました。

私はその晩、日本の飛行機が私を助けに来てくれた様な気持がして、うれしくてうれしくてなかなかねむれませんでした。

或時は遥か沖合で大砲の音も聞えました。又飛行機も一日に七、八回飛んで来て爆弾を落して行くこともありました。一番飛行機の数の多かつたのは十五台でした。日本の飛行機が飛んで来る度毎に支那兵や民衆は「ワアワア」。とわめきながら、家の中や大きな木の下に逃げ込みます。

最も恐ろしかつたのは去年の二月三日でした。日本の飛行機が三台で八回も飛んで来て爆弾を三十個余りも落しました。ドドドンと爆弾の音、ブーブー鳴るモーターサイレンの音、人々のわめく声、厦門の町は地獄の様でした。海軍司令部に一番たくさん爆弾が落されました。多くの人々が倒れた家や、死んだ人々を見に集つてゐた時、又日本の飛行機が飛んで来て、耳も破れる程大きな音を立てて爆弾を落しました。私は今更ながら皇軍の爆撃のものすごいのに驚きました。支那兵や民衆はそれ以来すつかり皇軍の飛行機におぢけがついて、あちらこちらに防空壕を掘り始めました。

私は明けても暮れても皇軍が一日も早くこの厦門を占領してくれゝばいゝと祈りながら暮して居りましたが、終に待ちに待つた日が来ました。それは五月十日でした[7]。

「私は中国人ですから」という文章から、この学生は中国人であることが分かる。しかし、彼は自分の国籍を認識しながらも、「支那」という語を使用していたのである。当時一般の中国人・知識人が忌避した「支那」の語であるが、このように李徳明や作文を書いた生徒たちが多用している理由は、厦門旭瀛書院の日本の教育の結果という以外には考えられないのである。

**注**

1 訳文は佐藤三郎（一九八四）からの引用。佐藤三郎（一九八四）『近代日中交渉史の研究』吉川弘文館　54

2 同右

3 同右

4 同右

5 『閣議決定書輯録第一巻』日本外務省外交史料館　B04120012000

6 佐藤三郎（一九八四）『近代日中交渉史の研究』吉川弘文館　57-58

7 庄司徳太郎（一九四〇）『支那事変と旭瀛書院』厦門旭瀛書院　142-144

## Ⅲ－3　日記の中の教師像

李徳明は各授業での教師たちの言動を時に激越な調子で批判したり、憤慨したりして書いている。反発の主な理由は、教師たちの中国人生徒たち、また、李個人への侮辱的言動によるものである。教師たちはどのように李ら工業学校生徒に対していたのだろうか。

### 一月から三月まで

時系列にそって一月から見ていくと、十日にはまず、地理の田中先生が出てくる。「田中先生よ、あまり人をばかにするなよ、汝の眼目に映ずるものはすべて汝の低脳の表現だよ。」（1／10）と憤っているが、田中先生がどのように「ばかにした」のかは記されていない。

翌十一日には英語の山下先生の授業中の発言に憤る。山下先生は、支那人を相手にするには支那語を習得するより英語の方がいい、英語がわかれば尊敬される。また、その英語も間違っていてもいい、支那人の英語の使い方はでたらめだから、と言ったようだ。それを、李は「知ったかぶりで嘲笑したから堪忍できない」と怒り、また支那人の英語がでたらめだという話には「一体先生は何を根拠にしてこの言葉を披露したであらうか。これが支那の学生達に若し知れば実に先生のおさとが知れる」と述べる。

「おさとが知れる」の使い方はこの文中では少しおかしい。この句は、日常生活の中で、特に下品な行いをしたり、卑俗なことばを発したときにたしなめるときなどに使うもので、対象とする人物の本性が現れるとして非難している文脈の用法としてはやや違和感があるが、李は似たような文脈で一月十六日にも、十月十三日にも使っている。また、先にこの先生が謙遜気味に、日本での漢文は中国より発達していると言ったことも思い出して、「此処で私は遂に暴発せざるを得ない、ばかやらう、お前のやうな人類に似合ぬ下等人が居るから今次の事変が起るのだ」(1/11)と、怒りを爆発させている。しかし、こう記した翌日は「どうも近頃の精神状態が不安定なやうだ。これは自分の過激の思想影響の結果にすぎない」と自己を見直してもいる。

その不愉快も校長先生から届いた手紙で一気に回復に向かう。庄司校長の手紙には「一層奮励努力して模範生たれ。そして皇国に報ひ奉つらんことを切望する」と書かれていた。「この温い言葉によつて私の懶惰心を反省せしめ、実に私の坐右銘であつた。先生と思ふと私は人情の温さにつゝまれたやうな感じがし、世の中はかくあるべきであると深く心を打たれた」(1/12)のであった。

英語の山下先生は十六日にも登場する。「チヤンコロ」を連発するので嫌だという。この語は、李の説では「清国奴」のことで、清国はすでに滅亡しているのに、現在の中国人全体を指していうのはおかしい。しかも、清国の後裔は満州だが、その満州を日本は生命線としている。その満州国の人民を「チヤンコロ」と呼ぶのは満州国民を軽蔑するのも甚だしいというのである。李の理論家としての面目躍如たるものがある。山下先生が、謙遜のつもりで、漢文は日本で盛んだと数日前に語ったことと合わせて、表面的な親切に過ぎないから、ここでも「実におさとが知れて不愉快も度を越す」(1/16)と怒るのである。

この先生は二日後にも登場する。先生に指名された生徒が四人とも、うまく答えられない。そこで先生は予習してきたかを全員に問うた。半数以上が調べてきていなかった。それで、「いよいよ怒髪衝冠一時間も説戒したり。やれ腹の腐つた生徒になつてくれるなよ。やれ今まで土木科だけはえらいと思つてゐたのにもはやあきれたとでも云はうか、どうやらかうやら、時間をつぶてしまふ。」(1/18)と、教師の怒りに辟易もしている。

二月十日には校長先生の献金が少ないという朝礼の話をきいて、昼休みに早速十銭献金するという従順なところも見せる。李にとって校長先生は恩人であり尊敬できる人物だった。

二月二十一日は「地理の授業は実に不愉快だつた」と書き始める。地理の田中先生には、敬称もつけず「田中源太郎」と呼び捨てで書き、「大馬鹿者」「なめてゐやがる」と憤る。どのように「なめ」られたのかは記されない。一方で、「体操の近藤先生はすきだ。」と書く。それは先生が自分が鉄棒が苦手なのを知っていて、「避けてくださる」からなのだ。その好意に気をよくして、がんばったら逆上がりができた。「最々奮闘努力すべきである」と結ぶ。好きな教師の言動には素直に努力を誓うのである。近藤先生のことは二日後にも書かれる。

腕立て伏せのとき、屈伸が浅かったが、背を押して曲げるのを助けてくれた。そして、肋骨の両側を手で押さえて「大分大きくなつたよ」（2／25）とうれしそうに言ってくれたというのである。

また、美術の先生にも好感を持っていて、二十五日には「皆さんの中のデツサンの描方に中々立派なのがある、これを東京の美術学校にとつて行つても決して恥かしからぬ、この点、私は大いに自慢してゐる」と言われて、もしかしたら、自分のことではないかと「私は密かに雀耀りし」（2／25）ている。

二十三日に校長先生が病気と聞いたときは慰問文を書こうかとも思う。でも、それをする資格は自分にはないと、思いとどまる。そして、祈る。「願くは先生よ、健康をとり戻せ、そして純真無垢の精神を以て弟子を御指導あそばれ、我一身は決して無味乾燥たる人間でないことを声明する」（2／23）と。後半はどういうつもりで「声明する」のかわかりにくいが、自分がものの哀れもわきまえていると言いたいのであろうか。校長に対しては全幅の信頼を寄せ、心から慕っているのである。

三月二日には、風呂を出るとき出会った秋山先生のことばにも感激する。「お辞儀をすると彼はにこ／＼しながらから言ふた『一生懸命勉強してゐるかね』、『はい勉強してゐます』『しつかりやりなさい。』とすぐさま表情を直した、私ははつと又お辞儀をした。そして分れた。今日のやうな愉快なことはなかつた。私は密かに心の中で吃驚しながら且つ覚えず感激に耽つた。これはやつぱり死物狂になつて勉強せねばならぬと思つた」（3／2）。これだけのことばでも、「今日のやうに愉快なことはなかつた」と言わせるのは、ほかの教師の言動がそれとは対照的に横柄だったり侮蔑的であったりするのだろう。そして、教師が自分を認めてくれているとわかった李は、その信頼に応えるために「死に物狂いになって勉強せねばならぬ」と思うのである。

三月十日には屈辱的な体験をする。本人が試験で名前を書き忘れたことから始まった。

防空演習で多くの生徒が集まっているところで、修身の先生にそれを指摘され、「はい名前を忘れました」と謝ったが、いきなりほっぺたを二回叩かれた。そこには級主任と幾何の先生もいた。「生徒が百何人の前でかゝる恥辱を加はられたことは留学生として実に面目なき次第と言はざるを得ない」（3／10）と嘆くのである。

地理の教師にはたびたび、不愉快な思いをさせられる。「今日支那といふとばかといふ代名詞になつてゐるとか、こら皆さん、盛に言つてみる支那の代名詞は何だらう」（3／11）などと言うのである。こうした教師に嫌気がさして「幾ら努力しても点数は下がる一方である」と悪循環に陥っていることも記す。教師の言動が生徒の学習意欲をいかに大きく左右するかの証明のようななりゆきである。その二日後の十三日には「国語は先生が不愉快ので勉強がいやなので書取『逞しい』といふ漢字を忘れた」（3／13）とも言う。地理の成績が下がるのと同じく、教師の責任重大である。なんでも教師のせいにするきらいはあるが、教師との関係で、好ましくない経験をたびたびしていることがそう言わせているのだろう。

### 四月から八月まで

四月になって、級主任も代わり、専門科目の担当教師も代わった。

新しい級主任・砂村先生の訓話は、「『これから専門学科も多くなつたので風を引かぬやうに注意しなさい。』と簡単ながらやさしい先生であることは一目瞭然だ」（4／1）と、新しい主任がやさしい先生であるらしいことを喜んでいる。

しかし、五月十一日にはこの喜びはすっかり消えている。

「近頃不愉快になつて来たのは砂村級主任がいつも授業中にいつも此処をにらんでゐる。かく思へば一日たりともゐられない。然し斯く如きこと故郷に帰りたき思ひ幾度なるかを知らず。幸抱だぜ」（5／11）。なぜだか理由は記されないが、いつも授業中ににらまれている、と思うようになる。そして、海を隔てた家に帰りたいとまで思うのである。

五月二十六日も自分を馬鹿にしていると不快感を記す。「砂村級主任の測量の説明は同じ所をうやむやとくりかへして却つていやになつてしまふ。そして礼の前と礼の後はいつもこつちをにらんでゐる。こいつも私を馬鹿にしてゐるなとすぐ分つた。ようし今に優秀な成績をとつてやるから見てゐろ」（5／26）と、なぜかいつもにらまれていると感じている。

六月になると「最も不愉快」とまで書くようになる。「最も不愉快なのは級主任である。殺人のやうな人相をして話は子供見たいに舌を使つてにや〳〵してゐる。礼の前後はいつも此方をにらめる。不愉快極りである。畜生馬鹿にするなよ。今に成績を一番とつてやるから」（6／6）。「不愉快極りである」とは、言いたいことはよくわかるが、「不快極まる」か「不快極まりない」と書いてほしいところである。

教師が休むのは生徒にとってはうれしいこと。「級主任は今日又休んだ。こつちもやつと息をつく。試験も間近になつて準備だけでもへと／＼になつてゐるのにどん／＼と進まれてたまるものか」（6／22）。

実習のとき級友と意見が合わなかった。自分が何か言ってもそれに応じないで「すぐこつちを嘲弄する」ことがあった。「これを不理解の級主任に出会つてたまるものか、たちまち怒つて先生までがあざ笑らふ。畜生馬鹿にしやがる。今にうんとよい成績をとつてやるんだ」（6／28）と、主任も相手の側についてあざ笑ったのだ。前にも述べていたが「今にうんとよい成績をとって」見返すしか、李の無念を晴らす道はない。

夏休み前に級主任から注意がある。「十一時半から約半時間、級主任の休暇中に於ける注意があるだが、この級主任は人相が悪いくせに何でも『なぐるぞ』それかと云つて体は痩せてゐるしせいも大きくない。一寸こわいが案外口は話せない。馬鹿野郎」（7／8）。こうなると、主任もさんざんである。

「国語の浜村先生は、あだ名ダルマ、彼自身も声明した通り、非常に神脛的で且つ感で物事を処理して行くから、一度感に触つたら最後、斥排を受けねばならぬ。かく極端な言葉を相手につゝこむといふのは先づ以て人を教へる資格不充分と決めねばならぬ」（4／4）という。先生自身がどのように「声明」したのか不明だが、感情的に物事を処理する教師らしい。そのことは、教師として資格がないと李は決めつけている。

滑稽なことを言って笑わせる先生もいる。あだ名がアバケの浅原先生で、二度目の担当だ。「一見カタイな感じを人にさせるのであるが、その言ひ方と言ひ、詩の吟じ方と言ふ、とてもやさしくて脱線位だ。〔……〕話はあまり奇秘をつかれてゐるので一日中固くなつてゐる私共をぷつと吹き出す。今まで感じてゐた不愉快な念もからりと晴れた」（4／5）と巧みな話し方で生徒たちの気分を晴らしているさまが記される。しかし、そのすぐ後に「もつともいやなのは修身の時間、いつも支那の短所をさしてこれを対照として無理矢理に説明して行く。長所はちつとも認めてくれない。これ程いやな気持になることはない」（4／5）と、修身の授業での教師の支那蔑視を嫌悪している。

その翌日にはこうした、生徒の心を踏みにじる言動を繰り返す心ない教師を「無形の詐取を行ってゐる」と憤る。自分達を子ども扱いする教練の秋山大尉を初めとして、他の教師もひどいという。その「ひどさ」は書かれていないが、そうした生徒蹂躙の行為は生徒の「雄々しく意気に燃えている姿を見ない」「不覚者」で「気ノ毒に思はざるを得ない。我を敗者の追従と考へたら間違ひ、我には我の意志を貫くことが出来るだ。決して何も憧れて来たのではない。それを心得違ひしてゐたらつぶれるかも知れないんだぜ」と言う。「潔よくあやまらぬのか」とも言う。自分達は今日本統治下の台湾の学校で学んでいるが、それは憧れでもないし、全面的に服従しているのでもないと矜持のあるところを示す。とはいえ、「未来、我の憧れは未来。今は如何なる屈辱も屈して行かなければならぬ」と、苦渋の決意を述べる。さらに、「我より以上に屈辱の日を知らずに暮してゐる同胞はざらにある」ので、自分は「それを思へば何ぞ身を鴻毛の上におくや。下におくべきである。」(4/6)と決意を固めるのである。「鴻毛の上」の比喩は、忠義大義のためには自分の身は羽毛のように軽くいつでも投げ捨てる決意があるという、本来の成句の用法から、「下におく」と転じてねじれているが、李の意図しているところはわかる。

ここには、当時の日本の支配下にあった中国青年の精神と感情のありようが率直明快に表されている。屈辱の日々を過ごし、今は屈せざるを得ない状況下にあると自覚しながら、希望は捨てず、「我の憧れは未来」と、心の底では屈していない意気を示すのである。

修身は繰り返し、嫌だと書く。「修身の時間実にいやだ。うぬぼれの言葉を並べて若しそれを実際に行ってゐるとすれば尊ぶべきだがまさしく正反対。且他を悪く言ふのはあまり感心せぬ」。教師がうぬぼれているが、それはことばだけで実行していないし、また他人を悪く言いすぎているらしい。一方で漢文の時間は緊張の解けるものだったらしい。「実にをかしくて笑ひ出したくなる。未亡人の話だの実に今まで仮の緊張をつき倒したのでどっと笑ひこげだす」（4／12）と、生徒を喜ばせるような、くだけたものだったようだ。

修身の授業の不愉快さは、まだまだ続く。四月二十六日も「修身の時間は相変わらず私の不愉快な時間である。悪いことは皆支那を例に引ぱり出してゐるといふ相場が定つてゐる。人を馬鹿にしてゐる。畜生」と、三月十一日と全く同じで、悪いことはみな支那のせいにしたり、支那で例示したりする教師を、侮辱だと感じて「畜生」と叫んでいる。五月三日にはこういう嫌な授業になると、「私は実に学校をやめて家を飛び帰りたい気がする」とまで言う。「何しろこつちを軽蔑してゐるのであるから何ぞ学ぶに価からん。にくければ最真髄を極めよ。今後は無駄な時間を学問の努力に費すべきだ」（5／3）と、続けるのである。憧れてきた学校でもないのに、支配者の一員として驕り高ぶる教師に毎時間自分の国を貶められ、傷つけられる。これでは帰りたくなるのも無理はない。

教師を憎み、軽蔑しながらも、それを克服するのは自分が学問的に彼らを乗り越えるときだという、弁証法はすでに李の身に付いていて、憤った後でかならず、自分の努力を誓うというのもこの日記の特徴である。

前後するが四月二十六日の日記では、漢文の教師の「支那人の性名と言つたらこれを馬鹿の代名詞でも使つてゐると心得てゐる」ことや、地理の田中の「外国でチヤイナと言へば馬鹿にしてゐると同様に日本でもチヤンコロと言つて馬鹿にしてゐる」とのことばに反発し、「然も私の前で私を知つてゐながらかく言ふてゐるから最大の侮辱だと思はなければならない。畜生今に見よ」（4／26）と、憤るのである。地理の田中先生は二年生の時に引き続いて受け持たれていて、たびたび、面と向かって侮蔑的なことを言われているようだ。こういつも侮蔑語を投げかけられたら、だれでも「畜生今に見よ」と怒り、復讐を誓うしかないだろう。

教練の軍人に殴られたときも、最後の決意は同じである。銃の照準を合わせる練習中、相手の終わるのを待つ間、つい腰を下ろしたら見つかってしまった。他にも座っている生徒がいたのにまず、呼び出されて殴られた。「『いゝ面で坐つてゐるか、外の人が立つてゐるのをお前だけが坐れるか』と恥をかゝせてからゲンコツ力強くぴしやと顔面を打かれた。実に憤慨に絶えない念がこみ上げてゐるのをじつと我慢した。畜生、お前さんの心が分つたよ。今に見てゐろと深い〳〵決心をした。もうこれ以上は勉強してこの恥辱をぬぎ去らねば、死ぬよりいゝ道はない。今日の恥辱を忘るるなよ」（6／1）と、憤慨をじっと我慢しながらこの恥辱を忘れぬよう誓うのである。

教練の時間でも殴られてばかりいるわけではない。李を認める教師はいる。その教師に教官代理をさせられるのは、誇らしい。

「始めて教官に呼ばれて教官となつた。むしろ自己の不達をくやしがつてゐる。然し好意は十分に受けとつた。これから粉身砕骨して求学に励まうとす」（4／13）と、認めてくれた教師の信頼に報いたい気持ちを表明する。六月六日にも同じような経験をする。「秋山大尉に出されて他の三人と共に一年生の速歩、駈足、折敷、伏せを教練する。心の中には密かに感謝の意を表した。かくも私を見上げて下さることは今方も人情がある。夢中になつて訓練した」（6／6）。大尉が李を「見上げて」いるかどうかは疑問で、「認める」の誤用かもしれないが、李は大尉に教練を委ねられたことを心から感謝して、「夢中になって訓練した」のである。生徒にその気を起こさせるのは教師の仕向け方一つだと、ここでも教育の基本を教えてくれている。

天皇を笠に着る教練の軍人もいる。「青年少尉大川、〔……〕『俺はそこらの校長先生とは違ふ。天皇陛下の命令でこの学校へ来たのだ。現役軍人をなめたら承知しないぞ』とは彼の声明なのだ。その犠牲者となつたのは採鉱三年の生徒で巡査を親父に持つた某が先生の口まねをまねてなじられたり蹴とばされたりして退学さすぞとおどしたりして模範をしめした。もう皆は虎にでも出会ふ心地で教練をいやが上にも熱心にやらざるを得なかつた」（7／6）。

こうなると、教育というものではない。圧倒的な暴力の前に生徒たちはひれ伏して熱心に教練するが、虎の前のウサギである生徒たちは、力でねじふせられて反発を強めるだけではなかったか。

英語の若い教師の指導力のなさや、場当たり主義の教師の授業に対する辛らつな批判もみられる。英語の森口先生は「実に心臓が弱く、生徒にちつとも威力がない。いつも声が波を打つてきれ〲に聞えたり、判然としない」（6／9）ので、「さんざん生徒にしぼられてとう〲今度の本試験はすべて六十点以上やるから〇点取つてもご心配なしと約束せざるを得なかつた。生徒もずるいが先生の無力なことも暴露し」（6／2）、「彼は鈍才にして実に可憐さうだつた」（6／26）と、冷静に教師を眺めている。

体操が雨で室内になったことがある。「近藤先生は厳めしい顔をして這入つてすぐ自習だと云つたので皆の手が机の中に突つ込むとよつしよしと云つてぢや元を写せと云つて最近流行した海の勇者の歌を書き記した」かと思うと、今度は「皆講堂に這入れと云」ふ。「あゝさうだ講堂にピアノがあるんだ」と納得するが「然し声が高く出ないので思ふ存分歌ふことが出来ない」とその顛末を語る。近藤先生は前の学年では好きな先生の一人だった。

ひごろ厳しい体操教師が、自習をしろと言ったり、流行歌を写させたり、それを講堂まで連れて行ってピアノのそばで歌わせたり、思いつきで授業時間を操っている。それに翻弄されながら、それを直接批判することはしない。だが、「終るといつの間にか調子が忘れてしまふ。それぢや効果がないぢやねーか」（6／10）と、自嘲気味に叫ぶ。教師に対する痛烈な皮肉と批判がユーモラスに語られている。李は怒るときは徹底的に怒るが、ユーモア精神にも富んでいる。

一方で、校長先生への尊敬はますます強くなる。

勤労奉仕のときのことである。テニスコートの土のある部分にコンクリートを打つ作業をしていて、コンクリートに仕上げる際のモルタルと砂利の混ぜ方が難しいと思っているところへ校長先生が通りかかる。「『それぢや不充分なら』となさつて自らスコツプをとつて模範を示してくれる。級主任は『うまいな』と感嘆する。後で僕達に云ふには『校長先生は四十銭、お前等は五銭位な』と。手のひらは豆が出来それがまたつぶれてといふやうに思ふ存分働いた」（7／12）ということになる。

率先して模範を示す校長先生への尊敬の念はますます募り、いつもの教師を冷ややかに見ている李も、ここでは素直に、手のひらの豆ができて、それがつぶれるほど働いたことを満足げに書いているのである。

夏休みの帰省を前に校長先生の注意を聞いた。「孝は百行の本（もと）まづ親に孝なるものは悪人なしといふことを覚らしてくれた。皆歓喜に燃えて帰つて行く」（7／15）。もちろん、歓喜に燃えるのは帰省に対してであるが、校長先生の話にもおおいに納得できたから、身も軽く帰って行けたのである。

## 九月から十二月

李の最も尊敬し崇拝する校長もふるえることがある。青少年学徒に向けた勅語が下賜されたときである。

「午後一時半より学校長は総督府に出かけて全島百二十四校に下賜せらる青少年学徒に下し奉りたる勅語謄写本の拝授をなし、本校教官生徒一同講堂に静坐してその帰りたるを待ちて静粛裡に厳として拝授式を行った。校長の訓話はふるへてゐる」（9／12）。これは、五月二十二日に下賜された「青少年学徒ニ下シ賜ハリタル勅語」のことで、それを、校長は総督府に出向いて「拝受」してきて、生徒たちの前に披露したのである。さすがの校長も勅語の前には恐懼せざるを得なかったのであろう。この日の日記は最大級の敬語を使いこなし、厳粛な文体で書き上げている。

二学期になっても英語の教師は頼りないままだった。「英語の森口先生は実に心臓が弱いらしい。いや実力がないかも知れない、何しろ学校を出たばかりのがり〳〵であるから恐らくは教練に上つたのは始めてだらう。学校時代には大して有名でなかつたらしい。これぢや教はれる人は可憐さうだ。一時間中に結局何を習つたか分らない」（9／22）し、「英作は実に空費である。自分で自習する方が森口教授よりは余程分ると思ふ」（9／25）とまでこきおろしている。なお、「教練に上がった」は「教壇に上がった」の誤記であろう。

十月にも森口批判は続く。「英語は夕べ張り切つて習べて行つたが、ちつとも当つてくれない。森口さんの講義は実に拙い。何しろ学校を出たばかりの学生で、然し学校時代には成績にはさう芳しいだとは思へない。何しろ説明も不確実で、さぼら〳〵といふ心がよく表面に現はれてゐる。彼も苦しからう。何しろこつちはちつとも英語の実力はつかない。一体大学まで何を勉強して来たか分らない」（10／13）。自分が準備していっているときに、当ててくれないという恨みで、教師の学校時代の成績まで持ち出されたら、教師もたまったものではないが、李の森口観は厳しくなる一方である。

しかし、教え方のうまい先生もいる。「内田先生の教へ方は実にうまい。先づ教師の資格は充分にそなへてゐると認める。而して尚傲漫ならず益々親切は望まないが真実でありたい」（10／21）。李が高く評価するのは教え方のうまさだけでなく「傲慢ならず」が必要なのだ。これは、ほかに教え方がうまいが、傲慢な教師がいたからである。李にとっては、自尊心を傷つけられる傲慢な教師には我慢できないのである。

国語の「ダルマさん」こと浜村先生もたびたび登場する。「国語のダルマさんはよく冗談や雑談を言ふので生徒から親しまれてゐる。今日も軍機物語の恋愛の一節を紹介して貰つた。生徒はにやにやと笑ひながら先生はうれしさうに語つてゐる」（9／19）。生徒には人気があった教師のようだ。十一月には、「国語のダルマさん、愛嬌たつぷりの黄君、愉快なやつだ。〔……〕ダルマさんはおやぢの臨終の話をする。さびしくて気持が冷たくなつて来るやうだ。もつと発奮するやうな話をしてくれないかな。まあ夢想は止めたがいゝぞ、説誡されなけれや有難たく思へ」（11／20）

と、今回はあまり冗談はなかったようで、発奮する話を望むが、それは無い物ねだりというもの、説教されるよりましと割り切っている。

十二月にはダルマさんの教育観が語られる。

「『現在の学校は大体間違ってゐる。生徒は勉強しないし、先生とは犬猿の間柄である。大体己れなんかのやうな年輩を先生にするからいかんのだ、尤しつかりした年よりの人かさもなくば若い人を先生にしなければならん、我々は生徒を無理矢理にきめつけるし生徒はぷん〳〵問句をいふ。中等学校がかやうであるから小公学校は知れたもんだ、あんな馬鹿らしい先生の商売を誰がしたいのだ。いくら師範学校の校長が宣伝した所で誰もはいりやしない。先づ此処十年間は君達を叱りもしない積りであるから自分でしつかりと勉強しなさい、さもなければ国家は発展しないぞ』とダルマさんは明言を吐いちやつた」(12／19)。

ダルマさんの真情だろうが、言いにくいことをずばずば言ってくれるのに拍手を送りたい気持ちで李も長々と書き残したのであろう。そして、最後の「明言を吐いちやつた」と、べろっと舌を出すようにして、落とすところが何とも心憎い。

教練の時間のことでは、はらはらさせられる記述もある。李を含む六人に共同で貸し与えられている銃のネジがなくなっているのを発見した。戦時中の軍隊回想記などでは、陛下から貸与された備品の一部を紛失するようなことが起こると、陛下に申し訳ないと上官に叱責され、過酷な制裁が加えられる場面がよく出てくる。同じく、李も青くなる。それを言うか言わないかで「随分苦心したが遂にこれを知らせた。尾崎教官はにこ〳〵して小父さんからネヂがあるかないかはましてもらひなさい。私はほつと一安心した。」(9／19)のである。「小父さんからネジがあるかないかはましてもらひなさい」の意味がとれないが、「ほつと一安心した」というので、小父さんにネジのスペアをもらって補填しておけということらしいことはわかる。李が学校にも行きたくないほど、傲慢で、威たけだけに厳格ぶる教師が多い中にも、こうしたおおらかな教官がいたのだ。七十年も前の話ではあるが、李と手を取り合って、「よかった、よかった」と喜びたくなるエピソードだ。

中支視察から戻った校長先生の視察団にも感激する。「中国人を侮るべからず。共存共栄を目的とせよ」「我等はとかく日清戦争を連想するが、然し現在の支那の教育は随分発達してゐて、専門学校や大学が非常に多い。中には東洋一と思はれる立派大学がある。中の設備も中々充分で運動場にしろ室にしろ中々完備されてゐる。その中で支那の青年が勉強してゐるのである」と、校長が中国人を侮らず、東洋一の大学をそなえる中国の実力を語るとき、李は「あゝかくも彼等がこれまで認識したかなと感心する。勿論一部の下等人には問題にならぬがこれだけでもその心持が察せられる」（12／5）と、見て来た事実を客観的に校長に伝える感激を新たにし、精神論を振り回す「下等人」とは違うことを認める。

級主任とは一学期以来どうもうまくいかない。「級主任の顔はあいかはらずいやな面相で殺気満つてゐる。こういふ先生に出合つちやうつかりしてゐられない」（10／5）。「級主任のあのいやな顔を見ると気持が悪くてならない」（11／21）。「砂村先生は実に不愉快なやつである。人相は泥棒ひげをそつた後が黒点々と骨ばつたあご全体に跨つてゐる、その目は確かに殺気を帯びてゐる。力なさそうに見えるが如何にも己れは強いぞと見せたがる表情は如何にもいやしい」（12／11）。何かにつけて不愉快になるのだ。

面相、人相まで気に入らないの連続だったが、冬休みを控えて先生にも生徒にも余裕ができてきたのか、はじめて先生をみて嬉しいと言えるようになった。「僕は今日は何となく嬉しく感じた。それは級主任の愉快さうな顔が嬉しいのだ。何もない、心晴やかな気がする」（12／18）。担任の教師が愉快そうな顔をしていると生徒の心も晴れるのである。二十七日には成績を巡ってまた、李の級主任観は下落するが、自分の成績を操作して故意に下げられたと思い込んでの腹いせとも思われるので、ここではやめておこう。

最後に教師ではないが、総督府の情報局に努めている古田さんという人物への傾倒ぶりを紹介しておこう。厦門に帰ったときに会ったり、情報局の日支親善の記事に李が載るときに知り合って以来、たびたびその家を訪ねている。十月八日に訪ねたときのことを翌九日の日記に記している。

「古田さんは私に高工に這入ることを進めたので、この好意に報ふべく心身と共に立派にせねばならんことをつぐ〲感じた。『君の一挙一動は皆が注目して見てゐるからしっかりせよ』この有難きお言葉恐らく死んでも肺腑に刻まなければならない」(10／9)と、古田の激励を「死んでも肺腑に刻む」ことを誓うのである。

古田にはもう一度李を感激させる発言がある。十二月に訪ねたときのことである。その前に友人の弟の小学生を連れて訪ねたのだが、そのときは、古田はいなくて、古田の妻とだけ話して帰った。今回の訪問でそのときの小学生との関係などを古田に話していた。それを聞いて、古田の妻がその子が「非常に可愛いので日本人の子供だと思ひ込んだ」と言ったところ、古田が「それぢいかんといふのだ。可愛いつて日本人の子供にかぎるぢやない。向ふにも沢山あるのだ」と、妻の支那蔑視発言を言下にたしなめたのである。「小父さんは潔癖で」「あゝこの偉人あり、我涙ぐむをせざるを得なかつた」(12／3)と、感涙にむせぶのである。ことあるごとに支那は劣っている、悪いものは何でも支那だ、お前たちは愚かだと、修身や地理・級主任などから言われ続けて屈辱感に苛まれている李だから、日本人から支那にもかわいい子はたくさんいる、と言われて、感涙をとどめ得なかったのである。古田は当然のことを言ったに過ぎないのだが、その当然のことが、通用しなくなっていた状況下では、李には大きな感激のもとになっていたのである。

工業学校生の在学中の、学校生活が生活の中心になっている日記だから、当然のことながら、教師の言動に左右され影響を受けることも多く、一喜一憂するさまが彷彿とさせられる。李はかなり自意識が強い青年と言えるだろう。試験の前になると、十分に準備をしていると書かれていて、読者にはいい成績を期待させているのだが、結果はどうも思わしくないことの連続だ。それでも、偉人志向は変わらないのが、青年のいいところかもしれない。

その青年の日本人教師観は、自分の自尊心を中心に傷つける者と尊重する者とで、はっきり分かれる。中国人である自分を軽蔑したり劣るものと見下す教師は、徹底的に批判し、絶対に許さない。その反面、中国や中国人を認める発言に対してはどんなわずかなことでも、感激し涙にむせぶのである。この差をかぎ分ける嗅覚は鋭い。しかもユーモアは忘れない。

校長と古田さんに対する尊敬と信頼は絶対に揺るがない。校長も古田さんもどちらも統治者側の人物で李の考える未来を共にする人物ではない。しかし、李は現在の立場で、中国に理解を示す二人を心から尊敬している。窮極的には対立する立場である二人だが、まだそこまでは気づいていない。李も祖国を誰よりも愛し、祖国を侮辱する者は許さないと言うが、日本支配下で教育を受けている李は、当時の抗日戦争を戦っていた人たちの祖国愛の示し方とは違う。中国共産党の率いる革命戦争を戦ってきた人たちとは違う青年像を、李は体現している。当時の台湾や、占領下の中国で生きた青年としては、李のような日本の教育の影響下にあったものの方が数から見ればはるかに多かったはずである。つまり、李のような青年は、当時の中国では珍しくなかったと思われる。

李を通じて、日本人の私たちは、日本統治下にあった七十年前に中国の青年が毎日どう考え、どう暮らしていたかを知ることができる。そこには、日本に全面的に服従したのでもない、また、日本を敵に回して戦ったのでもない、つまり、売国奴でも英雄でもない普通の青年の苦悩を知ることができるのである。それを知ることで、わたしたちは、当時の生きた青年に近づき、さらに当時の中国青年の心と動きを知ることができる。それは、また、わたしたち日本人の、日本の起こした戦争の意味を再確認することと、その被害者であった中国と中国人の実像を通して、中国人理解を深めることにつながるのである。

この日記はわたしたち日本人に、近い過去の歴史の中身をそのまま見せてくれ、わたしたちの狭い心と視野を広げるのに、大いに力を貸してくれるのである。

## Ⅲ-4　日記の女性観

李徳明は十八歳の多感な青年。学校での成績に一喜一憂し、熱心に勉学に励み、体力をつけるべく、柔道・バスケットボール・水泳など、運動にもせっせと励んでいる。

男女別学、男女七歳にして席を同じくしない教育制度の中で、学校は、生徒はもちろん、教師も男ばかり、その日常の中で寮生活の李が接する女性は、寮のまかないのおばさんだけ。町で女性と出会っても、目をそらしたり、すれ違わないように、道を変えるほどの、うぶな若者である。そういう時代と環境だから、おおっぴらに女性のことを口にする場もない。

日記は唯一女性観を吐露する場であった。とはいえ、それも、はばかるところの多い、制約に満ちた時代であった。そのため、たまに得た女学生との接触の記述には、さりげない筆致の背後に李の女性への憧れを、強くにじませている。

李の住む寮の近くのバス停は、あまりバスが来ない。少し歩いた第三高女前のバス停までいくことがある。また、そこにはポストもあって、時々そこに投函に行くことがある。そこでは、どうしても女学生たちが気になる。「女学生等が沢山〔……〕ぺしゃぺしゃと漫談をつゞけてバスを待ってゐる」（1／1）と、女学生たちのおしゃべりが気になる。

一月二日付の日記では、卒業式を控えて近く実習に出る、先輩の王さんの社会への雄飛に羨ましさを覚えながらも、その王さんの最近の動向に批判的である。「然しそこには油断が出来てゐる、この頃はどうも女性のことばかりを口にして前途遼遠たる希望を動もすれば棄てんばかりである。これが現在青年の危険性の共通点である。私は静かに考へた。過去の数個月のあの学校の生活、やっぱり男女共学の方がいゝらしい。そこには珍らしくもやさしくなり一大の危険性は去るのである。あゝ言ひすぎた〔……〕」（1／2）と記す。王さんが女性のことばかり口にしていて、前途を誤るのではないかと恐れ、それを防ぐには男女共学がいいのではないか、と考える。つまり、極度の禁欲生活を強いられることで、歪んだ女性観や、性的要求の圧迫などを生むことよりも、男女が一緒に学び合うことで、「珍らしくもやさしくなり一大の危険性は去るのである」と、歪められた貞操観念や妄想などを防げるのではないかと、李は考える。しかし、それを書いたとたん「あゝ言ひすぎた」と取り消して話題をそらしている。ここで李は、初めは王さんを心配する口調で書き始めたものの、結局は自分の女性とのありかたに対する真意を表明しているのである。

その翌日も女学生が出てくる。「やがて万歳の声が起つたと同時に凱旋の軍夫がぞろ〳〵と威風堂々やつて来た。平時はやさしかつた女学生等もこの時は可笑しい程熱叫ぶり」（1／3）。

「平時はやさしかった」女学生が、凱旋の兵隊を迎えて「この時は可笑しい程熱叫」して迎えたのらしい。「平時はやさしかった」といい、「可笑しい程」といい、李がいつも女学生に関心を持ち、注目していることを裏から物語っている。なお、「熱狂」なら漢語でもあるが「熱叫」は李の造語であろうか。いかにも、女学生たちが屈託なげにあかるく叫んでいるさまが窺われる漢語である。

芝山巌祭で神社に参拝して、早めに着いて休んでいる時も、「まづ友人の話は女学生に限られてゐる。最も露骨にあらはれてゐるのは黄長生君、柴田君、青年の憂鬱、苦脳さが沁々と思ひあたる」（2／1）のだという。

青春期の工業学校生たちが、休憩時間の話題が女学生の限られるというのは、禁欲的な別学男女隔離の在学中であれば、当然といえば当然であろう。黄君や、柴田君と他人事のように書いてはいるが、「青年の憂鬱、苦悩さ」を感じるのは、李自身でもある。

新高堂へ本を買いに行っても女学生の目が気になる。「わきに高く抱へて出ようとすると女学生が大きな眼で見てゐる」（3／25）のである。

バスケットの練習は第一高女のコートを借りて行われたこともあったらしい。

四月二十三日の日記には、「十一時に飯を頂いて早速出かけた。何しろ一高女であるから体裁が少々悪い。途中で色々考へた。若しも部員一人も出会なかつたら一人で黙つて這入つて行つてよいであらうか、〔……〕門の前に着いた。女学生が二人門の前のバス停留場に立ち止つてゐる。顔をそむけて門から中を眺めると部員が三人ばかり、自転車を引いて止つてゐる。よかつたと飛ぶやうに這入つた。やがて練習に移つた。バレーコートには女学生がはかまを高くまき上げてバレーボールを練習してゐる。バスケツト校内コートの前にテニスコートがあつてまたもや女学生等が夢中に練習してゐる。こつちは少々気味が悪くなつて恥しい。心臓強く練習をし始めた」（4／23）と記す。

女学校の中に入るのは体裁が悪く、また、男子学生である自分が一人で入って怪しまれないかと躊躇する。門から中を窺うと他の部員がいたので「飛ぶやうに這入つた」と書く純情さ。自分の練習よりも、女学生たちの「はかまを高くまきあげてバレーボールを練習してゐる」のや、テニスコートで女学生たちが夢中になって練習している方にどうしても目がいってしまう。こちらは、練習もせずにそればかり気にしている自分が「気味が悪くなって恥しい」のである。

その二日後にも第一高女へ行っている。「昼食後、半時間位休憩して一高女に行く。バスケツトボールの練習があるのだ。門まで来た時一人の女学生が丁度出て来たが、変な目つきで私を見た。まさか心中で今頃に工業の生徒が一人何しにはいつて来るのかと思ふでせう。勿論彼女の顔は私も見ないで知らぬ態ではいつて行つたのであるが、只彼女が私の方を見つめてゐるやうな気がする。さて困つたことには部員は一人も来なかつた。グラウンドにはまんまと(Ⅱ-2．三 参照)肥つた彼女等がバレーボールをやつてゐる。これは弱つた。まだ早いかなとさつさと引き帰つた」(4／25)。変な目つきで見られたと李は一瞬思うが、「勿論彼女の顔は私も見ないで知らぬ態ではいつて行つた」のだから、そんなことはないと思い返す。しかし、やはりだめで、「只彼女が私の方を見つめてゐるやうな気がする」のである。そういう気がするのは本人のことだからもうどうしようもない。

やっとの思いで入ったのに、部員は来ていない。目をやると「まんまと肥つた彼女等がバレーボールをやっている」その健康的な太った女学生を見つめていると、また、妄想に駆られるから「これは弱った」ことになるので、早々に引き上げるのである。

四月二十九日もバスケットの試合があると思って第一高女へ行っている。「午後一時頃毛さんを誘つて一高女へ行くことに決めて校門を出てから小雨が降り出した。〔……〕とう／＼帰ることになつた。〔……〕やはり無聊なので時計をのぞけば三時、よし再度一高女に行くことに決めた。〔……〕いきなり看板も見なかつたのではいつたところ、コートには女学生等が排球の試合をやつてゐる。これには弱つた。飛び出して新高堂に行つた。試合三中コートだつた」（4／29）。雨で引き返したのに、晴れてきてまた出かけるという熱心さも行き先が女学校だからであろう。ところが、会場を間違えていて試合は女学生たちがしていた。また「弱って」飛び出すはめになるのである。新高堂へ行ったのもほしい本があったからではなさそうだ。上気した心を冷ますためであっただろう。

第二次国防体育大会での観察も率直である。「午前八時大学官舎の横門の狭き道路に集合、四、五年は銃をのせて行つた。〔……〕今日の国防体育大会で最も感銘の深つたのは金棒競技と女子の分列行進であつた。大衆の目一せいにそのふくれた胸と脚を注視した。実によく揃つてゐる。あゝとすべての邪心が浄化されたやうな気持がした。うんと頑張らう、そして人類の幸福を増進しよう」（5／27）と書く。

女子の分列行進が最も感銘が深かった。ふくれた胸と脚に大衆は注目した、というが、それは李自身のことを言っている。豊かにふくらんだ胸と、健康に太った腿とを恥ずかしげもなく堂々と行進する女学生に圧倒される。いままで、こそこそと想像していたのが、一気に白日の下にさらされて、直視できる。それによって「邪心も浄化され」新しい出発点にたつことができる。高揚した精神で、将来の配偶者との生活にまで一気にとんで「人類の幸福を増進」しようとまで飛躍する。ほかでも大げさに決意を述べる記述の多い李のことだから、この飛躍は驚くに値しない。

六月十七日も女学生との遭遇について、「帰寮後ゲートルをほどいて鉄道ホテルに行つた。今日から十九日まで熊岡美彦帝展審査員といふ人の従軍画展があるのだ。第三高女生の丁度帰りがけの所である。第三高女はまだ新しい生か、しとやか性がなく実に不揃な感じがする。途中で二高女にもぶつかつた。その度毎に私は出来るだけ顔をよそにそむけてゐた」（6／17）と書く。

第三高女の生徒はこの学校が創立されて間がないせいか「しとやか性」がなく「不揃い」だという。それに引き換え第二高女の生徒はしとやかなのであろう。その生徒達の下校の集団にあっても、彼は正視できない。「顔をよそにむけて」できるだけ眼が合わないようにしたいのである。
戦場に倒れていた中国女性の話を聞いて、誇らしく思い、感嘆する記事もある。

今日は非常に感慨無量のがあつた。老大尉曰く、某将校の説によると先頃戦場に倒れた支那兵を見ると実はあの一個大隊が女子軍だつた。然も十八九の女学生である。このやうに支那は女学生までも戦場に出るのであるが日本はまだそこに至らない。恐らく最後まで男子が戦ふのである、あの女子の歩き方を見ると足先を内側に向けて鴨のやうな歩き方をしてゐてどうして走れよう。とその格好をして皆に笑はせた。そして、また云ふには、この点については支那の女が偉いと思ふ。事実偉いのだ。これを眼のあたりに見て来た私がどうしてそれを疑ふであらう。これをこつちの女学生と対照して見ると何だそのざまは何となくだらりとして緊張みがない。あゝ何と感慨無量なことであるよ（6／22）。

老大尉から、戦場の支那兵の中に女子が混じっている、内まで鴨の歩き方をする日本の女子は戦場には出られない。支那の女性のほうが偉いと、聞かされて、李の愛国心は燃え上がる。日本の女学生の「だらりと緊張みがない」姿を日常見ているだけに、祖国の女子兵は頼もしく偉いと実感し、感慨に耽るのである。

九月四日、五日、六日は広東の初等教育の女子教員団の訪問に触れている。四日は準備の掃除、当日の五日は訪問と授業参観で、「生徒は冷かすし、先生はなめるし、然し私は黙っている」と、男子校を訪れた女子教員のグループはやはり気になる存在らしい。六日はその教師団が帰るときのお礼の挨拶である。

今朝の朝礼に校長先生が感慨深げにかう語つた。昨日は広東の女教員団八名本校を見学に来たがその帰りのお礼にかう云はれた。〔……〕『こんなよく整備した学校をむしろ我々は羨しく思つてゐるが帰つたら今度の視察から得た体験を広東の教育につくす積りである』と何と彼の女《ヲンナ》ながら雄々しくではないか、彼の女教員団は女学校或は師範学校を出た程度であるが如何に彼の女《ヲンナ》が東亜といふ問題に熱心なることが分らう（9／6）。

見学に来た女性教員が広東の教育につくすとの決意を述べて帰ったことを、校長が感慨深く語ったのである。それを聞いた李も「女ながら雄々し」く東亜の教育に献身する女性教員の決意に打たれているのである。同じことを男性教員が言っても、聞き流していただろうところを、興奮ぎみに書いているところが面白い。

十月六日もバスケットの試合のことで、「籠球部は明日の第一回戦に工業対淡中なので午後五時半までに部員は一高女の校内コートへ練習しに行く。私はユニオン、運動靴と共五年生に借りられてゐるので今更行く勇気もなかつた」（10／6）という。明日の試合の練習に行かなければいけないところ、靴とユニフォームを貸してしまって、ないので、変な格好で練習したくないから、行かないことに決めるのである。第一高女の女子生徒の目が気になるのである。

十二月は三回も女性に関する記述が出てくる。まず、体格をよくするために、ひごろの運動に励み、よく食べると日記にはしばしばかかれているが、その成果が上がって太って体格も良くなってきたようだ。「放課さぼらうとばかりしてゐるので部の練習に半時間も遅れて行つた、そんな精神ぢやいかん。……腕も自然と太るから心配御無用だ。近頃は飯もよく食ふやうになつた。乳もはれて来てゐる。勿論女性的にはれてゐない、ふくれてゐるといふよりも肥つて来てゐるのが当つてゐるかも知れない」（12／7）。

太り方のひとつとして「乳もはれて」きたという。しかし、それは当然ながら「女性的」な腫れ方ではない。その当然なことをあえて書くところに、李の届かない女性への憧れが読み取れるではないか。

次は学校を公開して、一般市民に工業学校の教育を紹介する行事の十六日、十七日の記述である。生徒たちは前日から展示品をかざったり、清掃したりして外部から来る客に備えていた。当日は、当番を決めて展示室の入り口で、客を迎えることになった。そこに訪れる女性客に李は引き込まれていく。

九時から公開致す、土曜の朝なのでさぞかし看衆（Ⅱ‐1．一‐一参照）は少なからうと思つたが、早い中に綺麗な服装にちよぼ〳〵と危なかしい歩を運んで来る若い女達もゐる。何となくその美しい服装に見惚れてしまふ。［……］殊に背中を円くふくらしてゐる貴婦人達が入口に這入る時に会釈して這つて来るには全く驚いてしまつた。私はつぐ〳〵と感じた。彼女等の挙動をいや心持が知りたいのだ、一見弱々しいでしとやかであるが、一面礼儀をよく心得てゐる所は頼しい（12／16）。

恐らく着物姿の女性であろう。その着物の美しさに見惚れるのである。また、教室の展示を見るためにはいるときに、会釈をするのが李にはショックなのだ。動作も淑やかで弱々しげだが、その対人関係を重んじる動作の裏にある心を知りたいという。男の兵隊に混じって勇敢に戦う支那の女性もほこらしいが、淑やかで、物静かな日本女性の挙動にも打たれるのである。翌日も公開で、観衆を迎えるのだが、幼い子供のことばに傷つき、また休憩時間には女子学生が見に来てくれることを切実に願う工業学校生徒の私語がささやかれる。

二人連の女小学生が僕くの前で製図をぺしや〳〵と批評してゐるので可愛くてちらつと見てやるとにこりと笑つて「平ぺたい類」と言はれて僕は思はず赤面した。昼飯後は運動場で蹴球をやる。森下、浅岡、砂村、浅沼、呉明耀、古場諸君とやる。砂村君は右足のズツクを二つに蹴散らした。『今日は中学生はあまり来ないな。女学生も』と誰かが云ふ、彼の願ひたいことは後者だ（12／17）。

やはり、女子学生にきてほしいのである。見に来た市民に、とくとくと説明はしたいのだが、いかんせん、少年も少女も、こういうところには少ないのである。たまにやってきた少女たちに面と向かって「平ぺたい類」と言われて傷つくが、そこを書くともっと傷が深くなるので、さらりと飛ばして話題を変える。

遺骨出迎え式で、ミッションスクールの女学生と向かい合って待つこともある。「二時二十分消防詰所に集合して某上等兵の遺骨出迎へがあつた。冬の気分も濃厚になつて来た。寒さに弱い私は早くも手から冷たくなつて来てゐる。ミツションと向ひ合つてゐる。何となく可愛らしい。青春の止む得ない血の躍りのせいであらう」（12／25）。女学生をかわいく思う気持ちを「青春の血の躍り」と素直に認めている。

大晦日には総督府臨時情報部に務める、古田さんの家庭を訪ねる。今年のお世話になったことどもを感謝するためである。「午前九時半古田さんのお宅へ行く。〔……〕私は客間に坐つて待つ。〔……〕そして新年号の婦人雑誌と十二月号の新青年をとり出して私に見せる。私は感極まつて世の中にはこんなに美しい心の持主もあろかと吃驚する」（12／31）。古田夫人が自分の食事がすむまで待つ間雑誌を勧めてくれたことを「世の中にこんな優しい心の持ち主があろうか」と感嘆・感激する。少し、大げさすぎる感慨のように見えるが、日本人教師からひごろ、折に触れては侮辱的なことばを浴びせられ、教練の軍人に殴られ罵倒されるという学校生活で、日本人から親切にされると過剰に感動するという循環に陥っているのである。

それから、町へ食事に行くことを誘われる。

〔……〕学寮に帰つて飯を戴いてから又来ようかと言つたがあまり進めるので私もとう／＼承諾した。奥さんは室に這いつて化装してなさる。〔……〕一人の美しいお嬢さんが新田さんのお母さんの背中を軽く打いてゐる。私はどういふわけかちつとも可笑しくならない。〔……〕奥さんは貴婦人の姿をしてお子さんと私と三人で森永へ飯を戴きに行く。私は心臓強く歩いた（12／31）。

女性と町を歩くのに馴れていない李は、だからこそ、貴婦人である古田夫人と、お嬢さんと一緒に歩くには心臓強くしなければいけないのである。

李の日記の中心を占めるのは学校生活である。そこには、試験の成績をよくするための学習について、授業の受け方について、内地からきた識者の講演、映画観賞、土木科の専門の実習などなど、さまざまな学校生活が描かれている。そうした勤勉な日々を送る青年にも女性への憧れは人並みにあった。抑えなければいけないものという、教育の刷り込みはありながら、それゆえに、さらに隠微な興味を抱くことを避けようとしてもいるが、真の悩みは解決できない。そういう女性観のもとに葛藤している。この面だけをみても、実に自分に正直な日記といえるのである。

# Ⅳ章　解説（1）

## ――李徳明の学んだ日本語教育-厦門旭瀛書院――

厦門旭瀛書院は一九三六年に、創立二十五周年を記念して、『厦門旭瀛書院報　昭和十年号』を刊行している。それによると、李徳明は、一九三〇年二月二十日に厦門旭瀛書院本科に入学し、一九三六年三月十四日同校を卒業している[1]。では、厦門旭瀛書院は、どんな学校だったのか。その本科とはどういう教育課程だったのか。中国人の李徳明が、なぜ母国語の中国語ではなく、外国語である日本語で日記をつけたのか。厦門旭瀛書院では、どのような日本語教育を受けていたのであろうか。彼が日本語で日記を書くにいたる、日本語能力を養った小学校での日本語教育を考えるために、厦門旭瀛書院の成立の事情・教育方針・授業内容など同校の日本語教育の実際を報告する。なお、（18）など（　）に入れた数字は引用箇所のページを示す。

### 一．厦門旭瀛書院の成立

一八九五年四月十七日の馬関条約（日本では下関条約と呼ばれる）により、中国の領土である台湾は割譲され、日本の植民地となった。近代日本は、台湾に対する植民地支配を始めると同時に、その対岸である華南地域、特に福建省への勢力を拡張する、いわゆる対岸経営にも動き出した。その主導役を担ったのは日本の植民地統治機関の台湾総督府である。中でも、教育事業は外交上最も異議の少ない点で、直接間接に日本の利益を収め、勢力を拡げる方策として利用された。その教育事業とはいわゆる台湾籍民の子弟を対象とする初等教育機関のことであった。

台湾籍民というのは、台湾総督官房調査課編『台湾と南支南洋』によると、

明治二十八年の領台当時台湾に在住し、或は籍を有し他処に出稼せる者にして、馬関条約の結果総括的に我が帝国の国籍を取得したる者及其の子孫並に領台後海外に渡航し、彼の地に定著居住するものを主とし、時々台湾籍編入の手続を履み、又は支那人にして我が国に帰化し、台湾に国籍を取得したものである[2]。

ということで、戦前の福建省には、多数の台湾籍民が在住していた。日露戦争後、台湾総督府は台湾籍民子弟の教育に着手した。特に、一九〇七年三月に、台湾総督府事務嘱託を兼任していた福州駐在日本領事であった高橋橘太郎は、以下のように台湾総督府民政長官祝辰巳宛てに日本語学校の設立を希望している。

当地ニ在留セル台湾籍民ノ数ハ約二百七十名ニシテ、商店ノ数モ約九十戸以上ヲ有シ、彼等ノ団体機関トシテハ東瀛会館ノ設ケモ有之候へ共、今日ノ処デハ台民ハ唯単ニ名儀上ノ日本臣民タリト云フニ過ギズシテ、言語、思想、及経済上ノ関係ニ於テハ其実、全然清国人ト何等ノ差別ヲ見ズ、〔……〕前記多数ノ籍民ノ子弟ニ至リテハ将来第二ノ籍民タルモノニシテ、彼等今日ノ侭ニ放棄シ置クトキハ、其台湾籍民タルノ有名無実ノ度ハ一層甚ダシキモノアリ、〔……〕極メテ遺憾ノ情態ナルヲ以テ、此程台民中重ナルモノヲ呼出シ、子弟教育ノ事ニ関シ協議ヲ遂ゲ候処、彼等モ再三熟議ノ末、遂ニ東瀛会館内ニ子弟ノ為メニ日語学校ヲ設クルコトニ決シ候[3]。

福州駐在日本領事は以上の主旨に基づいて、台湾総督府に日本語教員の派遣を求めた。これを受けて、台湾総督府は学務課長を厦門・福州に派遣して調査を行なわせ、その結果、福州領事の請求を受け入れた。「台湾公学校ノ本旨及

教則ニ遵拠スルハ勿論学校ノ設置維持教員ノ宿舎其旅費等一切ノ費用ヲ在留台湾人ノ負担トスルニ於テハ台湾公学校教諭一名ヲ派遣シ其俸給ハ同府ニ於テ支弁可致」[4]との条件で学校の設立を認めた。最初の学校は、一九〇八年三月開校の、福州東瀛学堂であった。ちなみに、この学校は一九一五年四月、校名が福州東瀛学校と改められた。

その二年後の一九一〇年に、厦門にも、同じような学校が誕生した。それが厦門旭瀛書院である。その設立のいきさつについては、一九一〇年九月十七日付けで厦門駐在日本領事菊池義郎が当時の日本外務大臣小村寿太郎にあてた報告書に詳しく述べられている。

当地在留ノ台湾籍民ニ於テハ、先年来福州ノ東瀛学堂ニ準スル小学堂ノ設備ヲ希望し、其費用ノ負担ヲモ甘諾スルノ意向ヲ示シタルニ際シ、先任森領事代理ハ昨年渡台ニ当リ総督府学務当局ニ交渉シ、厦門ニ於テ台湾公学校ニ則ル学堂ノ設備ヲ見度ニ付テハ経験名望アル教員ノ派遣ヲ求メ得可キヤラ謀リタルニ、総督府ハ之ヲ甘諾スルト同時ニ福州ニ同様教員ヲ派遣シタル当時ノ条件、即（一）台湾公学校ノ本旨及教則ニ遵イ其教科目及教授ノ程度ハ台湾公学校ノ教科目及教授ノ程度ニ依ルコト（二）設置維持教員ノ宿舎其旅費等一切ノ費用ハ在留台湾人ノ負担タルコト（三）教員ノ執務ニ関シ必要ナル注意指導ハ領事ニ於テ之ヲ与ヘラレタキコト（四）教員ノ執務ニ関シ領事を経テ総督府へ報告セシムルコト（五）旅費ハ官職相当ノ額ヲ給スルコト等ノ肯諾ヲ求メタルニ由リ、森領事代理ハ之ニ同意ヲナシ愈々之ヲ設置スルコトニ決シ[5]

というものである。これより前一九一〇年五月三十一日に、台湾総督府は台湾公学校教諭である小竹徳吉を厦門へ派遣し、学校の開設準備に当たらせた。六月二十六日に、この学校は旭瀛書院と名付けられ、八月二十四日に始業式が挙行されたのであった[6]。

## 一・一　厦門旭瀛書院における日本語教育

厦門旭瀛書院は福州東瀛学堂と同じように、「台湾公学校規則ニ準拠シテ児童ニ普通教育ヲ施」し、「修業年限ハ六箇年トス」[7]る学校である。台湾公学校とは、日本植民地時代の台湾で、台湾人の子弟を対象とした初等教育機関のことである。この公学校教育は一八九八年から始められた。

厦門旭瀛書院は設立当時、いわゆる本科だけの教育課程であったが、一九一五年八月に専科を併置することになった。また、一九一七年二月に、本科卒業生のために高等科を設置し、専科を特設科と改称する。さらに、一九三〇年三月には、修業年限三か年の商業科を設置した。以下に、厦門旭瀛書院本科の教育状況について述べる。

### 一・一・一　厦門旭瀛書院本科のカリキュラム

台湾公学校教育の目的については、台湾教育会編『台湾教育沿革誌』によれば、台湾総督府が制定した「台湾公学校規則」第一章である総則の第一条に、「本島人ノ児童ニ国語ヲ教ヘ徳育ヲ施シ以テ国民タルノ性格ヲ養成シ竝生活ニ必須ナル普通ノ知識技能ヲ授クルヲ以テ本旨トス」[8]と明記されていた。つまり、台湾総督府が「国語」教育と徳育を施すことを通して、台湾人の子弟を日本国民に養成することを教育目的とし、次に一九二二年施行された台湾公学校規則によると、修業年限六年の公学校教科目は「修身、国語、算術、日本歴史、地理、理科、図画、唱歌、体操、実科、裁縫及家事、漢文」（379-380）となっていた。そのうち、「漢文」は随意科目であった（361）。

〔表1〕に、学年別の各教科の授業時間数を示す。

厦門旭瀛書院は、台湾公学校規則に基づいて設立された学校であるため、その本科のカリキュラムも台湾公学校規則に則ったものと思われる。たとえば、一九三〇年、厦門旭瀛書院本科では〔表2〕のようなカリキュラムが実施さ

〔表１　台湾公学校各学年毎週教授時数表（大正 11 年４月１日施行）〕

<table>
<tr><th>学年</th><th>１学年</th><th>２学年</th><th>３学年</th><th>４学年</th><th>５学年</th><th>６学年</th></tr>
<tr><td>修身</td><td>2</td><td>2</td><td>2</td><td>2</td><td>2</td><td>2</td></tr>
<tr><td>国語</td><td>12</td><td>14</td><td>14</td><td>14</td><td>10</td><td>10</td></tr>
<tr><td>算術</td><td>5</td><td>5</td><td>6</td><td>6</td><td>4</td><td>4</td></tr>
<tr><td>日本歴史</td><td></td><td></td><td></td><td></td><td>2</td><td>2</td></tr>
<tr><td>地理</td><td></td><td></td><td></td><td></td><td>2</td><td>2</td></tr>
<tr><td>理科</td><td></td><td></td><td></td><td>1</td><td>2</td><td>2</td></tr>
<tr><td>図画</td><td rowspan="3">3</td><td rowspan="3">3</td><td>1</td><td>1</td><td>1</td><td>1</td></tr>
<tr><td>唱歌</td><td>1</td><td>1</td><td>1</td><td>1</td></tr>
<tr><td>体操</td><td>2</td><td>2</td><td>2</td><td>2</td></tr>
<tr><td>実科</td><td></td><td></td><td></td><td></td><td>男4</td><td>男4</td></tr>
<tr><td>裁縫及<br>家事</td><td></td><td></td><td></td><td>女2</td><td>女5</td><td>女5</td></tr>
<tr><td>漢文</td><td>(2)</td><td>(2)</td><td>(2)</td><td>(2)</td><td>(2)</td><td>(2)</td></tr>
<tr><td>合計</td><td>22(24)</td><td>24(26)</td><td>26(28)</td><td>男27(29)<br>女29(31)</td><td>男30 (32)<br>女31 (33)</td><td>男30(32)<br>女31(33)</td></tr>
</table>

（出典）台湾教育会（1939）『台湾教育沿革誌』

〔表２　1930年厦門旭瀛書院「本科」各学年教科と毎週教授時数表〕

| 学年 | １学年 | ２学年 | ３学年 | ４学年 | ５学年 | ６学年 |
|---|---|---|---|---|---|---|
| 修身 | 1 | 1 | 1 | 1 | 1 | 2 |
| 国語 | 11 | 12 | 12 | 12 | 11 | 10 |
| 算術 | 5 | 5 | 5 | 5 | 4 | 4 |
| 漢文 | 8 | 8 | 8 | 8 | 8 | 8 |
| 華語 | | | 男2 | 男2 | 男2 | 男2 |
| 地理 | | | | | 1 | 1 |
| 歴史 | | | | | 1 | 1 |
| 理科 | | | | 1 | 1 | 1 |
| 図画 | 1 | 1 | 1 | 1 | 1 | 1 |
| 唱歌 | 1 | 1 | 1 | 1 | 1 | 1 |
| 体操 | 1 | 1 | 1 | 1 | 1 | 1 |
| 裁縫 | | | 女2 | 女2 | 女4 | 女4 |
| 家事 | | | | | 女1 | 女1 |
| 合計 | 28 | 29 | 31 | 32 | 男32<br>女35 | 男32<br>女35 |

（出典）厦門旭瀛書院（1930）『創立二十週年記念誌』p. 41

れていた。

表2に示すように、厦門旭瀛書院本科の教科目は表1の台湾公学校のものとは若干異なっている。たとえば、「漢文」は各学年毎週八時間の必修科目であった。また、「華語」という教科目は台湾公学校にない科目であった。旭瀛書院では、台湾の公学校よりも中国語の教育も重視していたのである。

各教科の教授時数から見ると、「国語」の教授時間数が最も多い。学年によって多少違うものの、「国語」は全教科教授総時間数の三四%~四一%を占めている。それもそのはずで、台湾公学校では、「国語」という教科目は「普通ノ言語、文章ヲ知ラシメ正確ニ思想ヲ発表スルノ能ヲ養ヒ兼テ知徳ヲ啓発シ特ニ国民精神ノ涵養ニ資スル」(同右書363-364)ものであり、東郷・佐藤(一九一六)の言う「我が国民的精神の宿る所なれば、修身と相俟て国民的性格の養成上、特種の地位を占む」[9]とされていたからである。全教科目の中で、「国語」教育が最も重視されていたのである。

台湾公学校では、「国語」の教授の方法や程度に関して、次のような、具体的な指針が示されていた。

「国語ハ初ハ主トシテ話シ方ニ依リ近易ナル口語ヲ授ケ漸次読ミ方、書キ方、綴リ方ヲ課シ進ミテハ平易ナル文語ヲ加フヘシ」、

「国語ヲ授クルニハ常ニ其ノ意義ヲ明瞭ニシ又発音及語調ヲ正確、流暢、雅馴ナラシメ且其ノ用法ニ習熟セシメムコトヲ務ムヘシ」、

「書キ方ハ実用ヲ旨トシ仮名及漢字ヲ練習セシムヘシ漢字ノ書体ハ楷書、行書ノ二種トシ高等科ニ於テハ草書ヲ加フ」、「綴リ方ハ主トシテ口語体ヲ用ヒ其ノ行文ハ旨趣明瞭ナラムコトヲ要ス」、

「話シ方、読ミ方、綴リ方、書キ方ハ各其ノ主トスル所ニ依リ教授時間ヲ区別スルコトヲ得ルモ特ニ注意シテ相聯絡セシメムコトヲ要ス」[10]。

「旭瀛書院規則」によると、当校では、「各教科目の教授要旨方法等ハ台湾公学校教則ニ準拠スと雖トモ土地ノ状況ニ適用セシムル為メ之ヲ斟酌変更ス」[11]という。その中で、「国語」の教授については、修業年限六年の台湾公学校と同じで、第一学年から第三学年までは「近易ナル話シ方、読ミ方、綴リ方、書キ方」を、第四学年から第六学年までは「普通ノ話シ方、読ミ方、綴リ方、書キ方」を教授するとしていた[12]。一方、「国語」の各学年の週当たり教授時間数は、台湾公学校と若干異なっていた。また、「読ミ方、話シ方、綴リ方、書キ方」は毎週教授時間数が学年により多少その違いが見られた。同書院発行の『創立二十周年記念誌』（一九三〇）によれば、〔表3〕の通りであった。（41）

〔表3　教授時間数〕

| | 読ミ方 | 話シ方 | 綴り方 | 書き方 | 合計 |
|---|---|---|---|---|---|
| 第1学年 | 4 | 5 | | 2 | 11 |
| 第2学年 | 5 | 5 | | 2 | 12 |
| 第3学年 | 7 | 3 | 1 | 1 | 12 |
| 第4学年 | 7 | 3 | 1 | 1 | 12 |
| 第5学年 | 7 | 2 | 1 | 1 | 11 |
| 第6学年 | 7 | 1 | 1 | 1 | 10 |

『同記念誌』によれば「国語は我が書院の生命」であるため、カリキュラム以外の時間にも、「国語」教育に力を入れて、具体的には、次のような施策が行なわれていた。

一つはいわゆる「国語指導」を行うことである。その目的は、「児童に正しき国語上品なる国語を使用せしむる」とされていた。毎日午後の授業前三十分間を「国語指導時間」と設定して、書院の「全児童の言葉遣及発音句調等に全力を注ぎて矯正」させるとしている。

もう一つは「国語使用奨励」で、「校内に於ける児童の国語常用は環境上最も困難とするところ」ではあるが、「国語は我が書院の生命なれば三学年以上は必ず常用せしむることとしその奨励に努力せり」とし、「その使用奨励の徹底を期せんが為に」、毎月三十日を「国語日」と定め、「本科三年以上に於いては日々国語使用の成績を調査し国語日に於て一ヶ月の成績を考査し成績の優良なる学級に対しては一等より三等迄表彰額を授与せり。又表彰式に引続き三年以上の話方及読方につき演習会を催せり。而して全体児童の国語使用力は前年に比し、更に一段の進歩を見るに至れり」と記されている。(36)

また、普段でも生徒の「国語」使用を厳しく指導していたようである。たとえば、一九三五年十月に書院が主催した台湾修学旅行の「修学旅行の注意」事項には、「旅行中は一切上品な国語を使ひませう」、「質問は丁寧な国語で見学した事は手帳に書いて自分の修養知識とし生活に応用しませう」[13]といった指示が出されていた。

このように、厦門旭瀛書院本科では、「漢文」と「華語」を除いて、修業年限六年の台湾公学校とほぼ同じような教育課程が教授されていたわけである。中でも、「国語」教育が台湾公学校教育の主な目的であったため、それに依拠していた厦門旭瀛書院本科でも「国語」教育に教育の大部分を注いでいたのである。

## 一・一・二　教科書

次に、厦門旭瀛書院本科の教科書をみてみる。

一九一七年、厦門旭瀛書院の教諭であった安重亀三郎は『厦門事情』を編集発行していた。それによると、厦門旭瀛書院では、「教科書は台湾公学校及び支那国民学校のものを適宜斟酌して併用す」[14]という。また、一九二七年の厦門駐在日本領事の報告でも、「漢文、英語、官話ハ支那学校教科書ニヨリ他ハ凡テ台湾公学校ノ教科書ヲ使用ス」[15]と指摘されている。ここでいう「支那国民学校」と「支那学校」は、おそらく当時中国の初等教育機関である国民学校をさすものと思われる。つまり、厦門旭瀛書院本科では、台湾公学校の教科書と中国国民学校の教科書が併用されていたと考えられる。具体的に言えば、漢文、中国官話（華語）、英語等三科目は中国国民学校で使われている教科書を、「国語」その他の科目はすべて、台湾公学校に使われていた教科書を使用していたのである。

では、厦門旭瀛書院本科では、具体的にはどのような教科書が使用されていたのであろうか。それに直接答える史料は見当らないが、福州東瀛学校本科の教科書使用状況に関する記述が残されているので、それを敷衍して考えることはできる。福州駐在日本領事が一九二三年に外務省宛てに提出した報告によると、一九二〇年度の福州東瀛学校本科では、次ページの〔表４〕のような教科書が使われていた[16]。

既に述べているように、厦門旭瀛書院も福州東瀛学校も台湾公学校の教則に則って設立された学校である。したがって、厦門旭瀛書院本科でも福州東瀛学校と同じように台湾公学校の教科書と中国国民学校の教科書が使われていたと考えられる。ちなみに、福州東瀛学校では「国語」ではなく、「日本語」という教科名を使用していた。おそらく一九一七年に起きた福州東瀛学校排斥事情による改称であろう[17]。しかし、公学校の「国語」教科書を使っていたため、教科名は違っても、その教授内容は「国語」と変わらないものであったと思われる。

台湾公学校では、「公学校ノ教科用図書ハ台湾総督府ニ於テ編纂又ハ検定セルモノタルベシ」[18]としていた。公学校「国語」に使われた教科書も、台湾総督府が編纂にあたったものである。一九〇一年から一九四四年まで台湾総督府が編纂・発行した、台湾公学校に使用される「国語」教科書は、〔表5〕の通りである[19]。

〔表4　福州東瀛学校本科使用の教科書 1920年度〕

| 教科目 | 教科書 |
|---|---|
| 修　身 | 本校細目 |
| 日本語 | 公学校国民読本 |
| 漢　文 | 国民学校用新式国文教科書（1－6）<br>高等小学校用国文教科書（1－6） |
| 官　話 | 訂正最新国語教科書（1－4） |
| 英　語 | 新世紀英文読本（1－2） |
| 歴史及地理 | 口述 |
| 算　術 | 公学校算術書（3－6） |
| 理　科 | 公学校理科帖 |
| 書　方 | 本校細目 |
| 図　画 | 本校細目 |
| 体　操 | 公学校体操教授細目 |
| 唱　歌 | 本校細目唱歌集（1－6） |

〔表5　台湾公学校で使用された「国語」教科書〕

| | 初版発行年 | 教科書名 | 巻　数 |
|---|---|---|---|
| 第一期 | 明治34－36年<br>(1901－1903) | 台湾教科用国民読本 | 巻1－12 |
| 第二期 | 大正2－3年<br>(1913－1914) | 公学校用国民読本 | 巻1－12 |
| 第三期 | 大正12－15年<br>(1923－1926) | 公学校用国語読本 | 巻1－12 |
| 第四期 | 昭和12－17年<br>(1937－1942) | 公学校用国語読本 | 巻1－12 |
| 第五期 | 昭和17年（1942） | コクゴ、こくご | 1－4 |
| | 昭和18－19年<br>(1943－1944) | 初等科国語 | 1－8 |

厦門旭瀛書院でも、本科の「国語」では、修業年限六年の台湾公学校と同じように、この第一期〜第五期の「国語」教科書が使用されていたと考えられる。

### 一・一・三　厦門旭瀛書院の教師

厦門旭瀛書院の教員は、設立当時から台湾総督府が派遣することになっていた。設立当時の初代書院長は小竹徳吉（一九一〇－一九一三年在任）で、「公学校教育に経験の深い」[20]教師であったといわれる。そのあとを受け継いだのは、台湾公立公学校訓導兼台湾総督府編修書記の岡本要八郎（一九一三－一九二八年在任）である。一九二八年から、台湾公立公学校訓導である庄司徳太郎（一九二八－一九四一年在任）が書院長をつとめることになった。一九四一年から一九四五年までの書院長は渋田栄一であった。

〔表6〕により、日記の筆者李徳明が学んだ一九三〇年当時の教員の状況を見てみよう。当時厦門旭瀛書院の「現任職員」は二四名であり、そのうち、校医二名、教務嘱託二名で、実際に教授にあたった教員数は二〇名となる。その内訳は、日本人教師は六名（うち一名商業科嘱託）、台湾籍民教師は十一名（うち台湾公立公学校訓導八名、漢文科嘱託一名、図画科嘱託一名、英語科嘱託一名）、中国人教師は三名（うち教員心得二名、華語科嘱託一名）となっている。それぞれの科目担当は、漢文、華語、英語、図画の四教科は中国人か台湾籍民が担当していた。「修身」、「国語」など本科の根幹的な教科目の担当教員がだれであるかこの表からは不明であるが、おそらく台湾総督府国語学校出身の台湾公立公学校訓導であった日本人か台湾籍民がその任に当たっていたのであろう[21]。台湾総督府が派遣したのは台湾公立公学校訓導のみであったからである[22]。

〔表６　1930年厦門旭瀛書院の現任職員一覧表〕

| 氏　名 | 職　名 | 原　籍 | 備　考 |
|---|---|---|---|
| 庄司徳太郎 | 書院長・台湾公立公学校訓導 | 山形県 | 台湾総督府国語学校卒業 |
| 黄六 | 台湾公立公学校訓導 | 台北 | 台湾総督府国語学校卒業 |
| 山口勝利 | 台湾公立公学校訓導 | 長崎県 | 台湾総督府国語学校卒業 |
| 楊北辰 | 台湾公立公学校訓導 | 台北 | 台湾総督府国語学校卒業 |
| 蔡文韜 | 台湾公立公学校訓導 | 台南 | 台湾総督府国語学校卒業 |
| 王生 | 台湾公立公学校訓導 | 台南 | 台湾総督府国語学校卒業 |
| 徐朝帆 | 台湾公立公学校訓導 | 台北 | 台湾総督府国語学校卒業 |
| 余樹枝 | 台湾公立公学校訓導 | 台北 | 台湾総督府国語学校卒業 |
| 吉田国治 | 台湾公立公学校訓導 | 鹿児島県 | 台湾総督府国語学校卒業 |
| 南久夫 | 台湾公立公学校訓導 | 大分県 | 台湾総督府国語学校卒業 |
| 加治佐慶二 | 台湾公立公学校訓導 | 鹿児島県 | 台湾総督府国語学校卒業 |
| 温水連 | 台湾公立公学校訓導 | 台北 | 台湾総督府国語学校卒業 |
| 徐栄宗 | 台湾公立公学校訓導 | 台北 | 台湾総督府国語学校卒業 |
| 盧文啓 | 教員心得（漢文教員） | 福建省 | 全閩師範学堂卒業 |
| 欧陽楨 | 教員心得（漢文教員） | 福建省 | 附生 |
| 楊乞来 | 教務嘱託 | 福建省 | 台北師範講習科 |
| 江文鐘 | 教務嘱託 | 台北 | 上田中学校 |
| 陳耀西 | 漢文科嘱託 | 台北 | 貢生 |
| 馬鳴皐 | 華語科嘱託 | 山東省 | 私塾 |
| 王建安 | 図画科嘱託 | 台北 | 厦門旭瀛書院卒業<br>京都絵画学校卒業 |
| 陳志俶 | 英語科嘱託 | 台北 | 厦門同文書院卒業 |
| 黒瀬栄三 | 商業科嘱託 | 長崎県 | 長崎高等商業学校 |
| 蔡世輿 | 校医 | 台中 | 台北医学校 |
| 劉寿祺 | 校医 | 新竹 | 台北医学校 |

（出典）厦門旭瀛書院（1930）『創立二十周年記念誌』pp. 27-29

〔表7　厦門旭瀛書院本科（1910－1938年）の児童数[23]〕

| 年度 | 日本人 | 台湾籍民 | 中国人 | 年度 | 日本人 | 台湾籍民 | 中国人 |
|---|---|---|---|---|---|---|---|
| 1910 | | 59 | 18 | 1925 | 1 | 186 | 231 |
| 1911 | | 73 | 20 | 1926 | | 194 | 233 |
| 1912 | | 105 | 30 | 1927 | | 207 | 300 |
| 1913 | | 75 | 65 | 1928 | | 205 | 291 |
| 1914 | | 108 | 72 | 1929 | 2 | 240 | 252 |
| 1915 | | 132 | 143 | 1930 | 2 | 272 | 228 |
| 1916 | | 116 | 192 | 1931 | 2 | 297 | 151 |
| 1917 | | 151 | 247 | 1932 | 2 | 378 | 96 |
| 1918 | | 154 | 325 | 1933 | 1 | 434 | 120 |
| 1919 | | 135 | 264 | 1934 | 1 | 397 | 93 |
| 1920 | | 190 | 399 | 1935 | | 444 | 90 |
| 1921 | | 209 | 287 | 1936 | | 495 | 84 |
| 1922 | | 236 | 310 | 1937 | | 608 | 105 |
| 1923 | 1 | 206 | 215 | 1938 | | 333 | 22 |
| 1924 | 1 | 185 | 283 | | | | |

厦門旭瀛書院は台湾公学校程度の初等教育機関で、その本来の設置目的は台湾籍民子弟を教授するためにあった。しかし、上の〔表7〕に示されるように、中国人子弟も多数在籍していた。特に、一九一六年から一九二八年にかけて中国人子弟児童数が台湾籍民子弟をはるかに超える時期もあった。

台湾籍民子弟教育施設について、一九一一年から一九一九年にかけて八年間台湾総督府学務部長を務めた隈本繁吉は、次のように述べている。「台湾と関係深き南支沿岸所在の籍民乃至関係支那人の為めに、教育機関を整備することは、内は全島民心の帰嚮を強固にするに足り、外は日支親善の根本に培ふものにして意義重大なるものである。」[24]そのため、厦門旭瀛書院は、中国人子弟に対して「日支親善」を掲げて積極的に受け入れていたと考えられる。しかし、時局の影響により、中国人子弟の児童数は不安定なものであった。特に、一九三一年からはその児童数は減る一方であった。

以上、廈門旭瀛書院の日本語教育についてみてきた。日記の筆者の学んだ学校は、日本語だけを教える所謂日本語学校ではなく、一般の小学校に相当する公的機関であった。前述のような充実したカリキュラムが完備したシステムの下に六年間在校して、その最も多くの時間は、「国語」とされる日本語の教育に割いてきた。その日本語は「初ハ主トシテ話シ方ニ依リ近易ナル口語ヲ授ケ」「漸次読ミ方、書キ方、綴リ方ヲ課シ進ミテハ平易ナル文語ヲ加フヘシ」という、話しことばから、書きことばへ、さらには文語まで進む総合的・全般的なものであった。担当する教師はおそらくは日本人教師で、日記筆者にとっては、中国人子弟を皇民化するための教育施策の中に全面的に組み込まれて過ごした六年間であったと思われる。

附記

## 厦門旭瀛書院規則[25]

第一章　総則

第一条　本書院ハ台湾公学校規則ニ準拠シテ児童ニ普通教育ヲ施ス

第二条　修業年限ハ六箇年トス

第三条　本書院内ニ高等科及ヒ特設科ヲ併置ス

第二章　教則

第四条　各教科目ノ教授要旨方法等ハ台湾公学校教則ニ準拠ストトモ土地ノ状況ニ適用セシムル為メ之ヲ斟酌変更ス

第五条　各学年ノ教授ノ程度及ヒ毎週教授時数ハ別表ニヨル

但シ夏期休業前後各四週間ハ毎週教授時数ヲ二十四時ニ減ス

第六条　各学年ノ課程ノ終了若シクハ全教科ノ卒業ヲ認ムルニハ児童平素ノ成績ヲ考査シテ之ヲ定ム

第七条　書院長ハ修業年限ノ修了ニ於テ全教科ヲ修了セリト認メタル者ニハ卒業証書ヲ授与ス

第八条　書院長ハ学年末ニ於テ各学年ノ課程ヲ修了セリト認メタル者ニハ修業証書ヲ授与ス

高等科及ヒ特設科ヲ修了セリト認メタル者ニハ其ノ修了証書ヲ授与ス

第九条　高等科及ヒ特設科ノ教則ハ時宜ニ応シ之ヲ定ム

第三章　学年　休日

第十条　学年ハ三月ニ始リ翌年二月ニ終ル

学年ヲ分チテ左ノ二学期トス

第一学期　三月ヨリ八月三十一日迄
第二学期　九月一日ヨリ三月迄
（註）学年変更ハ旧暦ニヨルヲ以テ期日定メラレス
第十一条　毎日ノ教授終始ノ時刻ハ時期ニヨリ之ヲ定ム
第十二条　休業日ハ左ノ如シ
一、祝日、祭日
二、日曜日
三、夏期休業　七月十一日ヨリ八月三十一日迄
四、冬期休業　十二月二十九日ヨリ翌年一月三日迄

## 第四章　入学　退学

第十三条　本書院ハ入学スルコトヲ得ヘキ児童ハ満七歳以上十二歳以下トス
但シ特別ノ事情アル時ハ十二歳以上ノ者ヲ入学セシムルコトアルヘシ
高等科及ヒ特設科ニ入学スル者ニ関シテハコノ制限ヲ適用セス
第十四条　児童ノ入学ハ毎学年ノ始トス
但シ特別ノ事情アリト認メタル者ハ此ノ限リニアラス
第十五条　本書院ニ児童ヲ入学セシメムトスルトキハ其ノ児童ノ保護者ニ於テ左ノ各号ニ掲クル事項ヲ具シ書院長ニ願出ヘシ
一、児童並ニ保護者ノ氏名、出生年月日、本居地及ヒ寄留地

二、児童入学前ノ経歴

三、保護者ノ職業及ヒ児童トノ関係

前項各号ノ事項ニ異動ヲ生シタル時ハ遅滞ナク本書院へ届出ツヘシ

第十六条　在学児童ヲ休学若シクハ退学セシメントスル時ハ其ノ児童ノ保護者ニ於テ事由ヲ具シ書院長ニ申出ツヘシ

第十七条　在学児童ニシテ伝染病ニ罹リ若シクハ其ノ虞アルモノ又ハ行為不良ニシテ他ノ児童ノ教育ニ妨害アリト認メタルトキハ其ノ出席ヲ停止スルコトアルヘシ

第十八条　書院長ハ在学児童ニシテ左ノ各号ノ一ニ該当スル者アル時ハ退学セシムルコトアルヘシ

一、性行不良ニシテ改善ノ見込ナシト認メタル者

二、引続キ三箇月以上席シタル者

三、正当ノ事由ナクシテ出席席常ナキ者

第五章　授業料

第十九条　台湾公会々員ノ子弟ハ授業料ヲ徴収セス

第二十条　授業料ハ一人ニツキ年額大銀六弗トス

但シ時宜ニヨリ授業料ヲ減額又ハ免除スルコトアルヘシ

注

1　厦門旭瀛書院（一九三六）『厦門旭瀛書院報　昭和十年号』32

2　台湾総督官房調査課（一九三五）『台湾と南支南洋』台湾総督府熱帯産業調査会、15-16

3　「福州ニ於ケル台湾籍民ノ状態」『南部支那在留台湾籍民名簿調製一件　附支那在留ノ籍民取締ノ件』日本外務省外交史料館所蔵

4 『台湾公学校教諭派遣教授開設ノ件』明治四十一年（一九〇八年）四月二十五日『在外本邦学校雑件、福州東瀛学校』日本外務省外交史料館所蔵

5 『台湾籍民学校開設ノ件』明治四十三年（一九一〇年）九月十七日『在外本邦学校雑件、厦門旭瀛書院』日本外務省外交史料館所蔵

6 厦門旭瀛書院（一九三〇）『創立二十週年記念誌』6

7 「旭瀛書院規則」『在外日本人学校教育関係雑件／学校調査関係 第二巻』日本外務省外交史料館所蔵

8 台湾教育会編（一九三九）『台湾教育沿革誌』（青史社復刻本、一九八二年）261

9 東郷実・佐藤四郎（一九一六）『台湾植民発達史』晃文館 427

10 台湾教育会編（一九三九）『台湾教育沿革誌』（青史社復刻本、一九八二年）364

11 「旭瀛書院規則」『在外日本人学校教育関係雑件／学校調査関係 第二巻』日本外務省外交史料館所蔵

12 同右

13 厦門旭瀛書院（一九三六）『厦門旭瀛書院報 昭和十年号』14-15

14 安重亀三郎（一九一七）『厦門事情』厦門日本居留民会 154

15 「在支那厦門旭瀛書院」（一九二七年四月十日調査）『在外日本人学校教育関係雑件／学校調査関係 第二巻』日本外務省外交史料館所蔵

16 「福州東瀛学校最近三箇年度事業報告書」大正十二年八月三十一日、『支那ニ於ケル文化事業調査関係雑件／外国人ノ文化事業 第一巻』日本外務省外交史料館所蔵

17 「在支那福州 福州東瀛学校排斥事情」（大正六年五月）、『在外本邦学校雑件、福州東瀛学校』日本外務省外交史料館所蔵

18 台湾教育会編（一九三九）『台湾教育沿革誌』（青史社復刻本、一九八二年）261

19 呉文星等（二〇〇三）『日治時期台湾公学校与国民学校国語読本 解説・総目次・索引』南天書局有限公司 34

20 中村孝志（一九八〇）「福州東瀛学堂と厦門旭瀛書院」『天理大学学報』第128輯 9

21 厦門旭瀛書院（一九三〇）『創立二十周年記念誌』27-29

22 「在支那厦門旭瀛書院」（一九二七年四月十日調査）『在外日本人学校教育関係雑件／学校調査関係 第二巻』日本外務省外交史料館所蔵

23 庄司徳太郎（一九四〇）『支那事変と旭瀛書院』厦門旭瀛書院 66-68

24 厦門旭瀛書院（一九二四）『大礼記念事業』序1

25 「厦門旭瀛書院」（一九二七年四月十日調査）『在外日本人学校教育関係雑件／学校調査関係』第二巻 日本外務省外交史料館蔵

# Ⅴ章　李徳明さんインタビュー

## ――勉強は苦しかった、楽しいことはなかったです

二〇〇七年五月二十五日三時～四時半
五月二十六日三時～四時
中国廈門市　李徳明氏宅にて

### 筆者を探し当てるまで

すでに七十年前、先の戦争中に書かれたこの日本語日記をぜひ日本の読者に紹介したい、どうにかして戦時中に日本語を学んでいた中国人青年の悩み多き想いをそのまま伝えたい、そう気を逸らせながら、日記の日本語の特徴を分析し、日記の背景の調査に追われていた。しかしながら、その作業を進める過程で、日記の筆者に会って当時のこと聞いてみたいなどとは考えたことはなかった。これは七十年前に書かれた貴重な資料である、過去の資料である、と目の前の日記だけに捉われていた。これを書いた人は過去の人と思い込んでいた。

原稿を提出できる目途が立ったとき、ひつじ書房の編集者から著作権問題をクリアしなくてはいけないと言われたときは、まさに虚をつかれた思いだった。なるほど、筆者が健在である可能性はある。筆者でなくても遺族はいるだろう。その人の許可がなければ出版はできない。やっと、わずかながらも大学の補助金が決まってほっとしていたところへの新たな難題である。

黄慶法は日記発見当時、探してみたが不可能だったので諦めていた。日記の筆者が、廈門旭瀛書院で小学校教育を

終えた人物であることは、日記の文面からわかっていた。そこで、旭瀛書院関係の資料を漁った。幸い在籍生徒の名簿がみつかった。それと照合すると、日記の筆者が実在したことは確かだった。書院の記録文書に記された住所をたどってみたが、その住所には全く別人が住んでいた。変遷発展の激しい廈門の市内で、七十年前と同じところに住んでいる人は少なく断念せざるをえなかった。しかし、これがクリアできないと出版できないと知って、再度必死になって関係者を探した。近所の人たちに聞きまわって、半年後にやっと現在の李さんの家を探し当てることができた。坂の多い廈門の街の、坂の中腹の古いアパートの三階に李さんの家はあった。

黄が二〇〇六年末訪ねて、戦前台湾で学んだことがある、日記も書いていたというお話を聴いてご本人と確認した。研究対象として繰り返し読んできた日記の筆者と直接ことばを交わそうなど夢想だにしなかったことが現実に起こっていた。それでは直接日本語の日記を書くに至った事情を聞いた。遠藤がインタビューを申し込んだ直後に、大腸を三十センチも切る大手術をされた。その回復を待ってやっと実現したインタビューである。

約束の時間に家の玄関をノックすると、しばらくして中から鍵を開ける音がした。緊張しながら待つこと数秒、李さんご自身がドアをあけてくださり、「どうぞおはいりください」と、はっきりと日本語で言われたのには驚いた。口の中で一生懸命中国語の挨拶を反芻して備えていたのに、肩透かしを食ってたじろいだ。まさか、七十年前の日本語がこんなに通用する形で残っているとは想像もできなかった。当然のことながら、今回の訪問では、黄慶法の通訳の下でいろいろお尋ねするつもりでいた。

招じ入れられた部屋は、片隅に蚊帳をつったベッドが置かれ、窓側に机、その横にソファと、丸い椅子が三つ置かれていた。机の上から一台、床からの背の高いのが二台と扇風機が三台も回っていた。三十四度という外の暑さが、一気に引く涼しさで客を待つ準備が整えられていた。席を勧められて座るなり五、六通の手紙を示された。

「日本の友達たくさんいます。毎年年賀状やりとりしています。もう戦死したものも多いし、この年ですから病気で死んだものもいます。五、六人でしょうか、ずっと続いているのは。弟の妻は日本人で、これが彼女の手紙です」と手紙を見せながら日本語で説明をしてくださった。録音の準備をする暇もない。こちらの態勢も整わないまま雑談から始まった。息子さんから、病み上がりであまり長くは無理と言われているので、短時間で聞きたいことを要領よく聞かなければいけない。

いつも、湖南省で女文字の現地調査をするときは、質問をする、通訳が訳して尋ねる、その返事を翻訳してもらって聞くという段取りである。通訳が現地語で聞いている間に次の質問を考えておく。次は何を聞こうか、どう聞いたらよく話してもらえるか、必死に考えながら頭はフル回転している。今回は通訳の時間がないから、その倍速の脳の回転を求められる。まず、簡潔で、わかりやすいことばで聞かなければいけない。答えに詰まられたら、別のことばを探さなければいけない。お答えを聞きながら、次は何を聞こうかと先のことを考えている。常にあせっている。これは全く予想外であった。しかし、おかげで、時間は通訳が入る場合の半分で済ませられた。それでも、一時間半を過ぎたところでドクターストップならぬ、息子さんストップがかかった。一九二一年生まれ、八十六歳の病み上がりの父親を気遣う息子としては当然のことであった。まだ、台湾の学校を卒業してから厦門での後半生をお聞きしていない。改めて、翌日もお訪ねしたい、一時間だけでいいからとお願いして、初日は終わった。

同様にして、翌日は午睡の終わられるころお訪ねした。質問事項を箇条書きにして何とか一時間ですませようとしながらもやや長引いて、現在に至るまでをお聞きすることができた。

以下に、二日にわたって李さんの幼少時から順にお聞きしたことを、できるだけ李さんの口調を再現するように心がけながら記していく。ただし、重複部分は削ってまとめているので、必ずしも、インタビューの順序どおりにはなっていない。アルファベットはQ：遠藤、A：李さん、M：息子さん、K：黄慶法を示している。

## 一．旭瀛書院の日本語教育

Q／どうして旭瀛書院に入られたんですか。

A／そのときは、日本人と台湾人の居住民がおります。そのときには日本人と台湾人には学校は同じくないですよ。日本では小学校というです。台湾の方は公学校というです。だから小学校に入ってるのは台湾人は台湾人の学校で、しかし、台湾人の小学校には中国籍の人も入っていますから。わたしならば中国籍ですから。どうして日本の小学校に入ったかというと、そのときわたしのお父さん、そのときの社会ではやはり貧しい方ですよ。収入が少ないですから。だから、自分の息子を日本の学校に行くのはだいたい難しいですけど、そのときには優待というか、学校の費用は全然要らないですよ。読本も無償ですから。だから、その小学校はずいぶん続いてきました。

そのとき廈門は日本の領事館あります、日本だけでなく、イギリスもその他の外国の領事館もおりますよ。いくつかの領事館が合弁してありますけど。日本は単独の領事館がありましたよ[1]。日本領事館では日本人だけを管理しておりました。以前コロンス[2]というところは租界というですけど、上海と同じに租界と呼んでおりますよ。そのとき、日本人の数は覚えていないだけど、十分あると思いますから。それで、台湾人も多いですから、商売なんかやっておりますから。そのときはその関係で入ったんですよ。特別に何か関係は全然ないです。うちは貧しいですから。

Q／そのころいくつくらい市の中に小学校があったんですか。

Ａ／多くないです。少ないです。

Ｑ／義務教育じゃないですか。

Ａ／義務教育とは言わなかったんです。公立の市の学校はなかったんです。以前のこちらの状況では。解放以後は公立学校ありますけど、以前は全然ないです。私立ばかりです。小学校も中学校も大学も全部私立ばかりです[3]。中国でも北京とか上海とか国家が管理しているところはあるだけど廈門では私立の学校ばかりでした。私立の学校では学費を払いますから。

同じ年ごろの子どもでも学校へ行かない子が多かったです。

Ｑ／何パーセントくらいですか。半分ぐらいですか。

Ａ／はっきりとはわかりません。

Ｑ／何歳のとき旭瀛書院に入りましたか。

Ａ／初めて学校に入ったのは中国の学校で四歳のときでした。中国の私立の学校です。その以後ね、わたしのお父さんが福州へ行ったんです。それでわたしも一緒に福州へ行って、帰ってまた初めから小学校に入ったんです。一年からまた。七歳ぐらいのとき[4]。お父さんはそのとき福州で仕事しておったですから。うちから歩いて通えるところでした。付近に住んでおりましたから。廈門は小さいですから。そのときの小学校の子どもは大部分が台湾人。

Ｑ／日本人の子どもはそこには行かないんですね？

Ａ／日本人はコロンスへ。領事館の特別のがあったんです。

Ｑ／日本人はたくさんいたんですね。

Ａ／いたようです。

Ｑ／旭瀛書院では中国語も勉強するわけでしょ？

Ａ／入ったらほとんど日本語を勉強しています。

Ｑ／ほとんど日本語？

Ａ／ええ、ほとんど日本語。中国語というのは漢文といって特別の一課。その他は話すのは日本語で、全部日本語で話しておりました。一年から。先生は台湾人の先生で日本人の先生は少なかったです。ありましたけど。岩崎茂樹今でも覚えておりますけど。

Ｑ／日本人の先生が「おはようございます」って、初めから日本語で？

Ａ／日本語で話します。

Ｑ／唐詩なども李さんの日記には出てくるんですが。中国の子どもは中国語はどこで習うんですか。漢文ですか。漢文で中国の古典を習うんですか。中国人の子どもが中国語や中国の古典文学とか習うそういう時間はないんですね。

Ａ／漢文として教えているんです。

Ｑ／中国語としてじゃないんですね？　漢文の読み方日本式に読むんですか。返り点で。

Ａ／いや、そのときに読むのは中国語でです。わからないですから。先生は中国人が教える。

Ｑ／ああ、そうですか。じゃ、学校で話すことばはほとんど日本語？

Ａ／え、日本語です。

Ｑ／友達とも先生とも。

A／日本語で話しています。

Q／うちへ帰ると？　うちでは中国語でしょう？

A／うちはもちろん中国語です。だれもわからないですから。そのときの教育はほとんど台湾にいる台湾人の教育と同じです。小学校と公学校と別れておりまして、日本人は小学校に入る、台湾人は公学校にはいる。やはり、区別あります。

私の弟の妻、あれは日本人です。日本人ですが、一緒に勉強している特別な人もいました。幼いときから一緒に勉強して、台湾で。弟はもう死にましたが、それからいま日本に移して東京にいます。東京で会ったんです。二十年前にわたし日本に行ったんです。廈門の市政府の見学団で出張して東京に行ったんです。

Q／子どものときにもどりますが、うちでは中国語で学校では日本語。お父さんお母さんと話すのは中国語、友達とは日本語。でも、友達と話すとき、中国語の方が早いでしょ。

A／もちろん、そうです。

Q／それ、学校では話してはいけないと言われるんですか。

A／いや、そのときは、そう厳しくはないですから。

Q／学校で中国語話しても叱られなかったですか。

A／いやいや、叱られないです。そのときの先生でも台湾人の先生もあるし、日本人の先生もある。

Q／台湾の学校では中国語話すと叱られるとか、家でも日本語話しなさいと台湾では総督府が指導したと読んだことがあるんですが[5]、廈門ではそんな厳しくなかったんですね。

A／廈門は一つ学校ですから、そんな厳しくできないですよ。

M／中国語は北京語じゃないです。方言です。親父の北京語は学校卒業して帰ってから。北京語は勉強する前は読めるけど話せない状態です。台湾人の先生も北京語話さないです。国語は北京語じゃないです。北京語は一九四九年新中国が成立してから普及したんです。母語は閩南《ミンナン》語なんです。

Q／母語は閩南《ミンナン》語、第二は日本語、第三は北京語ですか。

A／中国のそのときは地方言、方言が普及していた、ここで、普通語、普通に話せる、だから本当の普通語は台湾よりそう正確に発音できない、台湾の方はわりあいに正確に発音できる、北京語の発音して[6]。

Q／一番多いのは日本語の時間ですか。

A／授業はほとんど日本語。

Q／日本語で修身とか、算数とかみんな日本語で教えるんですか。

A／日本語で。

Q／子どもだから、はやいですね。日本語で教えるわけだし、中国語よりも日本語の方が上手になるわけですね。そのときの先生で覚えている先生いますか。優しかったとか、厳しかったとか。

A／覚えています。ずっと覚えています。そのときの先生ね、毎年ずっと変わらないですよ。六年まで同じですよ。卒業まで。だから覚えておりますよ。岩崎茂樹。覚えておりますよ。

Q／どんな先生でしたか。

A／先生は、そのときまだ若かったんですよ。二十八歳のときからわたしを教えてるんですよ。一緒に台湾に修学旅行行ったんですよ。そのとき奥さんも行ったんですよ。台湾行ったときにわたし病気したんですよ。しかし、ずっとわたしの住んで[7]いるところで、奥さんがわたしを招待しておりますから[8]どこへもいかないんですよ。

Q／友達はみんな見学に行っても？

A／ええ。

Q／岩崎先生は総督府から派遣されたんですか。

A／総督府の先生ですよ。台湾の学校ですから、台湾と関係が深いですから。

Q／その先生は、日本で教育受けた人ですよね、師範学校か何か。

K／台湾の師範学校かもしれない。

A／少し違うのは、台湾の公学校では、先生はほとんど台湾人です。しかし、こちらでは日本人が入っております。

校長も日本人ですから。庄司徳太郎という。

Q／庄司先生ですね。日記に書いてある。立派な先生でした？

A／うん？　立派ですよ。校長先生は尊敬しておりますよ。ずっと長くこの学校におりましたから。

Q／校長先生も総督府からの派遣ですね？

A／え、そうです。

Q／書院に入ったのは一九三〇年ですね。戦争はまだ始まっていないときですね。

A／日中戦争はまだ始まっていません。

Q／満州では一九三一年から日本が侵略していましたね。でも、この辺はまだ影響がなかった？

A／そのときはまだ覚えていないんだけど。

Q／じゃ、そのころはまだ普通の生活ができたんですね？

A／ええ。

Q／ここを卒業して台湾に留学されるんですけど、そのころはこちらから、台湾へ勉強に行く人多かったんですか。留学する人。

A／そのときはね、本当の台湾人でも小学校より上に行く人はやはり多くないんです。だから、廈門から行く人も本当にもっと少ないんです。一年にだいたい四人か五人ぐらい。行くときはやはり厳しく試験しますから、試験通らないといけない。そのとき、わたしの成績がよいですから、試験を受けていったんです。そのときうちも貧しいです。金は全然ないですよ。お父さんがそのときの金で八十元ぐらい友達から貸してもらってそれで行ったんですよ。

Q／こちらの書院卒業して留学もしない普通の子どもたちは、みんなどうするんですか。就職する？　書院の卒業生はみな日本語でしょ？　普通の中学校に入れますか。

A／もちろん、入れないですよ。教育が違うから。

Q／そうすると、書院を卒業した人たちはどこへ行くんですか。

A／行かない人は、こちらでなにか仕事するんですよ。しかし、中学校に入る人もあるんですよ。わたしも台湾行って帰ってからこちらの学校入ったんですから。また、勉強して数学とか物理とか全然同じですから。それは入れるんですよ。

Q／中国語で教育を受けた子どもと、日本語で教育を受けた子どもとどちらが有利ですか。

A／そのときは、日本語の教育を受けた方が、日本の学校に入るには有利です。しかし、日本の学校はそう入れないですから、結局は中国語の学校に入るんですから。

Q／旭瀛書院へ行ったことがプラスにならないですか？　一生懸命日本語を勉強したけど、卒業したら中国の学校にも入れない。

K／後で高等科ができるんです。それから、お小遣いが稼げる、日本の会社もあるから。

Q／小学校を卒業して、もっと勉強したいという子どもはそんなにいなかったでしょ？　お金もかかるし勉強もいっぱいしなければいけないから。　李さんは向学心が強かった、いつもいつも勉強勉強と日記に書いてある。それで、もっと勉強したいと言ったとき、お父さんはどうでしたか。いいよって言ってくださった？

A／ええ、台湾へ行くとき八十元借りた、そのころの八十元は多いですよ。

Q／どのくらいですか。

A／そのときの生活で家族で一か月だいたい十五元で十分できました。八十元では非常に多いですよ。それも、何か月かたつと全部使ってしまうですよ。そして帰るとき、ほとんど金ないですよ。だからまた行くときは、奨学金を申請したんです。

Q／初めは奨学金はもらえない？

A／もらえないですよ。

Q／お父さんも大変だったんですね。

## 二．台北工業学校

Q／工業学校の試験を受けるときは台湾へ行って受けるんですか。結果は試験を受けてこちらに戻ってからわかる？

A／いや、台湾でわかります。向こう行くとき、合格したらもう帰らないです。試験を終わるすぐ入学式ですから。

Q／落ちた人だけ帰る？　もう絶対帰らないと考えて、背水の陣で臨むわけですね。合格したら向こうは寮ですね？

一九三六年の四月に工業学校の一年生になったんですね。工業学校で土木科を選んだのはどうしてですか。

A／そのときの考えでは、建設というのは土木科いちばんいいと、そう簡単に考えただけです。別に用意がないですから。

Q／台湾の中学校でなくて、どうして、工業学校を選ばれたのですか。

A／基礎がないから、まだ小さいから、だいたい土木がいいだろうと簡単に考えただけですよ。

Q／小学校の先生が勧めたとか言うことはないんですか。

A／ないです。

Q／向こうの学校に入ったとき、どうでしたか。こちらの小学校で勉強したことと向こうと比べて難しかったですか。

A／こちらの学校とみな同じくないです。えー、工業学校ではほとんど日本人です。台湾人が少ないです。一クラス四人か五人。日本人が四十人です。こちらから行ったのはわたし一人だけです。

Q／だいたいどのクラスもそうでしたか。

A／そうです。その同級生と今でも通信しています。

Q／先生はみんな日本人ですか。

A／みんな日本人です。

Q／女の先生は一人もいなかった？

A／女？〈数秒の沈黙〉女の先生はいなかったですね。

Q／女学校は近くにあったんですね。

A／ありました。そこは女ばっかり。男女《ナンジョ》は混合していなかったですから。

Q／旭瀛書院では男女一緒だったんですね。

A／一緒、同じ教室で男の子も女の子も一緒に勉強した。

Q／工業学校の一年生のときの試験は難しかったんですか。

A／寄宿生ですから準備するんですよ。毎日午後九時までは二時間は自習時間ですから。学校以外に運動するんですよ、わたしはバスケットボールやってましたから。

Q／朝は何時に始まるんですか。授業が七時間とも日記に書いてありますけど。

A／あさ、八時ごろでしょうか。よく覚えておりませんが。

Q／寮だから近い。

A／通学生もおりましたから。汽車に乗って通学するのもいました。半分ぐらいは寮にいたと思います。寮には専門の先生が管理していました。

Q／朝食事の時間とかみな決まっているんですか。

A／食事のときも先生が来ますから、一緒に食事をして。

Q／じゃ、合図があるんですか。サイレンとか何かあるんですか。

A／サイレン、サイレン。

Q／朝一緒に食事に行って、そいで、学校へも一緒に行って。三時か四時には終わるでしょ？ それからバスケットやったりして、晩ご飯食べて、七時から自習ですか。十二時ごろまで勉強すると書いてある日もありますね。延燈と言うことばも出てきますが。普通のときは消燈は何時ですか。

A／九時です。

Q／試験のときはもっと遅くまで電気がついているんですね。で、クラスで成績のいちばんいいのは日本人ですか。

A／そうです。相撲の選手も剣道の選手も日本人です。剣道のいい人がいましたよ、四級ぐらいもらったんですよ。

今でも通信しておりますけど。

一九三六年四月から台湾に行って、一年後に夏休みにうちへ帰ったら日清戦争[9]が始まって台湾で戻れなくなった。翌年廈門は日本が入って占領したんですよ。三十七年には空襲もあって、混乱してました。

汽船が就航しなくなったから戻れない。一年間こちらにいて、学校に入りました。双十中学校[10]です。

Q／それは中国語の学校でしょ？　大丈夫でしたか。それまで、日本語の学校ばかりだったでしょ？

A／しかし、教える内容は同じですから、数学・化学・物理など同じですから。

Q／工業学校の専門の勉強、土木の勉強は楽しかったですか。

A／そのときの勉強はだいたい苦しいんですよ。大体準備ね、苦しいですから。

Q／何が苦しいですか。日本語で勉強しなければいけないから？

A／もちろん、日本語で勉強するんだけど、学科によって、苦しいところはあります。数学は大体苦しいです。化学とか物理とかそりゃ苦しいです。

Q／何の勉強がいちばん好きでしたか？

A／好きというのは……？

Q／楽しい、勉強してて。

A／そのときは全然考えていないから、ただ準備ばかりしているから。

Q／例えば、日本人の生徒は日本語でずっと育ってきてて、家族でも日本語ですよね。その日本人の生徒と一緒に勉強するんだから、ハンディキャップ、力の差がある、そういうことはなかったですか。

A／寮に帰ったらほとんど日本人ですから、台北の付近に住んでいる人は通学するけど、日本人も寮には沢山住んでいて、中国人わたし一人ですよ。あと日本人です。毎日一緒に起きて一緒に学校に行って、学寮では学科は区別していないから、土木でも電気でも一緒に住んでいますから。

Q／一部屋に何人一緒に住んでいたんですか。

A／えー、一つの部屋にだいたい二十人ぐらい。

Q／そんなに？

A／大きな部屋に畳で、畳をしいて。

Q／勉強する机がひとつずつですか？

A／勉強は学寮ではしない。勉強には別の部屋の中に机がある。食事も別でしょ。食事と勉強、自習の所と住む所と別れている。

Q／二十人も一緒に住んでいて、仲のいい日本人の友達いましたか。

A／寮の中には……。そのときわたしは友達話しをしないですから全然いませんでした。別につきあっていないですから。

Q／辛いですよね。日本人は友達一杯いて、冗談言ったりいつもしゃべったりしてるでしょ。李さんはひとり、勉強だけしてる。

M／今もそうです。ひとり、孤独。

Q／日記に帰りたいって書いてらっしゃる。どういうとき帰りたいと思ったんですか。

A／そう、覚えていないんだけど、「思郷」帰りたいという思想がありますよ。

Q／学校が楽しかったら、友達がいて楽しかったらそうは思わないでしょ？　台湾が楽しかったら帰りたいとは思わないでしょ？

A／私が勉強してきた戦争の時間ですから、毎日戦死する友達が出てくるんですよ。そんときね、応召して戦争に毎日毎日、きょうはこの人と、毎日写真出てくるんですよ。

Q／凱旋してくるのを迎えるとか、見送るとか、日記によく書いてありますね。

A／わたしの同級生も戦死しているのがありますよ。卒業してから。

Q／三十七年に廈門にもどって、こちらに一年間いて、共栄会[11]の手伝いをして。

A／共栄会の奨学金をもらっているから行ったんですよ。

Q／共栄会の奨学金で十分でしたか。

A／ええ、十分でした。一か月に二十五円でした。

Q／それで台湾に留学している廈門の留学生たちはみな、その奨学金をもらって？

A／そうそう。その奨学金はやはり、総督府から払っておったんです。ええ、台湾でもらっていたんです。

Q／じゃ、最初だけお父さん大変だったけど、後はお金のことは大丈夫でした？

A／そうそう。

Q／三十八年また、工業学校に戻れることになって、台北に戻られたんですね。

A／庄司徳太郎校長が勧めてくれた。それで戻れたんですから。戻るのに金が要るんですから。共栄会の奨学金もらって戻ったんです。

Q／そうすると、一年間遅れますね。

A／初めの同級生は上に行ったんですから、私は遅れて二年生をもう一度やって。

Q／また二年生から勉強を始めて、当時の学校は五年制ですから、四十二年に卒業してこちらに戻ってこられたんですね。何歳でしたか？

A／二十二歳。

Q／台湾の学校で辛い勉強だったとおっしゃってましたが、楽しいこともありました？

A／楽しい……楽しいと言えば、毎日ずっと続いておるんですから、学校行って終わってバスケットボール参加して、まあ風呂に入って自習して、と、ずっと続いておるんですから別に楽しいと言うことはそう覚えていないだけど。

Q／勉強は好きでした？

A／好きでした。

Q／それとも義務みたいなもの、ですか。

A／だいたい勉強しなければならないといつも思っていますから、別のこと考えていないです。こちらから行ったのが少ないから、余計一生懸命しなければと思った。

Q／ひどい先生がいて、ばかにされたと憤って日記に書いてらっしゃいますが、そういう先生の授業受けるのはどうでしたか。

A／そう多くは考えてなかった。ただ勉強がうまくいけばいいんですから。そのほかのことは考えていないですから。

## 三．日本語で日記を書いたのはなぜ？

Q／日記はどうして書こうと思われたんですか。先生に書けと言われてですか？

A／いえ、習慣です。書く習慣です。中学校へ入ってからの。

Q／小学校のときから？

A／いえ、小学校のときは書かないです。

Q／台湾行ってから書き始めた？　ライオン歯磨きの日記帳に書かれていたんですが、あれはどういうものですか。いろいろ書いてあるんですね。ことわざとか、天気とか。どこで買ったんですか。あの日記帳。

A／台湾で。日記帳は、毎日何月何日と印刷してある。

Q／一年生の四月に台湾で日記帳買って毎日書いてたんですね？　一年生の初めからずっと書いてたんですね？

A／日記を書くのは習慣ですから。三六五日ほとんど毎日書いてあるんですが。私は何冊も書いたんですから。今そこで話してるのは一部分だけでしょ。何冊かあるんですよ。しかし、どこへ行ったかわからないですよ。

Q／学校卒業して戻ってきてもまだ書いてらした？　工業学校時代の後も？

A／戻ってからは書いていないんですよ。

Q／工業学校のときだけ毎日毎日書いてらした。習慣になっていた？

A／そうです。

Q／この日記を日本語でお書きになったのはどうしてですか。

A／日本語を勉強していましたから、そして日本語で書くのが易しいからです。

Q／家族に手紙を書く、と、よく日記に書いてありますけどあれは中国語で？

A／中国語で。

Q／日記だけは日本語で、手紙は中国語で。どっちが早く書けました。あのころ。

A／もちろん、日本語のほうが早く書けました。

Q／じゃ、お父さんに手紙を書くときのほうが考えなくてはいけないわけですね？ 試験の前でも、疲れても眠くても毎日書いてらっしゃる。忍耐力というか精神力というかすごいですけど、必ず寝る前に書いたんですか。

A／そうです。毎日の夜七時から九時が自習時間です。そのときに書くんですよ。

Q／他の寮生も書いてましたか？

A／ほとんど書いていないです。書く内容がないだろうと思いますから。〈笑い〉

Q／書かないと気持ち悪いぐらいですか。書いたら義務が終わったと安心するんですか。

A／そうらしいです。〈笑い〉

Q／日記の中にいろんなことことを書いていらっしゃって、映画もよく見てらっしゃる。それについてもただ見たというんじゃなくて、先生は勧めたけど、あまりよくなかったなど、ちゃんと批評も書いてらっしゃる。試験のことも先生のことも戦争のこともいろいろ書いていらっしゃって、そのとき、とても複雑な気持ちだったと思うんです。

A／そうそう。

Q／それを日記に書いて、それで少しは救われることもあったんでしょうか。先生に侮辱されてほんとに悔しくても、辛くても、それはだれにも言えないし。

Ａ／そうそう。

Ｑ／それを書いて気持ちをはき出して。

Ａ／そうそう。

Ｑ／こういうのが日本語で書かれたことに本当に感謝しています。これがあるから、当時の日本語教育のことも、そこで勉強した中国人若者の気持もよくわかるんです。本当に感謝しています。

Ａ／しかし、文化大革命のときこの日記がとても災いになったんです。

Ｑ／災いになったんですか。このうちにずっと住んでいらして、ここに日記もあったんですか。

Ａ／いえ、前に住んでいた家は別で、そこからここに引っ越してきました。

Ｑ／前の家に日記があったんですか。

Ａ／全部捜査するんですよ。全部うちにあるもの。写真とかなんとか全部持って行ってしまうんです。

Ｑ／李さんが日本語を勉強したからですか。

Ａ／それはもちろんですけど、それが全部の訳じゃない。他にも捜査された人は多いですから。

## 四．卒業して台北から廈門にもどる

Ｑ／その前に学校卒業なさったころのことをお聞きしましょう。四十二年にこちらに戻られたんですけど、戻られて？

Ａ／土木技師。建設会社で働いて。中国の建築公司の社員で、破壊された道路の修理なんかの仕事してました。でも、仕事ないから辞めて学校の先生しました。コロンスの先生。

Ｑ／コロンスの先生は、いつまでですか。

A／解放前までおったんです。解放してから市政府の方へ。

Q／日本が負けたときはどこにいらっしゃいましたか。

A／そのときは学校におったんですよ。コロンスの学校で先生していて。

Q／戦争が終わったときいたとき、どう思われました？

A／もう戦争は長年やってるから、もう感じないね、太平洋戦争は始まってるから、アメリカの航空機は廈門にも爆弾落としておるんですよ。日本《ニッポン》[12]の軍艦もアメリカの飛行機に爆弾を落とされて。そのときは、四十四年から四十五年にかけてです。

Q／もう負けてることわかってましたか。

A／わかってました。ニュースが放送されて。

Q／台湾の人たちも負けてるとわかってましたか。

A／そりゃわかってますよ。

Q／四十四年の終わりころから？　どういうことでわかるんですか。

A／ニュースも放送してるから。

Q／どこのニュースですか。日本の放送は勝った勝ったと言ってるんですよね。台湾の放送は総督府もまだ勝ったと言ってるでしょ。負けてるというのはだれが言うんですか。

A／爆弾落としてるのをみてるからわかる。

M／国民政府の放送か。

A／国民政府の放送そのときあるですよ。あのとき、高崎[13]と広島に原子弾落としたとわかってるから。戦争終わってからしばらくの間は日本の居住民おるんですよ。それからだんだんだんだん引き上げていきますよ。

Q／そのとき中国の人たちはどうだったんですか。

A／普通はそう関係悪くないんだけど。やはり負けたら悪くなってるんですから、そのとき中国政府は保護するですよ。あの、乱暴してはいけないと。

Q／日本人は戦争の前はいばってたんでしょ。中国人を馬鹿にしたりしてたんでしょ。

A／そうそう。

Q／そのときは中国人に対して何もしないで、保護もしないのに。

A／そのときは日本の軍人がおるんですから。日本が降参してから日本人もぼつぼつ引き上げる。しかし、本当に国民政府から号令が出して、日本はもう降参した。乱暴はいけないと。日本人は少数だけどまだ引き上げていない。集中してぼつぼつ引き上げさせる。

Q／戦争が終わって中国の人たちは喜んだでしょ？　みなさんはどう言ってましたか。

A／私の学校はアメリカの教会が作った学校でした。アメリカの牧師が校長をしておりました。だからそのときはそう中国のことと同じくないですから、キリストを信仰しているから。

Q／中国の人は心が大きいですね。日本が負けたときに今までの復讐というか、それがあるのが普通でしょうに。

A／もしも政府が出ないと、それはあったかも知れないけど、政府が出て日本人を集中して、ぼつぼつと帰って行かせた。

Q／普通の市民たちは日本が負けて戦争が終わったと聞いたとき、どうだったんでしょうか。

A／市内では喜んで爆竹鳴らしていました。

Q／学校はキリスト教の学校だから、あまり変わったことがなかったんですか。夏休みでしたね？

A／そうそう一九四五年八月十五日。わたしも寄宿舎におるんです。生徒と一緒に住んで居るんです。学生は廈門の学生だけでなく、汕頭とか、福州とか。寄宿舎には三〇〇人ぐらい住んでいました。共学で男の子も女の子もいました。

Q／そこでは何を教えていらしたんですか。

A／数学。

Q／日本語は全然教えないで。

A／日本語の科目はないですから〈笑い〉。アメリカ人の建てた学校ですから。

Q／解放までは先生をしていらして、四十九年から市政府の土木のほうに。

A／ええ、土木のほうに。

Q／じゃ公務員になるんですか。市政府だから。

A／役人。技術者。そんときは技師とか技手《ギテ》とかまだはっきりしていなかった。八十年ごろから技師とか、技手《ギテ》とかの呼称が初めてできた。

Q／そういう名前はなかったんですか。

A／みんな技術者と言っていました。

Q／技術者は技術があるから優遇されましたか。

A／ええ、定年退職でも優遇ですから。

Q／普通の役人よりも給料がいいとか。

Ａ／役人でも課長級以上はいいんです。ふつうの役人はそういいじゃないですから。

Ｑ／日本の教育を受けたことが解放後の政府にとってまずいことはなかったんですか。

Ａ／文化大革命でずいぶん……。

Ｑ／文化大革命の前の、四十九年の解放から文革までの間ですけど。

Ａ／その間は大丈夫。研修やっているから。技術者が必要ですから。

Ｑ／どこの教育受けてもそれとは関係ない、技術が問題だと。

Ａ／そうそう。

Ｑ／それはよかったですね。履歴調べて思想が悪いとかそういうことはなかったんですね。

Ａ／前はなかった。前はわかってるから、わかっても技術が必要だから。廈門の町の壊されたところたくさん直さなければいけないから。

Ｑ／日本で勉強しても技術さえよければそれでいいと。

Ａ／文化大革命まではね。

## 五．文化大革命の嵐の中で

Ａ／文化大革命……。そのときね。そのときの政府の指導者級だいたいいろいろやらされたんです。古い思想、資本主義の思想とか、出身が地主とかあるいは、たとえば、そのとき身分が高ければ高いほどよくない。

Ｑ／どうやって調べるんですか。

Ａ／群衆を全部わからせるようにする。この人は何をしているか群衆が調べるんですから。そのとき中学生がなにもわからない、指導者が何を言うとそれを信じてるから、先生をつかまってきて大便を食べらせるの本当ですよ。わたしのコロンスで同じく教員していた先生は大便を食べらせて自殺したんですよ。そのとき廈門の副市長で華僑関係の妹で、キリスト教だったんですよ、そのときはキリストもだめですから、キリストの文献を焼いて、その文献の前で焼け死んでしまったんです。その妹が。燃えるそばにおるんですよ。

Q／先生だからですか。特に李さんが日本語を知ってるとか、日本の教育を受けたと、そういうことじゃないんですか。それはあまり理由にならないんですか。

A／それも理由です。そのときは日本と関係あるから、日本のスパイだとか、なんでも名目立てるんです。それで後でだんだんわかってくると、平反《ピンファン》……[14]。

Q／日本語ができたとか、スパイだとかどうやって調べるんですか。

A／調べるんですよ。専門の人があるんですよ。専門の人を使って。

Q／履歴を調べさせて？

A／だからうちにあるものをぜんぶ捜査して、わたしの日記も全部調べたんですよ。

Q／李さんがうちにいらっしゃるときに来たんですか。

A／わたしは居らないですよ。もうつかまっているからわからないですよ。そのときね、わたしは赤い帽子〈長い三角帽子の形を示しながら〉、紙で作った赤い帽子をかぶってね、〈顔に塗りつける仕種をしながら〉アスファルトで顔ぬるんですよ。町の群衆の所に立つんですよ。立って見らせるんですよ。

Q／町の真ん中に連れて行かれる理由は日本のスパイということですか。

A／日本のスパイは反革命に属すると、反革命の名目でやらせる。わたし一人じゃないですよ。

いろんな人がやはり同じ待遇してるから。

Q／町で批判されているときにだれかが家に来てみんな探して持って行った？

A／そうそう。中学生を発動して捜査するんですよ、中学生は何もわからないですから。日本の関係の本を全部持って行く。

Q／わかるんですか。日本関係の本ということが。

K／そういうものじゃなくても全部持ってくんです。

M／日本語がわかるというだけじゃなく、知識がある人はだめ。アメリカでもイギリスでも留学したり関係がある人はだめ。

K／インテリはだめ。

A／海外関係がだめ。

M／家に来て本、文化と関係があるもの全部だめ。麻雀とか、トランプとか、雑誌・本、文化は全部とりあげる。

Q／集めたものはどこへ持って行くんですか。焼くんですか。

A／いえいえ、焼くのもあるだけど調べるんです。内容調べるんですよ。例えば日記に書いてあること悪い方面に想像して、こういろいろ罪悪をかける。そんときは学校ではもう授業ないですから。毎日運動ですから教育はないですから。そんときは大学も中学も小学校も全然、十何年ぐらいないです。先生が批判されるから先生なると、学生から批判するでしょう。教えない、教えるのもだめですから。だからその時代で中国だめになってしまったんです。

Q／内容じゃなくて？　内容は読めないでしょ？

Ａ／日本語のわかる人に翻訳させるんですよ。この内容と関係あるかと調べるんですよ

Ｑ／ああ、そうやってわかるんですか。日記を翻訳してこれはよくないと。その内容からお前が書いたのはよくないと言われたんですか。

Ａ／言われたんですよ。翻訳したものをもとにして。しかし、どういうふうに翻訳されたか、わたしは全然わからないですよ。自分はわからないだけど、翻訳した人がこれは問題があると言えばそうなる。わたしは日記持ってないから、どう訳されて、どこが問題かわからないけど認めるしかない。そのときはもう軍隊が入っていましたから。軍隊が入ると、やはりすごいですから。軍隊がはいると。文化大革命のときは普通の百姓まで銃を持つんですよ。ピストルとか、お互いに殺すですよ。そのときは。混乱ですから。ふたつの派閥があると、わたしは毛主席を擁護すると。もう一つもわたしも毛主席を擁護すると。どちらか正確にわからないですよ。殺すんですよ。軍隊同士も、群衆同士も。

Ｑ／どうして群衆がピストルを持ってるんですか。

Ａ／そのときは政府も何もないですから、ピストルのあるところ行って争奪するんですよ。

Ｑ／李さんは、知識人だからだめだし、日記を書いたからだめだし、いろいろ罪が重いわけですね。

Ａ／いろいろあるんですよ。もういっぱいの罪をかけてあるから、なんとも自分では言えないですから。

Ｍ／父親は昔から撮影とか電気関係とか技術が好きで、写真を撮って焼いて大きく延ばしたりしてたんですよ。ラジオ作ったりして。あれも罪になるんですよ。公園の中の橋の写真、こんな三、四メートルぐらいにのばしたのがあったんですよ。それも罪になるんです。

Ａ／わたしは写真が好きでそんとき、捜査のとき、この写真はどうした、スパイの材料かも知れないと、こう持って

いくんですよ。

M／国民党に橋の情報を持って行くのかも知れないと、こうなるんですよ。

K／〈遠藤への解説として〉李先生は台湾に行ってたでしょ。だから国民党と連絡してるかもと。

M／ラジオも台湾の放送を聞くために作っていたと、こうなるんですよ。

A／そのときの家族は非常に苦しいんですよ。そのときは。月給はもらえないんですから。生活できるだけですから。教育は受けられないでしょ。それで捕まえられてその家族はクロの分子として。アカイじゃなくてクロ。だから苦しいです。子どもたちは苦しいんです。子どもが外へ出てもいじめられる。

Q／〈息子さんに〉そういうことありましたか。

M／〈大きくうなずきながら〉ええ。

Q／台湾で勉強したことがものすごく悪いことになるわけですね。そういう人はほかにもいたんでしょ。台湾で勉強して戻った人。

A／台湾で勉強して帰った人は多くないです。わたしの他にそう多くないです。少数です。しかし、それ以外の関係でやられているのが多いんですから。

A／帽子かぶってつれられていくというのはどのくらい続いたんですか。何か月かですか。

A／ずいぶん長いですよ。わたしが苦力《クリー》をしてたのはじゅうぶん長いですよ。六十五年の五月十六日、その日から文化大革命が始まって。それから捕まれて苦力《クリー》をするですよ。

Q／そのときにすぐ捕まったんですか。

A／わたしの勤めている役所でわたし以外にも捕まっていない人ありますから。その人はわたしと区別するためにいいことは全然言わない。全部悪く言うんですよ。関係はもうほとんど壊れてしまっているし、学生はもうぜんぶ授業何もしていないから、外へ出て運動してる、だからすぐ捕まるんですよ。紅衛兵《ホンウェイビン》が来たんですよ。紅衛兵《コウエイヘイ》といってどこへも行けるですよ。電車もただで。役所の人と紅衛兵《コウエイヘイ》とわたしのうちに一緒に来て全部捜査するんです。わたしはわからない、もう捕まれているから。

Q／うちへは全然帰らないんですか？

A／あとは家に帰ったんですよ。昼間は町で。そのときはリヤカーを引くんですよ。石を積んで。毎日リヤカーで石を引くんですよ。

Q／それが仕事ですか。

A／毎日石ころ鎚で打って、石ころ砂利ぐらいに細かくするんですよ。大きい石を役所の前で打つんですよ。小さくする。だいたい〈両腕を大きくかかえるようにして〉これくらいの量をうたないとだめ。一生懸命に打つんですよ。それを打ってから後でリヤカーで引いていくんです。毎日工場へ運ぶんですよ。リヤカーで。もちろん、リヤカーには四人か五人で引くんです。〈リヤカーの棒を引く格好をしながら〉リヤカーのわたしは二つの手を引っ張る。二人は後から押していくんですよ。

Q／それが十年ぐらい続いたんですか。

A／六十五年から八十年近くまで。その間、生活費は一人八元、うちは六十元生活費もらって。以前の月給は全然もらわないですからね。子どもが小さい、五人の息子と娘があるんですよ。やっと八十年にまた役所の以前の仕事に戻ってきた。八十年以降は、道路の建設をしたり、橋を造ったり。

役所の中には調べて文革中の悪い資料は全部焼いてしまうんです。焼いてしまわないと、ずっと考えると仕事がやりにくいですから。終わりのころ数年は苦力《クリー》の名目で技術の仕事をやらせる。名誉回復は八十年の十二月、そのときに、月給とか元に戻った。

Q／名誉回復は何か証書かなんかで書いて持ってくるんですか。

A／書いてないです。名誉回復するのは役所の人事関係の人が、この人もう解決した、文革中の資料はみんな焼いてしまったと、こうするんですよ。

Q／十五年の空白のあと、やっと元の職場に戻られたんですね。それで、役所を定年退職されたのは何年ですか。

A／八十五年。それから建設関係の個人の会社、住宅を建てるとか、九十七年までずっと働いていました。日本の会社の事務所があったんです。日本からこちらに事務所として派遣していた。廈門にあったんですが、今はもう引き上げたんです。そこで日本語でずっと働いていました。

Q／役所時代もその前も日本語は全く使わないでこられたのでしょう？　すぐ使えましたか？

A／日本の会社へ行く前中国の会社で働いたんです。

Q／四十年間全然使わないで、その後日本の会社で働いてすぐ使えましたか。

A／使えました。覚えておりました。

Q／四十年間使えなかった、使わなかった、でも、書いたりできましたか。役所にいたとき、日本語の本を読むとか書くとかなさいましたか。

A／日本語の雑誌を読むことはありました。廈門で日本語の雑誌が買えるんですから。買えるんですよ。本当はいけないんだけどコピーで安く売るんですよ。それを買って読んだ。

Q／ああそうですか、じゃ、文革中はぜったいだめだけど、その前と後は日本語は少しはまだ本とか手紙とかはあったわけですね。

A／ええ、ありましたね。雑誌を読むとか。

Q／でも、話す機会はありましたか。

A／話す……〈笑いながら〉話す相手がないから。

Q／相手いないですよね。

M／おじさんおばさんと、電話と手紙は日本語。

A／昨日見せたでしょう。手紙。わたしの弟の奥さんはずっと台湾におったんですよ。通信はほとんど日本語で書いてある。弟は日本負けてから台湾に行きました。四十七年から台湾に行った。そのころはまだ台湾で日本語、年をとった人は使っているから。弟は日本語ができた。弟の妻と電話で話すこともありました。一年に一回ぐらいですけど。

Q／そのぐらいでよく日本語が残ってましたね、こんなによく話ができて。日本の会社では何も不自由なかったんですね。

A／ええ、そうです。

Q／いろいろな体験をなさってきたんですが、日本語を習って良かった点と悪かった点と……、今はどう思われますか。

A／何と言いますか。やはり日本語を習ったのはよいところがあるんですよ。わたしの現在勤めてはほとんど日本から習った技術ですから。これはいいほうです。悪いほうは文化大革命のときひどい目に遭わされたことです。それはもう過去のことはわたしひとりじゃない、大部分の人がやらされたんですから、そういうこと考えると過去のことは忘れてしまっていいんですから。過去のことは歴史として忘れてしまうんですよ。辛いことも忘れてしまうんです。

約束の一時間を過ぎていたが、最後のことばを李さんは力をこめて語った。辛いことは忘れる、過去のことは忘れる、と何度も自分に言い聞かせてきたのであろうと思われるほど一気に言い切った。そこに却って、忘れがたい思いがあると察せられた。

八十六歳の高齢の方に七十年も前の数字や比率などを聞くのはいけないと思いながら、つい聞いてしまうのだが、それには覚えていないとはっきり言われる。こちらの求めに合わせるために適当に言うということはしない。だから、答えてくださった部分は本心と考えていいと思う。

このインタビューには、文革のこと、学寮のこと、弟の家族のことなどについては饒舌で、こちらの聞かないことまで話してくださるが、日記に書かれた不快感・憤懣・苦悩について、また戦時中の苦しみや戦争後の開放感を聞こうとするとすっかり寡黙になってしまうという、はっきり違うふたつの面があった。答えにくいことを聞いてしまったのだと申し訳なく思う。

多少、標準的な語法とは異なっていたり、早合点で的を離れた問答になっている箇所もあるが、あえて、そのまま記すことにした。七十七年前に習得し、曲折を経てしかも現在も機能している、日本語のコミュニケーション能力のありのままを伝えたいと思ったからである。大病後まだ日が浅いときに、インタビューに応じてくださり、かなり踏み込んだ失礼な質問にも答えてくださった李さんに本当に感謝している。それを心配しながら付き合ってくださった息子さんにもお礼を言いたい。何よりもこの日記を書いてくださったことにたいしての深い深い感謝の気持は、何度繰り返しても繰り返しきれない思いでいる。

**注**

1 コロンスには、日本、アメリカ、イギリスなどそれぞれの領事館があった。

2 廈門は、福建省の代表的な都市の一つで、東シナ海に浮かぶ島である。その沖合い一キロぐらいのところに浮かぶコロンス島はかつて、租界であり、イギリス人や裕福な中国人の住むリゾートであった。

3 李さんの記憶違い。日記（8／7）の庄司廈門旭瀛書院院長の講演によると、当時、廈門には公立の小学校があった。

4 李さんは一九二一年生まれ。旭瀛書院の記録では一九三〇年に入ったとなっているから、九歳のときということになる。

5 石剛（二〇〇三）『植民地支配と日本語―台湾、満州国、大陸占領地における言語政策』三元社など。

6 当時、中国の学校では中国語（普通話）が教えられていたが、日常生活の中で廈門の人が話していたのは中国語ではなく、地元の方言閩南《ミンナン》語であった。要するに、廈門では、中国語は読めるが、話せない人が多かったということ。日本植民地時代の台湾でも台湾人の母語は同じく閩南《ミンナン》語であった。

7 「泊まって」の誤用。

8 「世話してくれました」の誤用。

9 「日中戦争」との混同。

10 廈門の私立学校の一つ。

11 七月二十一日の日記には共栄会は「日支親善の機関であり、且文化の促進機関である」と書かれている。

12 李さんはこのときだけ「ニッポン」と言ったが、ほかの多くの「日本人」「日本語」「日本」などではすべて「ニホン」と言っていた。

13 「長崎」の間違い。

14 「名誉回復」の意。

# Ⅵ章　解説(2)

## ――植民地近代という視点――

このたび活字出版されるこの日記の資料的意味を論じるのが本稿の目的である。ただし、廈門出身の著者が台北州立台北工業学校土木科に留学中の一九三九年に残したこの日記に、なにかあたらしい歴史的事実が記されているわけではない。

それではこの日記から一体なにがみえてくるのか、断片的ながら考えていきたい。

### 一．「日常生活」への着目

現在の日本植民地研究では「植民地近代」をどのようにとらえるか、という点が議論の対象の一つになっているようである。朝鮮史研究者板垣竜太による研究動向解説論文によれば、「工業化ないし資本主義化や教育・交通・医療等の諸施設の普及などをもって計画される『近代化』を尺度として、それが進展したかどうかをいう観点から評価する」と、従来いわれてきている「植民地近代化」とは立場を異にし「近代化や開発を善悪の基準とする対立軸の立て方そのものを批判するところから提起された」のが「植民地近代」という概念であり、「近代に対して批判的な視座をもち、近代性・近代化そのもののもつ暴力性や抑圧的、差別的、暴力的な諸側面に注目する」ものだという[1]。

要するに、日本による植民地支配期の歴史的評価に関して、「植民地収奪論」から論じるか、「植民地近代化論」から論じるか、というどちらにしても不毛な議論（それは「近代」を無前提に「善」とみなす点では同じ立場である）の対立をこえて、多様な近代の諸相を見出していく方向のようである。つまりは、植民地で生きる個人は常に民族解放だけを考えていたわけでもなく、また近代をひたすらに追求していたわけでもない。

植民地期朝鮮の近代性をどのように把握すればよいのかを論じた文章がいうように、「かれらは近代的な制度のなかで生活しながらも収奪され、近代性がもたらした新しい生活をしながら民族的闘争を考えることもできたのである」[2]。

さらに同じ文章では、「植民地期の正確な理解のためには、多様なあり方の可能性を開いておき、そのなかでどのようなイメージがより事実に適合するかを多元的に検討する必要がある」とも述べている。多様な近代のあり方を解きほぐしていかねばならないというのだ。そこで注目されるのは「日常生活」である。そのなかでどのように近代性を受容していったのか、あるいは植民地性と近代性がどのように交錯し相互作用を発揮していたのかをみていく必要がある、というのである。植民地近代とはその名の通り一方では近代性をもう一方では植民地性を帯びた概念である。その「不完全な近代のありよう」[3]をみいだす一つの材料として日記を位置づけることは可能である。

## 二．日記の空白を読む

日記をみると夏休みに廈門に帰省した際に「父と一緒に廈門市政府の要人達へ挨拶に行」(7／18)き、「共栄会」(留学のための助成金を得ていたそうだ)や、日本の出先機関である「興亜院連絡部」へ挨拶に行くなどしている(7／21)。著者は、一九三八年の日本軍進駐後に結成された治安維持会の通訳を務めるなど、廈門では日本関係者とうまくつきあっていたと思われる。

父のために帽子を、弟のために絵本をおみやげに買っている(7／9)家族思いの著者は、帰省後も弟を連れて母校廈門旭瀛書院に行ったり海水浴に行くなど、夏休みを堪能しているのだが、なぜか八月十日から三十一日は日記をつけていない。

九月一日の日記は突如「午前六時私の乗る香港丸は基隆港に入港」ではじまっている。市販の日記帳にほとんど欠かさず最後の行まで埋めていた几帳面な著者にとって、故郷廈門は日記を記すという規律から逃れられる場所だったのだろうか。そうはいうものの、この日記が誰かに見せるために書かれたのではなさそうなことや、九月一日以降はまた几帳面に毎日書きつづけていることを考えると、この三週間にわたる欠落は尋常ではない（日記をいったんサボるともとに戻すのが困難なのはだれしも経験があるだろう）。

台北に戻ったときに渡航証明書がとりあげられ（9／1）、九月三日の日記には「午前中は手紙を書くのに色々と頭を悩ました。それは世の中がうるさくなつて来たからだ」と記しているところをみると、手紙の検閲の存在が想像される。そのことと日記の欠落には何か関係があるのかもしれない。あえて書かなかった、という推測はなりたたないだろうか。ともあれ、廈門で何を見てきたのかは空白のままである。

## 三　日本語で書くこと、日本語で享受すること

さて、この日記が日本語で書かれていることをどう考えればいいだろうか。

著者の母語と推測される閩南語は台湾でも多く使われていたので、台湾人との会話には困らなかったであろう。しかし、閩南語は書記言語として確立してはいなかった。

また、「国文学胡適先生の書物に声を上げて読み」（1／28）と、当時白話文学運動を展開していた胡適の文章に親しんでいる（ただし音読である）ように、北京語がわからなかったわけではないだろう。ただし工業学校の先輩から「北京語を勉強しよう」と誘われ（1／7）、大阪外国語学校が出しはじめた日本語の雑誌『支那及支那語』を購入し「三時間にして全体一通り理解」している（11／19）ように、学習途上のことばであったかもしれない。

したがって書記言語としてはじめて獲得したのが日本語であったという推測もなりたつ。この日記が日本語で書かれていることは、意外なことではない。

## 四 「修養」とモダンと

ともあれ、この日記を通読すると、廈門からの留学生として寮生活をしながら勉学に励む一青年の日常がうかびあがってくる。勉学に励む一方で、健全な身体の持ち主になろうと、バスケットボール、柔道、水泳などに精を出し、体格の向上をはかる側面もうかがえる。両者あわせれば、「勉強だ体位の向上だ」(6/14)というような、「修養」という当時のキーワードに収まってしまうようにもみえる。

ただ、それほどの堅物でもなかったようである。一九三〇年代は大衆文化がとりわけ都市部に花開き、日本内地では「モボ・モガ」や「カフェー文化」[4]などとして隆盛をきわめていた。こうした流行は日本の植民地の都市でも同時並行的に生じている。百貨店が繁盛し、「モボ・モガ」が流行るなどといった文化の流入[5]があったほか、日本語の識字率がじわりじわりと上昇し、新聞・雑誌などを日本での発売とほぼ同時に享受できる層[6]が都市部を中心に増加し、出版市場が拡大してきていた。

修養に励んでいたこの青年はそうした大衆文化には疎いようにも思われる。しかし早朝の校庭で学友がひとり歌う調子外れの歌をきき、それが「父よあなたは強かつたとか支那の夜とか近頃の流行歌」であることがわかるほどには疎くはなかつた。学校の推薦以外でも映画に出かけ、台北の新高堂書店(ここでは出版もしていた)で頻繁に雑誌を買い、勉強を妨げるから「雑誌を一切読まないやうに誓はなければ」(5/25)と思いながらもやはり読んでしまうといった一面も、そして勉学に直接は関係のない絵画に惹かれていくことも、この日記からはうかがうことができる。

## 五．植民地近代としての日記

植民地近代を読み解こうとする視点から、板垣竜太は、朝鮮のとある農村で一九一四年生まれの人物によって記された日記（一九三一年～三三、三五～三八年）を分析している[7]。漢字ハングル交じり文で記されているという日記であるが、雑誌や購読状況、出納状況さらには自ら伏せ字を用いていた期間があったことなどが板垣の論文で紹介・分析されている。また農業指導という形で「中堅人物」になっていくことに対する認識を拾い出し、頻出する単語「憂鬱症」との連関を探っていく。なお、ちなみにこの青年が使用していた日記帳は一年分を除いて、著者が使用していたのと同じライオン歯磨本舗発行の『ライオン当用日記』であったという。こうした小さな道具の共通性にも注意しておきたい。

植民地近代という視点からこの日記をみてみると、日本語を通じて近代的な知識を獲得していく一方で、「修身」教育への蔑視がくりかえしあらわれ、教師が大陸の中国人を馬鹿にすることへの反発も激しいように、植民地性への強い違和感をもっていたことがわかる。

また、「学問には国境はない」という文言が四度（4／20、5／4、5／30、7／10）もあらわれているように、日本語を通じて獲得した知識によって、日本語で区切られた世界を超えようとする志向をもつことにもなる。植民地期の「国語」教育を分析した陳培豊のいう、日本という「民族への同化」ではない、それを超えた「文明への同化」志向をここにみることはたやすい。陳のいうような日本側との「同床異夢」が、この場合にも生じていたであろう[8]。

著者のこうした姿勢は不安定なものでもあった。「修養」に励むことは、精神主義と隣りあわせである。それは容易に「日本精神」というものと結びついてしまう。たとえば、

私は日本に対する理解力が足りないかも知れない。何しろ成績がものをいふですから立派成績をとつておくこと

も必要である。精神力で行きそして籠球をやめて柔道部に――（10／8）

修身は青少年学徒ニ下シ賜ハリタル勅語の暗写を行つたが、全力を注いで叮嚀に謹書した。（10／11）

とあるところからもわかる。「籠球」つまりバスケットボールは欧米のものである。それをやめて日本精神そのものである柔道をやらねば、という思い。しかし「柔道はいやな。大体、汗びつしよりのあの柔道着がいやなのだ。臭いぢやねいか」（11／20）というのが本音のようだ。

あるいは日中戦争勃発二年目の七月七日の日記は、「聖戦二週年」からはじまる。校長の訓話をきき、十二時のサイレンとともに黙祷、そして「兵士の武運長久を祈る。終りに大日本帝国万歳を三唱する」とある一方で、同じ日の午後公園に行き「鄭といふ奴の誘ひで貴重な二時間半と十六銭（サイダー）を費してしまつた。実に惜しかつた」とも記している。大日本帝国万歳をとなえながらも、時間とお金の無駄遣いを後悔する。

学校の行事として、二月一日の芝山巌祭、四月二十五日の靖国神社臨時大祭、四月二十九日の天長節、四月三十日の建功神社祭などといった宗教行事がおこなわれている。その記述はきわめてあっさりとしたものなのだが、その一方で四月二十九日前後の日記は、まったくやましくない正当な目的があるのに台北第一高等女学校の校庭に入ることへの、かぎりない緊張感であふれている。

## 六．輻輳するアイデンティティ

台湾への留学生であったためか、著者は、他人の視線を強く意識していたようだ。教師であれ級友であれ、自分を見下すものに対する反感は相当なものであった。自らを「支那青年」（二月八日）と位置づけ、廈門を「故郷」と感ずる青年にとって、台湾は単なる留学先であり勉学によって社会的上昇を果たす場でしかなかったようにもみえる。

「北京の町」という映画をみてなぜか「多大な懐しみを覚えた」（2／5）という著者にとって、「祖国」とはなにぶん観念的なものでもあっただろう。「身を以て国に捧げる覚悟」（5／16）、「我は身を打って祖国に報ひん」（11／28）とある「国」や「祖国」は、具体的になにを指したのだろうか。

この日記は、読み方によってさまざまな青年の姿があらわれてくることは間違いない。とりあえずみえてくるのは、「修養」を願い、日本的精神主義に共振しつつも、それに浸かりきる一歩手前で立ち止まっている一青年の姿、といったところだろう。

（文中敬称略）

**注**

1　板垣竜太「〈植民地近代〉をめぐって―朝鮮史研究における現状と課題―」『歴史評論』654号、二〇〇四年十月 35-36。日本語で読める研究成果や動向紹介は他にもある。たとえば、尹海東（藤井たけし訳）「植民地認識の「グレーゾーン」―日帝下の「公共性」と規律権力―」『現代思想』31巻6号、二〇〇二年五月、宮嶋博史・李成市・尹海東・林志弦編『植民地近代の視座―朝鮮と日本―』岩波書店、二〇〇四年、松本武祝『朝鮮農村の〈植民地近代〉経験』社会評論社、二〇〇五年、松本武祝「〝鏡像〟としての歴史叙述―韓国歴史教科書の「日帝」期記述をめぐって―」『状況』第三期第6巻第9号、二〇〇五年十月など。台湾に関しては、『台湾―模索の中の躍動―』アジア遊学48、勉誠出版、二〇〇三年二月、呉密察・黄英哲・垂水千恵編『記憶する台湾―帝国との相克―』東京大学出版会、二〇〇五年）、陳芳明『殖民地摩登：現代性與台灣史觀』麥田出版、二〇〇四年、若林正丈・呉密察主編『跨界的台灣史研究―與東亞史的交錯―』播種者、二〇〇四年などを参照。なお、こうした傾向への慎重な立場で書かれたものに、たとえば愼蒼宇「「民族」と「暴力」に対する想像力の衰退」『前夜』2号、影書房、二〇〇五年一月がある。

2　キム・ドンノ「植民地時期日常生活の近代性と植民地性」、延世大学校国学研究院編『日帝の植民支配と日常生活』ヘアン、二〇〇四年 24〔朝鮮語〕。

3　同前 36。

4　手ごろにみられるものとして、津金澤聰廣・土屋礼子編『村嶋歸之著作選集第一巻　カフェー考現学』柏書房、二〇〇四年などがある。

5　朝鮮でのこうした大衆文化の受容について日本語で読めるものに、金振松（川村湊監訳）『ソウルにダンスホールを―一九三〇年代朝鮮の文化―』法政大学出版局、二〇〇五年や申明直（岸井紀子・古田富建訳）『幻想と絶望―漫文漫画で読み解く日本統治時代の京城―』東洋経済新報社、二〇〇五年などがある。

6 李承機は一九三〇年代半ばの台湾人の日本語リテラシーをもつ人口を多目にみつもって百万人（人口の二割）とし、「読者大衆」の成立をみている。しかしながら、「台湾のメディア市場の内地化傾向が進み〔……〕真に台湾の「大衆」に適うような文化が生み出される余地は失われた」としている（李承機「一九三〇年代台湾における「読者大衆」の出現―新聞市場の競争化から考える植民地のモダニティー―」呉密察・黄英哲・垂水千恵編『記憶する台湾―帝国との相克―』東京大学出版会、二〇〇五年）。台湾の読者市場の形成については、藤井省三『台湾文学この百年』東方書店、一九九八年にも関連論文が収録されている。また、一九三〇年代の朝鮮の日本語を抜きにしては語れない読書状況・出版状況については、チョン・ジョンファン『近代の本読み―読者の誕生と韓国近代文化―』プルンヨクサ、二〇〇三年〔朝鮮語〕が参考になる。

7 板垣竜太「植民地の憂鬱―農村青年の再び見出された世界―」、宮嶋博史・李成市・尹海東・林志弦編『植民地近代の視座―朝鮮と日本―』岩波書店、二〇〇四年。

8 陳培豊『「同化」の同床異夢―日本統治下台湾の国語教育史再考―』三元社、二〇〇一年。

# あとがき

この日本語日記に出会ったのは今から五年前のことです。私は七年前から戦前福建省の日本語教育史に関心をもち、資料収集のため福建省内の各図書館をかけまわっていました。そこで、廈門市図書館に戦前の日本語図書があるのを知りました。一九三八年五月から一九四五年八月まで廈門は日本軍に占領されていたので、それらの図書はおそらく一九四五年日本人が引き揚げる時に残した図書と思いますが、ざっと数えると千冊ぐらいはあると思います。戦争関係のものもあれば、政治・歴史・文化などのものもあります。自分の研究に何か手掛かりがあるかもしれないと期待をこめて週末を利用して一カ月ぐらい通いました。一冊、一冊ずつさがしましたところ、日本語教育関係の本が何冊かありました。たとえば、『日本語教授書』（一八九八年台湾総督府刊行）・『日本語教本』（一九三九年台湾総督府刊行）などたいへん貴重な図書がありました。

ある土曜日の午前、一冊の日記帳を発見しました。開いてみると手書きのものでした。日本人が書いたものと思って読んでみたら、違いました、筆者は中国人でした。これにはたいへん驚きました。また、調べた結果、筆者は戦前廈門で日本の小学校教育を受けていた人でした。これは日本語教育史の研究に貴重なものです。ぜひ日本のみなさんに紹介したいと恩師の遠藤先生に相談したところ、出版のことを考えましょうと快諾してくださいました。出版資金の調達が難しいと知りながら、むりやりにお願いしました。ほんとうに申し訳ないことをいたしました。この日本語日記が出版できるのはほかならぬ遠藤先生のおかげです。先生の御厚意並びに御尽力に心からお礼を申し上げます。また、日記の筆者と御子息のご協力に感謝いたします。（黄慶法）

ここまでこぎ着けはしたものの、正直なところ、まだ手放せない気持ちです。まさか、京橋のフィルムセンターに通い、台北の古地図を取り寄せ、戦前の新聞のCD－ROMを検索するなどの作業が待っているとは思いもよらないことでした。専門を越えて日本近現代史や映画史に足を踏み入れてしまい、いろいろなところで、初歩的なミスや根本的な間違いを犯していると思います。そうではあっても、日記の価値を下げるものではありませんので、読者諸賢の今後のご指摘ご指導にまって、さらに日記の価値を高めるように努力したいと考えております。どうかよろしくお願いします。

まず、出版に際して助成をしてくださった文教大学の拝仙マイケル学長にお礼を申し上げます。無理な刊行を引き受けてくださったひつじ書房の松本功社長にもお礼を申し上げます。厄介な版下作成を引き受けてくださった遠藤幸枝様、編集上の適切なアドバイスをくださった編集部の吉峰晃一朗様、古い資料を探しだしてくださった文教大学図書館のみなさまに心からのお礼を申し上げます。

みなさま、本当にありがとうございました。（遠藤織枝）

※1　この索引はⅠ章「李徳明の日記」およびⅤ章「李徳明さんインタビュー」から事項を抽出して作成した。
※2　［書］は書名・雑誌名、［映］は映画の題名、［歌］は流行歌の題名をそれぞれ表す。

# 索引

## あ



## い



## う



## え



## お



## か



## き



## く



## け



## こ



## さ

【執筆者紹介】

遠藤 織枝（えんどう おりえ）

〈略歴〉1938 年岐阜県生まれ。文教大学大学院言語文化研究科教授。日本語教育、社会言語学。〈主な著書・論文〉『中国女文字研究』（明治書院、2002）、『戦時中の話しことば－ラジオドラマ台本から』（共著、ひつじ書房、2004）、『日本語教育を学ぶ』（編著、三修社、2006）など。

[ 担当執筆箇所：まえがき・Ⅰ章脚注・Ⅱ章・Ⅲ章Ⅲ -3・Ⅲ -4・Ⅴ章 ]

黄 慶法（こう けいほう）

〈略歴〉1967 年中国福建省生まれ。華僑大学外国語学部日本語科助教授。日本語教育、近代中日関係史。〈主な著書・論文〉「日中慣用句の対応関係について」、「『支那』という言葉から日本語の差別語を見る」など。

[ 担当執筆箇所：まえがきの一部・Ⅰ章脚注・Ⅲ章Ⅲ -1・Ⅲ -2・Ⅳ章 ]

安田 敏朗（やすだ としあき）

〈略歴〉1968 年神奈川県生まれ。一橋大学大学院言語社会研究科准教授。近代日本言語史。〈主な著書・論文〉『日本語学は科学か－佐久間鼎とその時代』（三元社、2004 年）、『辞書の政治学－ことばの規範とはなにか』（平凡社、2006 年）、『「国語」の近代史－帝国日本と国語学者たち』（中公新書、2006 年）など。

[ 担当執筆箇所： Ⅵ章 ]

中国人学生の綴った戦時中日本語日記

発行　2007 年 10 月 10 日　初版 1 刷

定価　4800 円＋税



発行者　松本　功

本文組版　遠藤幸枝

印刷所　三美印刷株式会社

発行所　株式会社 ひつじ書房

〒 112-0011 東京都文京区千石 2-1-2　大和ビル 2F

Tel.03-5319-4916 Fax.03-5319-4917

郵便振替 00120-8-142852

toiawase@hituzi.co.jp　http://www.hituzi.co.jp

ISBN978-4-89476-380-7